高等院校计算机应用系列教材

Python 编程基础与应用

汪治华 张 虎 崔 艳 王艳玲 杨娜娜 编著

清华大学出版社
北 京

内 容 简 介

"只有胸怀全局,才能在思考问题时高瞻远瞩。"熟悉一门编程语言的全貌,才能举重若轻、得心应手地运用其解决编程问题。本书以项目案例为驱动,旨在帮助读者轻松掌握 Python 语言对象体系和编程计算生态的有关知识,并培养读者运用计算思维和软件工程思维进行程序设计的能力。全书内容共分为 14 章。第 1 章从 Python 开发环境的搭建、直观的 turtle 对象绘图程序入手,介绍了 Python 语言描述的对象模型、软件对象的工作方式。第 2~13 章的内容包括:Python 基础,数据类型,运算符,流程控制,组合数据类型,函数,类与对象,异常、调试与测试,文件与数据格式化,标准库应用编程,第三方库应用编程,虚拟环境与程序打包及发布。这部分内容完整地讲解了 Python 语言对象体系和编程计算生态的知识点,有利于读者在头脑中搭建起 Python 语言全景的知识框架体系。同时,用计算思维过程方法分析人机大战猜拳游戏程序开发步骤,分别以案例形式讲解了游戏项目问题分解、模式识别、归纳抽象、数据描述、算法设计、流程图设计、面向过程程序开发、面向对象程序开发,将计算思维融入案例开发的步骤之中,有利于读者快速掌握计算思维并实现程序设计。第 14 章介绍了软件工程思维方法,以中国茶叶知识数据爬虫为例,按照软件工程流程,完整地讲解了爬虫的开发过程,有利于读者快速掌握基于 Python 语言的软件工程思维并实现程序设计。

本书不仅适合所有对 Python 语言感兴趣的读者阅读,还适合作为高等院校各专业 Python 语言课程教材和社会培训机构的教材。

图书在版编目(CIP)数据

Python 编程基础与应用 / 汪治华等编著. —北京:清华大学出版社,2024.2(2025.2重印)
高等院校计算机应用系列教材
ISBN 978-7-302-65434-6

I. ①P… II. ①汪… III. ①软件工具—程序设计—高等学校—教材 IV. ①TP311.561

中国国家版本馆 CIP 数据核字(2024)第 043300 号

责任编辑:刘金喜
封面设计:高娟妮
版式设计:芃博文化
责任校对:成凤进
责任印制:刘海龙

出版发行:清华大学出版社
    网 址:https://www.tup.com.cn,https://www.wqxuetang.com
    地 址:北京清华大学学研大厦 A 座   邮 编:100084
    社 总 机:010-83470000   邮 购:010-62786544
    投稿与读者服务:010-62776969,c-service@tup.tsinghua.edu.cn
    质 量 反 馈:010-62772015,zhiliang@tup.tsinghua.edu.cn
印 装 者:三河市天利华印刷装订有限公司
经 销:全国新华书店
开 本:185mm×260mm   印 张:20.75   字 数:531 千字
版 次:2024 年 4 月第 1 版   印 次:2025 年 2 月第 2 次印刷
定 价:69.80 元

产品编号:103052-01

前　言

　　数字时代已来临，人工智能时代的大幕也已揭开。人类已处于算力时代，算力是社会的基础生产力。高效地利用算力解决问题已成为衡量社会先进性的重要指标，也是发挥个人和团队工作能力的基础。若要有效地利用算力，就必须具备计算思维能力。计算思维是人类继理论思维、实验思维之后兴起的第三种思维方式。

　　计算思维(computational thinking)是周以真(Jeannette Marie Wing)教授于 2006 年首次提出的概念。计算思维是运用计算机科学的基础概念进行问题求解、系统设计及人类行为理解等涵盖计算机科学方方面面的一系列思维活动。计算思维是与形式化问题及其解决方案相关的思维过程，其解决问题的表现形式应该能有效地被信息处理代理执行。计算思维建立在计算过程的能力和限制之上，由人与机器执行。计算方法和模型使得人们敢于去处理那些原本无法由任何个人独自完成的问题求解和系统设计。

　　编程语言的运算符表示对数据进行加工处理的方法。通过运算符进行运算能得到确定结果的问题，都可以通过计算机强大算力的计算得到解决。若要利用计算机算力解决问题，就要用计算机能理解的符号或模型把问题描述出来。如何描述问题？需要利用我们人类大脑的复杂思维活动来描述，这种思维活动称为计算思维。计算思维是建立在算力基础上的一种思维方式。在算力基础上解决实际问题是较为普遍的事情，因此，计算思维是人人都需要具备的一种思维能力。

　　计算思维对其他学科的研究产生了深刻的影响。例如，计算生物学正在改变着生物学家的思考方式；量子计算正在改变着物理学家的思考方式。计算思维也渗透到了普通人的生活之中，掌握计算思维已经成为现代人应具备的基本技能。计算思维是各专业学生都应掌握的思维方式，可以将其应用于专业研究和专业创新中。掌握计算思维，有助于人们更好地从事医学、法律、商业、政治工作，以及其他任何类型的科学和工程，甚至艺术工作。

　　Python 语言以其显著的优点成为人们广泛接受的编程语言，是各行各业利用计算机解决问题的重要工具，是一种通用的现代计算语言。Python 语言以其强大的计算生态，得到了各个领域的广泛应用，几乎可以说形成了"Python 万能工具，全民编程"的时代。Python 更是数据分析和人工智能领域的首选语言，利用 Python 进行科学计算的研究机构日益增多，一些知名大学已经采用 Python 来教授程序设计课程。例如，哈佛大学的计算机课程 CS50、卡内基梅隆大学的编程基础、麻省理工学院的计算机科学及编程导论课程等都使用 Python 语言。

Python 是一个用于解决问题的强大利器。若要快速掌握这个利器，就需要快速了解其所有性能，然后择其为我所用之处，修炼绝技，使其发挥最佳效能。本书以全景的方式展示了 Python 语言的知识点，旨在帮助读者快速入门。建议读者采用框架式的学习方法，快速地熟悉 Python 的数据类型、运算符、程序控制、输入输出、模块导入 5 个方面的知识，在头脑中建立起 Python 语言知识框架体系，其他知识点在应用编程中再逐步深入。这样可以达到快速掌握 Python 语言工具并将其应用于实际情境的目标。

在 Python 中，元类对象创建类对象，类对象创建实例对象，实例对象实现具体的工作。Python 面向对象建模的计算思维与自然思维方式一致，语法也接近自然语言，用 Python 语言可以很容易地描述现实世界的对象。通过 Python 学习和掌握计算思维是最佳途径。计算思维分为问题分解、模式识别、归纳抽象和算法设计 4 个步骤。本书以人机大战猜拳游戏项目开发过程为主线，以用到的解决问题的 Python 编程知识点进行章节划分，详细讲解了解决问题的办法。第 3 章数据类型中讲解了用 Python 数据结构描述人机大战猜拳游戏的案例；第 4 章运算符中讲解了用计算思维过程分析人机大战猜拳游戏并设计算法的案例；第 5 章流程控制中讲解了绘制人机大战猜拳游戏算法流程图的案例；第 6 章组合数据类型中讲解了利用列表、字典等组合数据类型设计人机大战猜拳游戏程序的案例；第 7 章函数中讲解了面向过程设计人机大战猜拳游戏程序的案例；第 8 章类与对象中讲解了面向对象设计人机大战猜拳游戏程序的案例。通过案例完整地演绎 Python 计算思维解决问题的步骤，有利于读者快速习得运用计算思维分析问题并编程实现的能力。

运用 Python 语言编程解决问题，终归属于软件工程范畴，因此，应该具备工程化的构建软件项目的能力。本书第 14 章首先介绍了软件工程思维及软件开发流程，软件开发流程可以分为需求分析、方案制定、设计描述、制造编程、检验部署 5 个阶段；然后按照这 5 个阶段讲解爬虫项目开发过程，将软件工程思维融入项目开发中，有利于读者快速掌握软件工程思维和软件项目开发方法。

本书特色体现在以下三方面。

(1) 入门即知全貌。本书全面介绍了 Python 语言的知识点，每个知识点均有练习代码、实训案例，有利于读者快速、全面地掌握 Python 语言工具。

(2) 入门即用对象。在 Python 中，一切皆对象，通过 Python 著名的 turtle 对象绘图库，读者可以直观地学习和使用 Python 对象，然后设计对象，从而有助于将 Python 面向对象计算思维快速融入自然思维。

(3) 入门即会工程。每个程序员都是艺术家，编程既是创造性的活动，也是工程性的活动，软件质量必须靠工程化的技术来保障。把软件工程思维、方法融入实际项目开发中，有利于读者快速掌握软件工程思维和软件项目开发方法。

本书编著团队包括重庆理工大学的汪治华、河南科技大学的张虎、焦作大学的崔艳、黑龙江生态工程职业学院的王艳玲和滨州职业学院的杨娜娜。该团队具有政府部门管理、产业发展规划、科技创业企业孵化、企业经营、产品开发实战经验，以及高等院校科研教学实践经验。本书是编著团队基于多年从事计算机社会服务和高等院校 Python 语言教学实践的经验总结，是在深入理解 Python 语言特点的基础上倾心打造的力作。

在编写本书的过程中，编者参考、引用和改编了国内外出版物中的相关资料及网络资源。同时，还得到了来自社会企业和高等院校专家同仁的关心、指导和大力支持。在此表示诚挚的感谢。本书也得到了教育部产学合作协同育人项目"新工科视域下的软件设计对偶课堂教学体系研究与建设"的支持。在此表示特别的感谢！

在编写本书的过程中，我们虽竭尽所能地将好的内容呈现给读者，但书中也难免有疏漏和不妥之处，敬请读者批评指正。服务邮箱：476371891@qq.com。

编　者
2023 年 12 月

什么是程序设计

程序设计是近十几年来蓬勃发展的一门学科。编写程序已不仅仅是计算机相关专业人士的专利，也成为各学科专业人员的基本技能。尤其是 Python 语言的流行，几乎可以说当今世界已是"Python 万能工具，全民编程时代。"

那么，什么是程序设计呢？程序设计是这样一门工程艺术，它将问题求解方案描述成计算机可以执行的形式。首先是问题导向，在任何领域这都是根本，只有找到一个普遍的需求问题，才是一个可用的、受欢迎的、有价值的程序设计的开始。其次是求解方案，这是计算思维要做的工作，包括问题分解、模式识别、归纳抽象、算法设计 4 个步骤，是本书通过人机大战猜拳游戏案例讲解的重要内容。最后是将问题求解方案描述成计算机可以执行的形式，即用编程语言编写计算机可以执行的程序。把问题求解方案转换为程序是一门工程艺术，因为其具有多种方案、算法、代码风格等，是大脑多样性的创造；因为整个过程都必须遵循社会、经济、技术规范，所以是工程。在程序设计过程中要按照软件工程思维工作，包括需求分析、方案规划、设计描述、编程制造、检验部署 5 个阶段，这里的需求分析、方案规划主要是按照社会、经济、技术分析确定需求问题及宏观的规划。计算思维主要运用在软件工程的设计描述阶段。程序设计的内在思维活动是软件工程思维和计算思维，外在形式是特定领域的问题、编程语言工具和最后得到的程序。

Python 程序设计犹如制造多级火箭，基本语法与内建模块是火箭发动机，标准模块是火箭体，第三方模块与自定义模块是火箭增加级，应用程序是用于精准打击、解决问题的火箭弹头。

为什么使用 Python

编写程序有多种编程语言可以实现，如 Python、C、C++、C#、Java、JavaScript 等。为什么选择 Python 呢？其中的原因很多。Python 是一门效率极高的语言，在解决同样的问题时，需要编写的代码行更少。Python 语法简洁，代码简单、清晰、优美，更易于阅读、调试和扩展。Python 拥有广泛的应用领域，如爬虫程序、系统运维工具、科学运算、人工智能和大数据、云计算、金融分析与量化交易等。Python 还广泛应用于科学领域的学术研究和应用研究。Python 具有全球最大的编程计算生态，有丰富的标准库和第三方库。Python 可以灵活地进行组件集成，代码可以调用 C 和 C++的库，可以被 C 和 C++的程序调用，可以与 Java 组件集成，可以与 COM和.NET 等框架进行通信。Python 的软件质量很高，并且能够提高开发者的效率。Python 具有良好的一致性，即使代码并非本人所写，也保证了其易于理解。

　　编者选择 Python 有两个重要的原因：一是 Python 简单直接，直奔问题而去，其易用性和强大内置工具使编程成为一种乐趣而不是琐碎的重复劳动，解决问题的效率极高；二是 Python 具有高品质的社区，社区内有各行各业充满激情的人。大多数程序员都需要向解决过类似问题的人寻求建议，经验丰富的程序员也不例外。当需要有人帮助解决问题时，有一个好社区很重要。大多数学习计算机编程的人最好从 Python 开始，对于把 Python 作为第一门语言学习的人来说，Python 社区无疑是坚强的后盾。

　　Python 是一门出色的语言，值得我们去学习。

如何快速学习本书

　　第一步，到 Python 官方网站下载安装 Python 解释器，了解命令行输入指令方式，熟悉 IDLE 的 shell 运行代码和文本编辑器编辑代码、运行代码。

　　第二步，快速阅读 Python "531" 框架式学习法中的 5 个知识分类，然后在 IDLE 中敲代码，运行代码。

　　(1) 数据类型：3.2 基本数据类型，3.3.3 列表，3.3.4 元组，3.3.6 字典，9.1.2 异常类型。

　　(2) 运算符：4.1 算术运算符，4.2 赋值运算符，4.3 比较运算符，4.4 逻辑运算符。

　　(3) 流程控制：5.2 条件语句，5.3 循环语句。

　　(4) 输入输出：3.3.1 字符串，10.1.2 文件打开与关闭，10.1.3 文件读写。

　　(5) 程序结构：1.3 模块、包与库。

　　读者在快速阅读以上基本编程知识后，应该快速学习程序设计思维和方法，学会通过编程解决实际问题。

　　(1) 程序设计思维：3.4 问题描述，4.11 计算思维，5.1 程序流程。

　　(2) 基本程序设计方法：5.6 人机大战猜拳游戏程序设计案例，6.7 用列表实现人机大战猜拳游戏程序案例。

　　(3) 面向过程的程序设计方法：7.1 函数定义和调用，7.2 函数参数传递，7.9 面向过程编程案例。

　　(4) 面向对象的程序设计方法：8.1 类的定义和对象创建，8.2 属性，8.3 方法，8.4 Python 的对象体系，8.7 面向对象编程案例。

　　(5) 程序设计模式：8.4.1 object 基类以及单例设计模式(23 种程序设计模式之一)。

　　第三步，领悟 Python "531" 框架式学习法中的三重编程境界。

　　(1) 语句编程：即基于 Python 基本语法知识逐句编写代码。前面第二步学习的编程都属于语句编程。

　　(2) 库编程：库编程一般是指基于函数库或类库的编程。Python 库没有明确的定义，是一个功能比较强大的模块或多个模块的一种笼统说法，可以理解为基于模块的编程。

　　(3) 框架编程：框架一般是指解决特定领域问题的相互联系的多个库的集合。框架编程就是基于框架来开发应用程序的编程，如基于 Scrapy 框架来开发网络爬虫程序。在 Python 中，库和框架的划分不是很明显，都由模块构成，可以笼统地称为库。一般把目的性强、功能强大的模块称为框架。

在第 11 章标准库应用编程和第 12 章第三方库应用编程中可以学习库编程和框架编程的知识。第三方库中著名的 Web 开发模块 Flask 和 Django，一般称为 Flask 框架和 Django 框架。著名的数据分析模块(俗称数据分析三剑客)NumPy、Pandas 和 Matplotlib，习惯上称为 NumPy 库、Pandas 库和 Matplotlib 库。

语句编程比较繁琐，容易出错，效率不高；库和框架编程，开发效率高，程序可靠性好。实际软件生产环境中，都是采用库和框架编程。

第四步，掌握 Python "531" 框架式学习法中的软件工程思维，提高软件项目的开发质量。

在第 13 章虚拟环境与程序打包发布中可以学习实际项目开发环境搭建的相关知识。在第 9 章异常、调试与测试中可以学习软件调试与测试的知识。在第 14 章项目开发实战——茶叶数据爬虫开发中可以学习项目开发的思维、方法和流程。

本书旨在让读者快速掌握 Python 编程工具，并将其快速应用到专业研究与专业创新工作中，同时，也为读者成为优秀的 Python 程序员打下坚实的基础。阅读本书后，读者可以进一步深入学习 Python 元编程等高级技术，也可以更轻松地掌握其他编程语言。

配套资源

为便于教学，本书免费提供 PPT 教学课件、案例源代码、习题、试卷、题库及答案。另外，本书还配有实验指导，提供 24 个实验项目(附录 C，实验内容以 pdf 格式提供)。上述资源可通过扫描下方二维码下载。

教学资源下载

为便于自学，本书附配了微课学习视频，可通过扫描下方二维码观看。

微课视频

服务邮箱：476371891@qq.com。

编程之旅

1985—1989 年，成都。初次接触计算机编程是在大二学习 Basic 语言时，那时机房用的是苹果公司的计算机。第一次敲入代码，计算机瞬间运行并显示了结果，那种兴奋之感令我至今难以忘怀，恍如昨天，历历在目。如果不是光学信息处理领域的魅力吸引了我，让我选择了攻读光学信息处理专业的研究生，那么，我一定会选择攻读计算机专业的研究生。

1989—1992 年，杭州。研究生阶段与本科阶段完全不同，可以用华丽来形容。尽管专业课程内容丰富，研究生文艺部的组织工作及文娱活动多姿多彩，绿茵场上野狼足球队热血沸腾，网球场上剑客们灵动潇洒，也不能阻挡我对计算机科学的追逐。在此期间，我自学了 C 和 Fortran 编程语言，还在图书馆阅读了大量计算机硬件、体系结构和算法等方面的书籍。当时我使用物理系机房的多终端 Unix 系统和实验室的 IBM PC/XT 计算机进行上机实验。我的硕士论文"激光环形聚焦系统研究"中就用了大量的计算机编程仿真运行结果。研究生毕业后，我在杭州一家知名的通信公司见习，成为研究光端机、光纤通信的早期追光者之一。然而，也许冥冥之中自有安排，命运把我驱向了计算机科学。

1992—2002 年，温州。当时素有"小香港"之称的温州声名远播，成为商品经济的神话，产业蓬勃发展，创业风起云涌。一脚迈出校门的青年书生，毅然地奔向这方碧波荡漾的大海，拾起 C 语言这把利剑，踏上了基于计算机控制的产品开发的漫漫征程。还记得当初用代码控制硬件点亮第一盏 LED 灯时的情景，LED 灯的闪烁，像夜空的星星一样，一闪一闪的，那种情景至今仍然让我心潮澎湃。天道酬勤，几年间我开发了一系列产品，部分产品得到了市场认可，获得了批量生产。

2002—2023 年，重庆。火辣辣的火锅，火辣辣的人。作为重庆人，我以游子回归的心情拥抱这山水相依、雄奇美丽、冷暖鲜明的城市，以极大的热情投入科技管理、科技成果转化、科技创新创业的企业孵化工作中。国家级两江新区、临空经济区、创新走廊、前沿科技新城，战略性新兴产业发展规划如火如荼；著名软件公司、台湾芯片企业圆桌论道；信息物理系统、工业互联网、云计算、大数据、人工智能推动人类社会走向数字时代和人工智能时代。Python 语言快速发展，我从产业界认识了 Python。产教融合，促使我从事计算机相关教学科研工作，并把 Python 引入课堂教学中。Python 语言以其简洁的语法和丰富的资源，让编程解决问题变得简单直接，让人感觉十分爽快，从此我爱上了 Python。我指导的研究生项目均采用了 Python 语言。

多年的 Python 语言教学经验，特别是基于 Python 语言的智能数据分析课程教学，使我充分地认识到 Python 语言的优点。Python 语言的面向对象思维与人类自然思维一致，语法接近自然语言，Python 的对象模型是编程语言中最好的对象模型。因此，Python 易学、易用、功能强大、软件质量高。对于计算机专业人士来说，Python 是优秀的编程语言之一；对于非计算机专业人员来说，Python 是很友好的编程语言。特别是对于初次学习计算机高级语言的人来说，Python 绝对是不二之选。

在多年的教学科研过程中，我接触了几十本 Python 书籍，但我发现它们都没能充分展示 Python 的对象模型特点，基本上都是按照传统的 C++、Java 等面向对象模型来编写的，这样不仅使简单问题变得复杂，还增加了理解难度。面向对象、分类建模、抽象概念是人类的自然思维方式，也是基本的哲学认知。Python 语言完全符合这一哲学认知，因此，学习 Python 语言应该是自然且容易的。教学实践中也充分证明，按照日常的自然语言思维方式引入 Python 的对象体系进行编程，会使学生学习起来更轻松、愉快。为了让更多的学习者受益，我萌生了编写这本 Python 书籍的念头。经过编著团队近一年的编写，本书终于创作完成了。这是一本使编程不再神秘，变得简单自然的书籍，适合所有对 Python 感兴趣的读者阅读。

从最初接触编程到如今已有 30 多年，作为一个非计算机专业的编程爱好者，我没有经历过系统的专业课程体系的学习，都是通过自己收集信息、查阅资料来学习和应用编程语言，这期间经历过愉快、兴奋，也经历过苦闷、彷徨。如何快速学会与应用一门编程语言，是我一直在探索的问题。最初，我学习编程语言都是通过书籍、杂志、期刊，或者与身边同仁进行简单交流，可以说是一个孤独的学习者。后来才有了伟大的互联网及令人愉快的学习者社区。

如今，Web 2.0 也已经发展了很多年，网上涌现了庞大的开发者社区，提供了丰富的 Python 学习资料。从表面上看，任何人都可以获取这些资源并通过自学掌握 Python。但实际上，网上的资源数量庞大且杂乱无章，知识缺乏系统性，是不利于初学者学习的。在没有足够的编程实践经验之前，仅靠网上资源进行自学是非常困难的。甚至 Python 的官方文档也不适合初学者阅读，更适合有一定经验的软件工程师。因此，为了快速掌握和应用 Python 语言，选择一本好书是非常有效的途径，而本书正是一个较好的选择。

有了一本好书，如何快速、有效地掌握知识也是一个关键问题。对于学习某种编程语言来说，我个人的经验是先把有关编程语言的知识分成 5 部分，即数据类型、运算符、流程控制、输入输出和程序结构，然后去寻找能够明确反映以上 5 部分知识的书籍进行学习。若书中结构清晰并配有简洁的练习代码，那这样的书籍就是用来学习一门编程语言的好书。当然，好书是相对的，没有绝对十全十美的书籍。选择一本好书以后，首先按照以上编程语言的 5 个知识分类，在书中查找并快速阅读相关内容，不求完全理解，只求对该种语言有一个初步的了解即可。例如，对于数据类型部分，快速地阅读该种语言有哪些数据类型；对于运算符部分，快速地阅读该种语言有哪些运算符。然后按照这 5 个知识分类集中敲代码，直观感受代码的运行结果。很多编程知识只看理论很难理解和记忆，但一敲代码，就会立刻理解和掌握。因此，人们常说学习编程语言的唯一秘诀就是敲代码。我个人学习编程语言的诀窍是"五分类快速阅读＋五分类快速敲代码"，我将这种方法称为框架式学习法。采用这种学习方法，学习第一门编程语言可能需要多花费一些时间，但学习第二门及以后的编程语言时，基本上只需要花费一到四周的时间，就可以熟练掌握并将其应用于实际编程问题的解决中。当然，编程功底、技巧的修炼，却是一个长期持续的过程。

对于 Python 语言的学习，可以总结为"531"框架式学习法。"5"是指把 Python 语言知识分为 5 部分，即数据类型、运算符、流程控制、输入输出和程序结构；"3"是指编程的三重境界，即语句编程、库编程、框架编程；"1"是指软件项目解决问题的 1 个思维，即软件工程思维(包括计算思维)。

"531"框架式学习法，是学习编程语言的高效途径！

编　者

2023 年 12 月

作者简介

汪治华：重庆人，副教授，近年主讲 Python 智能数据分析程序设计课程，曾从事计算机硬软件产品开发工作，担任企业技术部门开发工程师、技术中心负责人；曾从事政府部门科技产业规划、科技企业孵化工作，担任科技部门负责人；长期从事高等院校计算机硬软件技术教学科研工作，讲授 Python、C/C++、C#、Java、PHP、JavaScript 等编程语言，以及 SQL、Cypher 等数据库语言，教学经验丰富。研究方向为信息物理系统、人工智能和教育机器人。

张虎：河南孟津人，讲师，讲授 Java 程序设计、Python 程序设计、Android 移动开发、计算机组成原理等课程；曾获省教学技能大赛一等奖，荣获省教学技能标兵、国家电子设计大赛优秀指导教师、省工训大赛优秀指导教师、蓝桥杯优秀指导教师称号；研究方向为软件工程和单片机应用。

崔艳：河南沁阳人，副教授，讲授 Python、Java 语言等课程，主持学习通平台精品资源课程建设；多次指导学生参加蓝桥杯软件大赛、职业技能大赛等学科竞赛；多次荣获优秀指导老师称号；研究方向为软件开发技术和物联网应用技术。

王艳玲：黑龙江哈尔滨人，副教授，黑龙江省第一届职业技能大赛人工智能训练赛项铜牌获得者，龙江技术能手；讲授 Python、Java 等计算机语言课程，主持过中国大学 MOOC 平台开放课程建设；研究方向为软件开发、大数据分析和大数据应用开发。

杨娜娜：山东滨州人，讲师，讲授 Python 运维开发等课程；多次指导学生参加全国与省级云计算、大数据应用设计等技能大赛，并多次荣获优秀指导教师称号；研究方向为云计算、大数据和信息安全。

目　录

第 1 章

绪　论

学习目标：

1. 了解 Python 语言的发展、特点与应用
2. 掌握 Python 解释器的安装、编程环境的配置
3. 掌握利用集成工具编写、运行 Python 程序的方法
4. 掌握 Python 模块的安装与使用方法
5. 熟悉面向对象程序 turtle 绘图

思政内涵：

Python 语言的发展体现了创新与共享精神，我国开发的北斗卫星导航系统已向全球提供服务，展现了中国的科技创新与共享精神，是科技强国的重大成果。广大学子要勇于开拓，敢于创新，树立忠于祖国、勇攀科学高峰、报效国家的理想信念。

1.1　Python 概述

1.1.1　Python 的发展

1989 年，荷兰人吉多·范罗苏姆(Guido van Rossum)在圣诞节休假期间，为了打发时间，决定开发一门解释型编程语言。由于吉多是英国蒙提·派森(MontyPython)喜剧团的忠实粉丝，于是他把开发的语言取名为 Python，从此，宣告了一门优秀计算机语言的诞生。

吉多设计 Python 语言的灵感来自开发 ABC 语言的积累，他是 ABC 语言设计团队的一名成员。ABC 语言是 NWO(荷兰科学研究组织)旗下 CWI(荷兰国家数学与计算机科学研究中心)主导研发的一种交互式、结构化高级语言，旨在替代 BASIC、Pascal 等语言。吉多认为 ABC 语言非常优美而强大，但是其最终却没有流行起来。就吉多本人看来，ABC 失败的原因是它作为一门高级语言出现得为时过早，并且平台迁移能力弱，难以添加新功能。另外，ABC 语言过于专注于编程初学者，没有把有经验的编程人员纳入其中。吉多通过 Python 解决了这些问题，使得拓展模块的编写非常容易，并且可以在多平台运行。Python 实现了他的愿景，即在 C 和 Shell 之间创建一种全功能、易学、可扩展的语言。

1991 年，Python 第一个公开发行版本发行。

2000 年 10 月，发布 Python 2.0 版本。

2001 年 3 月，Python 软件基金会(Python Software Foundation，PSF)在美国特拉华州成立。PSF 是致力于推进 Python 编程语言的开源技术的非营利性组织。

2008 年 12 月，发布 Python 3.0 版本，形成了 Python 2 和 Python 3 双线发展的格局。

2011 年 1 月，Python 被 TIOBE 编程语言排行榜评为 2010 年度语言。

2014 年 11 月，Python 组织宣布在稳定版本 Python 2.7 后，于 2020 年起停止支持 Python 2，并将专注于 Python 3 的发展。

2021 年 12 月，Python 在 TIOBE 编程语言排行榜升至第一名。

2022 年 12 月，Python 继续保持在 TIOBE 编程语言排行榜第一名的位置。

Python 已经成为较受欢迎的程序设计语言。在当前数字时代，数据科学、人工智能蓬勃发展，Python 更是数据分析和人工智能领域的首选语言。越来越多的研究机构选择使用 Python 进行科学计算，一些知名大学也已经采用 Python 来教授程序设计课程。例如，哈佛大学的计算机课程 CS50、卡内基梅隆大学的编程基础、麻省理工学院的计算机科学及编程导论课程等都使用 Python 语言。

1.1.2 Python 的特点

1. 简单易学

Python 的设计理念是优雅、明确、简单。Python 有极其简单的语法，使用户能够专注于解决问题而不是去搞明白语言本身。

2. 免费开源

Python 是自由/开放源码软件之一。用户可以自由地发布该软件的副本，使用和改动它的源代码或将其中一部分用于新的自由软件中。正是这种开源和共享的特性促进了 Python 的快速发展。

3. 高级解释性语言

Python 语言是一门高级编程语言，Python 解释器先把源代码转换成字节码的中间形式，然后把它翻译成计算机使用的机器语言并运行。程序员在开发时无须考虑底层细节。

4. 面向对象

Python 既支持像 C 语言一样面向过程的编程，也支持如 C++、Java 语言一样面向对象的编程。

5. 可移植性

Python 可在 Linux、Windows、FreeBSD、Macintosh、Solaris、OS/2 和 Android 等平台上运行。

6. 可扩展性

Python 提供丰富的应用程序接口、模块和工具，使得程序员可以轻松地使用 C、C++语言来编写扩充模块。

7. 可嵌入性

Python 程序可以嵌入 C、C++、Matlab 程序，从而向用户提供脚本。

8. 丰富的库

Python 具有丰富的标准库和第三方库,可以处理各个领域的问题。

1.1.3 Python 的应用

Python 已经形成了全球最大的编程计算生态体系,在科学研究、工业生产、金融投资和商务办公等方面都得到了广泛应用。

1. 科学计算与数据分析

Python 被广泛运用在科学计算和数据分析中。例如,Numpy、Scipy 等 Python 扩展工具,经常被应用于生物信息学、物理、建筑、地理信息系统、图像可视化分析、生命科学等领域。

2. 人工智能与机器学习

当前具有较大影响力的人工智能框架 TensorFlow、PyTorch 都提供了 Python 支持,一些机器学习方向、深度学习方向和自然语言处理方向的网站基本都是通过 Python 实现的。

3. 系统网络运维

在运维工作中有大量的重复性工作,需要采用管理系统、监控系统、发布系统等实现自动化,提高工作效率。在这样的场景下,Python 是一门很合适的用于网络运维的语言。

4. 常规软件开发

Python 支持函数式编程和面向对象程序设计,能够承担各种类型软件的开发工作。

5. 图形用户界面

Python 带有图形用户界面(GUI)开发模块,可以很好地支持应用程序图形用户界面开发。

6. 数据库编程

程序员可通过遵循 Python DB-API 规范的模块与 Microsoft SQL Server、Oracle、Sybase、DB2、MySQL、SQLite 等数据库通信。

7. 网络编程

Python 可提供丰富的模块支持 Sockets 编程,能方便、快速地开发分布式应用程序。很多大规模软件开发计划(如 Zope、BitTorrent、Google)都在广泛地使用它。

8. 网络爬虫

网络爬虫是大数据行业获取数据的核心工具。能够编写网络爬虫的编程语言有很多,但 Python 绝对是其中的主流语言。

9. Web 应用开发

Python 具有一些优秀的 Web 框架,如 Django、Flask 等。很多大型网站都使用基于 Python 的 Web 框架开发,如百度、豆瓣等。

1.2 Python 开发环境

Python 可以在 Windows、Linux、Mac 等操作系统中运行，在不同的操作系统中安装 Python 的方法是不同的，Python 的开发环境也有很多种，本节介绍在 Windows 系统中安装 Python 官方标准版开发环境、PyCharm 集成开发环境、Python 的第三方发行版 Anaconda 开发环境和基于 Web 的在线开发环境。

1.2.1 Python 官方标准版开发环境

Python 的官方网址是 https://www.python.org，进入官网主页，在 Downloads 菜单中，可以下载 Python 的最新版和各个历史版本开发环境；在 Documentation 菜单中，可以下载 Python 的文档、教程和指南等。操作步骤如下。

(1) 进入 Python 的下载页面(见图 1.1)。选择 Windows 平台安装包，选择需要的 Python 版本。本书采用 Python 3.11.1 版本。下载后的安装包文件名是 python-3.11.1-amd64.exe。

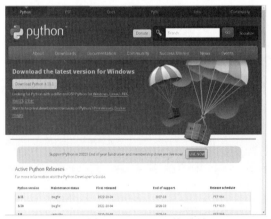

图 1.1　Python 下载页面

(2) 双击安装包 python-3.11.1-amd64.exe，进入 Python 解释器安装界面(见图 1.2)，按照提示进行安装即可。

图 1.2　Python 解释器安装界面

1.2.2 第一个 Python 程序

Python 安装成功后，进入 Windows 10 操作系统开始菜单。单击 Python 3.11 文件夹图标，可以看到文件夹中有 4 个文件，第一个 IDLE(Python 3.11 64-bit)是 Python 集成开发环境，第二个 Python 3.11(64-bit)是 Python 交互模式执行文件，第三个 Python 3.11 Manuals(64-bit)是 Python 使用手册，第四个 Python 3.11 Module Docs(64-bit)是 Python 模块文档，如图 1.3 所示。Python 的执行有两种方式，一种是以交互模式(interactive mode)执行，另一种是以 Python 文件方式执行。

图 1.3　Windows 开始菜单中的 Python 3.11 文件夹

1. Python 交互模式

(1) 单击 Windows 开始菜单中的 Python 3.11 文件夹下的第二个文件 Python 3.11(64-bit)，执行后界面如图 1.4 所示。符号>>>是交互运行模式主提示符。

图 1.4　Python 解释器命令行交互执行界面

(2) 在主提示符>>>后输入 Python 的输出字符串语句"print('Hello,Python！')"，执行后输出字符串"Hello,Python!"。Python 默认编码是 UTF-8，可以直接输出汉字。例如，输入语句"print('你好，Python！')"，执行后输出"你好，Python!"，如图 1.5 所示。

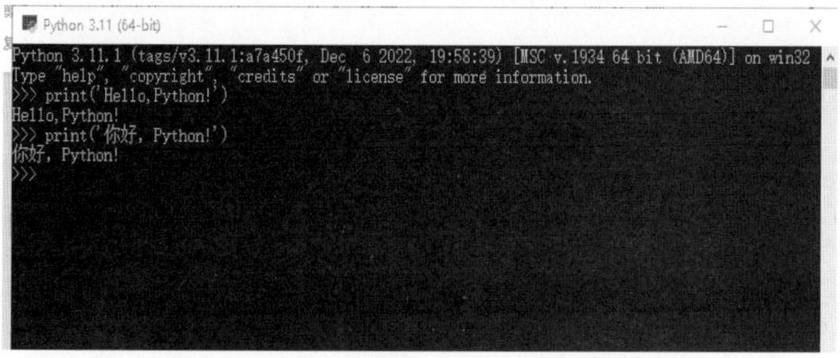

图 1.5　Python 解释器命令行执行语句情况

2. Python 文件执行模式

(1) 在文件执行模式中，首先用文档编辑器编辑 Python 源程序，简单的程序可以用记事本编辑。编辑只有两个输出语句的程序，如图 1.6 所示。将编写的程序保存为名为 hello.py 的文件，并将其放置在 D:\test 文件夹中。

(2) 在操作系统的命令行(在 Windows 中是 CMD 命令行)找到 Python 源文件所在的文件夹 D:\test，然后输入 python hello.py，按回车键后解释器执行 Python 文件并输出结果，如图 1.7 所示。

图 1.6 用记事本编辑 Python 文件

图 1.7 解释器执行 Python 文件

1.2.3 Python IDLE 的使用

单击 Windows 开始菜单中的 Python 3.11 文件夹下的第一个文件 IDLE(Python 3.11 64-bit)，执行后进入 IDLE Shell 界面，如图 1.8 所示。在 IDLE Shell 的命令行提示符>>>后也可以输入 Python 语句，由 Python 解释器交互执行，执行语句后立即输出结果。这里主要介绍 IDLE 集成开发环境。

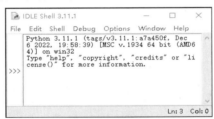

图 1.8 IDLE Shell 界面

(1) 单击 IDLE Shell 界面菜单中的 File(见图 1.9)，选择 New File，进入 IDLE 文件编辑界面(见图 1.10)。

图 1.9 IDLE Shell 菜单界面

图 1.10 IDLE 文件编辑界面

(2) 在该界面中输入 Python 语句"print('Hello,Python! ')"，然后执行 File|Save As(另存为)命

令，自定义存储路径，Python 程序就编写完毕了，如图 1.11 所示。文件名为 HelloPython.py，Python 文件的后缀是.py。

图 1.11　Python 程序 HelloPython.py

(3) 执行 Run | Run Module 命令(见图 1.12)，程序执行结果如图 1.13 所示。

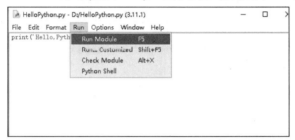

图 1.12　执行 Run | Run Module 命令

图 1.13　程序执行结果

1.2.4　PyCharm 集成开发环境

PyCharm 是一种 Python 集成开发环境(integrated development environment，IDE)，带有一整套可以帮助用户在使用 Python 语言开发时提高其效率的工具，如调试、语法高亮、项目管理、代码跳转、智能提示、自动完成、单元测试、版本控制等。PyCharm 分为专业版和社区版，专业版是付费的，功能齐全，可以免费试用 30 天；社区版是免费的，功能相对简化，但足够日常学习使用。这里下载社区版安装使用。

1. PyCharm 的下载与安装

(1) PyCharm 的官方网址是 https://www.jetbrains.com/，进入官网主页，如图 1.14 所示。单击 Developer Tools，进入如图 1.15 所示的页面，然后执行 IDEs | PyCharm 命令，进入下载页面。

(2) 进入下载页面后，下拉到下载部分(见图 1.16)，左边是专业版的下载选项，右边是社区版的下载选项，通过下拉按钮可以选择不同操作系统的安装文件进行下载，这里选择社区版.exe(Windows)安装文件进行下载。下载完成后，在浏览器的默认下载目录中有一个可执行的安装包，文件名是 pycharm-community-2022.3.exe。

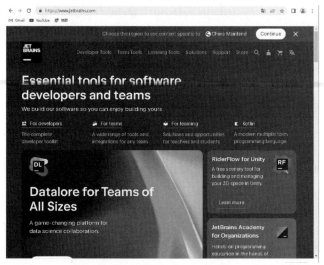

图 1.14　PyCharm 官网主页

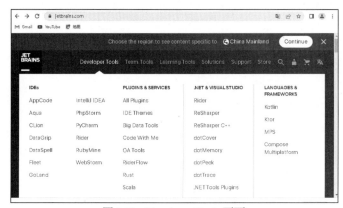

图 1.15　Developer Tools 页面

图 1.16　PyCharm 下载部分

(3) 双击安装包 pycharm-community-2022.3.exe，进入安装界面(见图 1.17)，按照提示进行

安装即可。目录可自行选择，初学时最好选择默认目录。

图 1.17　PyCharm 安装界面

2. PyCharm 的使用

(1) PyCharm 安装成功后，进入 Windows 10 操作系统开始菜单，单击 JetBrains 文件夹图标，再单击文件夹中的 PyCharm Community Edition 2022.3 启动 PyCharm 集成开发环境，如图 1.18 所示。首次启动时会弹出一个接受协议的界面，直接单击 Continue 按钮，即可进入 PyCharm 的开始界面，如图 1.19 所示。

图 1.18　Windows 开始菜单中的 JetBrains 文件夹

图 1.19　PyCharm 的开始界面

(2) 在 PyCharm 的开始界面单击 New Project 按钮创建新工程，创建新工程界面如图 1.20 所示。新工程界面有 3 个选项，第一项是在 Location 输入框中选择工程文件夹，这里选择 D:\python\chapter01；第二项是在 Python Interpreter:New Virtualenv envrionment 下为新工程配置 Python 解释器，初学者选择默认模式即可；第三项是 Create a main.py welcome script，用于在新工程中创建显示欢迎文本的 Python 文件 main.py，一般不需要创建，因此不勾选这一项。单击 Create 按钮，即可进入 PyCharm 开发界面，如图 1.21 所示。

图 1.20 创建新工程界面

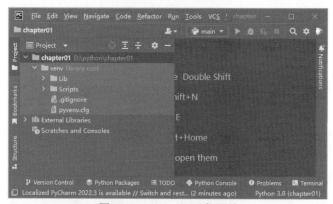

图 1.21 PyCharm 开发界面

(3) 在 PyCharm 开发界面的工程项目名称上右击，在弹出的快捷菜单中执行 New | Python File 命令(见图 1.22)，即可弹出 New Python file 对话框，如图 1.23 所示。

(4) 在 New Python file 对话框中输入文件名"HelloWorld"，按回车键，新的 Python 文件 HelloWorld.py 就创建好了。输入 Python 语句"print('Hello,World! ')"，只有一个输出语句的 Python 程序就编辑好了，如图 1.24 所示。

图 1.22　新建 Python 文件界面

图 1.23　New Python file 对话框

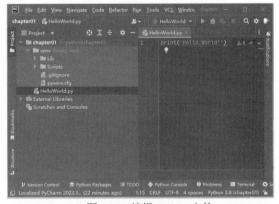

图 1.24　编辑 Python 文件

(5) 单击 Run 菜单,选择运行 HelloWorld 文件,运行显示窗口输出了字符串"Hello,World！",如图 1.25 所示。PyCharm 集成开发环境的第一个 Python 程序运行成功。

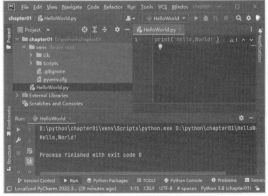

图 1.25　运行结果

1.2.5 Anaconda 集成开发环境

Anaconda 是一个开源的 Python 发行版本，包含了 conda、Python 等 180 多个科学包及其依赖项。Anaconda 集成了 PyCharm、Spider 和 Jupyter Notebook 等开发系统，安装 Anaconda 可以很方便地管理 Python 相关的包、切换不同的环境。

1. Anaconda 的下载与安装

(1) Anaconda 的官方网址是 https://www.anaconda.com/，进入官网主页，如图 1.26 所示。单击 Download 按钮进行下载，下载完成后，在浏览器的默认下载目录中有一个可执行的安装包，文件名是 Anaconda3-2022.10-Windows-x86_64.exe。

图 1.26　Anaconda 官网主页

(2) 双击安装包 Anaconda3-2022.10-Windows-x86_64.exe，进入安装界面(见图 1.27)，按照提示进行安装即可。目录可自行选择，初学时最好选择默认目录。

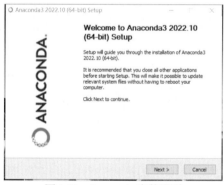

图 1.27　Anaconda 安装界面

2. Anaconda 的使用

Anaconda 安装成功后，进入 Windows 10 操作系统开始菜单，单击 Anaconda3(64-bit)文件夹图标，可以看到该文件夹中有 6 个执行文件选项，如图 1.28 所示。第一项 Anaconda Navigator(anaconda3)是进入 Anaconda 图形界面的命令文件。第二项 Anaconda Powershell Prompt(anaconda3)和第三项 Anaconda Prompt(anaconda3)都是 Anaconda 的命令行工作模式，都可以进行包安装、环境管理等，只是第二项的命令多一些而已。第四项 Jupyter Notebook(anaconda3)是数据分析使用的主要开发系统，后面会详细介绍。第五项和第六项是关于 Spyder 开发系统的，暂不使用。下面简单介绍 Anaconda 的 Jupyter Notebook，以便开发 Python 程序。

图 1.28　Windows 开始菜单中的 Anaconda3(64-bit)文件夹

(1) 在 Windows 开始菜单中的 Anaconda3(64-bit)文件夹下选择第一项,进入 Anaconda 图形界面(见图 1.29),然后单击 Jupyter 图标按钮,进入 Jupyter Notebook 开发环境。或者选择 Anaconda3(64-bit)文件夹中的第四项直接进入 Jupyter Notebook 开发环境。

图 1.29　Anaconda 图形界面

(2) 进入 Jupyter Notebook 后,主界面如图 1.30 所示。单击右侧的 New 按钮,选择 Python 3,进入编辑界面,如图 1.31 所示。

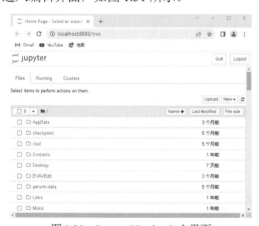

图 1.30　Jupyter Notebook 主界面

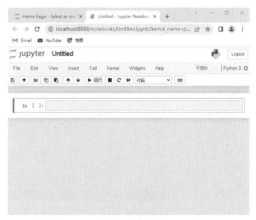

图 1.31　编辑界面

(3) 在编辑框中输入 print("Hello, jupyter!")语句,单击"运行"按钮,程序立即执行并在下方输出结果,如图 1.32 所示。单击 File 菜单,可以保存文件,文件的后缀是.ipynb,也可以保存为.py、.html 等格式的文件。Jupyter Notebook 开发环境兼有交互命令模式和文件模式的优点,不仅可以反复修改编辑框中的程序,还可以立即查看执行结果,十分方便,在数据分析中得到了广泛使用。

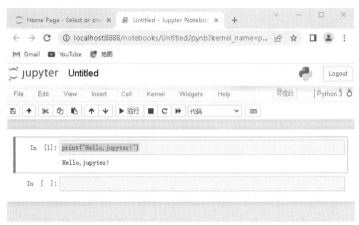

图1.32　编辑与运行程序

1.2.6　Web 版在线开发环境

除了本地安装开发环境，还可以直接使用基于浏览器的解释器和集成开发环境。在浏览器中编写和运行 Python 代码，可即时获得运行结果，无须安装任何软件。常用的基于 Web 的 Python 开发环境有：Online Python、Online GDB、Python Anywhere、Programmiz、Google Colab。大家可以选择一款喜欢的进行学习、使用。对于初学者，推荐使用 Online Python，其主页如图1.33所示。

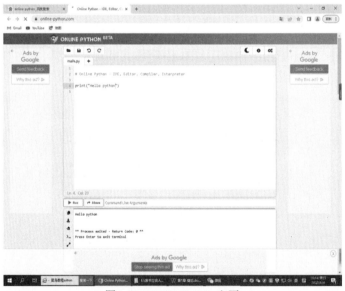

图1.33　Online Python 主页

1.3　模块、包与库

Python 代码通常存储在一个后缀为.py 的文件中，因此 Python 代码的基本组织单位是文件，也称为模块(module)。一个 Python 项目的程序往往存储在多个文件中，即一个项目由多个模块组成。Python 程序设计遵循标准的模块化编程理念，Python 程序由模块组成，模块由语句组成。

当一个项目中有多个模块(多个.py 文件)时，需要再进行组织，将功能类似的模块放到一个文件夹中就形成了包。Python 包(package)就是一个包含__init__.py 文件的文件夹。包可以包含模块，也可以包含子包(subpackage)，就像文件夹可以包含文件和子文件夹一样。

Python 库(library)借用其他编程语言的概念，没有特别具体的定义。库强调的是功能性，而不是代码组织。通常，我们将实现某一功能的包或模块的集合称为库。

Python 模块可分为内建模块、标准模块和第三方模块。内建模块是在运行解释器时自动导入的模块，可以直接使用模块中的变量、函数等。标准模块是在安装解释器时自动安装到硬盘上的模块，但在运行解释器时并不会自动导入，需要用 import 语句将其导入才可以使用。第三方模块是在安装解释器时没有安装到本地的模块，使用前需要下载并安装。自己建立的.py 文件称为自定义模块，文件名称就是模块名称。

1.3.1　模块的安装

Python 模块的安装有在线安装和离线安装两种方式。

1. 在线安装

在线安装是比较常用的安装方法。利用 Python 内置的 pip 工具可以非常方便地安装 Python第三方模块。进入 CMD 窗口(操作系统命令行窗口)，使用如下命令进行安装。

```
pip  install  模块名
```

如果不再使用已安装的模块，则可以卸载该模块，其语法格式如下。

```
pip  uninstall  模块名
```

2. 离线安装

第三方库(模块)一般是打包压缩上传到网上的，因此，离线安装需要先把库下载到本地，然后把包解压，在解压后的文件夹中，找到该安装包中的 setup.py 文件，最后进入 CMD 窗口，使用如下命令进行安装。

```
python  setup.py  install
```

当第三方库、包或模块被安装到本地之后，其使用方法与标准库中模块的使用方法一样。

1.3.2　模块的导入与使用

模块化设计的优点之一就是"代码复用性高"。写好的模块可以被反复调用、使用。模块的导入就是"在本模块中使用其他模块"。

1. 模块的导入

模块的导入有两种方式：import 语句导入和 from…import 语句导入。模块就是.py 类型的Python 文件，在导入时不需要加.py 后缀，直接导入文件名即可。

(1) import 语句导入。

import 语句的基本语法格式如下。

```
import  模块1,模块2...                          # 导入多个模块
import  模块名 as 模块别名                       # 导入模块并使用新名字
```

(2) from…import 语句导入。

Python 中可以使用 from…import 导入模块中的成员，基本语法格式如下。

```
from  模块名 import  成员1,成员2...             # 导入模块中的多个成员
from  模块名 import  成员 as 成员别名            # 导入模块中的成员并使用新名字
from  模块名 import *
```

上式中的*表示导入模块中所有的名字不是以下画线(_)开头的成员(成员是指模块中的类、函数等)。一般情况下尽量避免使用这种格式，因为导入的名字很有可能会覆盖之前已经定义的名字，而且可读性极差。

2. 包的导入

包就是包含很多模块的文件夹，包内还可以有子包。利用 import 语句可以直接导入包(本质是执行包中的__init__.py 文件，把包也转换成了模块，所以仅导入__init__.py 中的内容)，语法格式如下。

```
import  包名
```

直接导入一个包，就可以使用包中__init__.py 文件中的全部内容。

也可以导入包中的某一个模块，语法格式如下。

```
import  包名.模块名
```

还可以导入包中指定模块的某一个类或函数，语法格式如下。

```
import  包名.模块名.类名(或函数名)
```

3. 模块的使用

(1) 内建模块。

内建模块是在运行解释器时自动导入的模块，可以直接使用模块中的变量、函数等。在 Python 中，有一个内建模块(builtins)，该模块在 Python 启动后会自动加载到内存，可以直接使用内建模块中的函数或其他功能。例如，内建模块中有一个 abs()函数，其功能是计算一个数的绝对值，解释器命令行执行 abs(-20)，将返回 20，如图 1.34 所示。

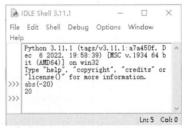

图 1.34 调用内置函数 abs()

(2) 标准模块。

标准模块是在安装解释器时自动安装到硬盘上的模块,但在运行解释器时并不会自动导入,

需要用 import 语句将其导入才可以使用。例如，标准模块中的数学模块 math，要将其导入以后才能使用，示例代码如程序段 P1.1 所示。在 Python 中，有许多标准模块，随着 Python 的发展，标准模块也在发展。

```
P1.1  导入 math 模块
import    math
print(math.pi)
print(math.sqrt(9))
```

运行代码，输出结果如下。(注意：本书把所有竖列的输出结果都用横排表示)

```
3.141592653589793        3.0
```

导入模块后，在使用时要加上模块名。例如，使用 math.pi 输出圆周率；使用 math.sqrt(9) 计算 9 的平方根，计算后输出 3。

(3) 第三方模块。

第三方模块需要先安装、导入，然后才能使用，如数值计算模块 numpy。以在线安装为例，首先在操作系统命令行输入以下语句。

```
pip install numpy
```

执行命令后，显示结果如图 1.35 所示。

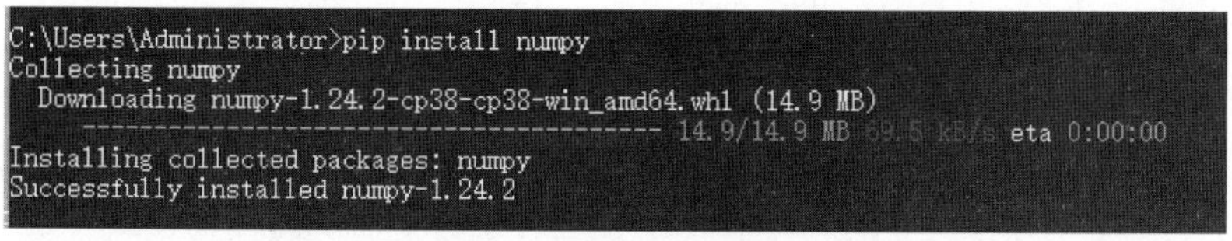

图 1.35　安装第三方模块 numpy

显示安装成功后，与标准模块一样在程序中导入使用。示例代码如程序段 P1.2 所示。

```
P1.2  导入 numpy 模块
import numpy as np
print(np.pi)
x=np.array([1,2,3])
print(x)
```

运行代码，输出结果如下。

```
3.141592653589793        [1 2 3]
```

在导入 numpy 模块时，给它取了一个别名 np，用 np.pi 输出了圆周率，用 np.array([1,2,3]) 定义了一个数组[1,2,3]。

Python 是一个开放的生态系统。开放系统的重要特征是每个开发者都有权编辑和发布模块 (或包)，人人都可以为这个系统做出贡献。Python 拥有丰富的标准库和第三方库，Python 的第三方库会在 PyPI 网站(https://pypi.org/)上发布，在安装某个第三方库之前，建议先到 PyPI 官方网站找到该库，了解其基本情况，特别是它支持的 Python 版本，以及最新版本的发布时间。当然很多开发者也使用 GitHub 网站的源码安装。

1.4 turtle 对象绘图库

1.4.1 turtle 对象编程思维

对象这个概念，我们并不陌生。现实世界中，我们把感知到的一切有形、无形的事物都称为对象。例如，大家手里的一本书、校园里的一棵树、动物园里的一只老虎都可以称为一个对象，这些是有形的对象。同时，"书"这个概念表示世界上所有的书籍(提到这个概念，你自然会想到所有的书类)；"树"这个概念表示地球上所有的树木；"老虎"这个概念表示地球上所有的虎类动物，这些都是现实世界中人类创造的概念事物，可以称为概念对象，属于无形的对象。这是人类的自然思维方式。

我们每天都会使用各种不同的软件，软件几乎成了我们生活的必需品。可以说，大部分软件都是采用面向对象编程技术开发的基于对象的软件系统，人类创造了一个软件对象世界，这个世界由信息世界、网络空间、虚拟世界和未来的元宇宙等组成。就像分子、原子是现实世界的基本事物一样，软件世界中的对象是软件世界中的基本事物。那么，软件世界中的对象是什么呢？

这个问题其实很简单，软件世界中的对象就是现实世界中对象的映射。现实世界由现实对象构成，软件世界由软件对象构成。一切皆对象，Python 语言充分实现了这个哲学认识。因此，在现实世界中我们用自然语言表达的对象，在软件世界中可以很容易地用 Python 语言描述出来，因为所采用的思维方式是一样的，即人类的自然思维方式。这就是 Python 易学、易用且功能强大的根本。

人类认识事物所创造的概念对象，实际上是通过思维活动对现实事物进行模式识别，再进行归纳、抽象而建立的分类模型概念，并用语言符号进行命名，这就是类型对象，简称为类对象。例如，书、树、虎就是现实世界中的类对象，而具体的一本书、一棵树、一只老虎就是实例对象。任何对象都有自己的属性特征和功能行为，因此，通过自然语言描述对象的属性特征和功能行为，我们就可以识别对象。

Python 语言如何描述对象呢？Python 语言采用 class、def、self 等关键词加上语言符号来描述对象。用 Python 语言和中文字符描述海龟类对象的简单模型如程序段 P1.3 所示。

```
P1.3  用 Python 语言和中文字符描述的海龟类
class 海龟:                      # 用 class 关键词给海龟类模型命名
    颜色="黑色"                   # 描述海龟的颜色属性
    腿数=4                       # 描述海龟的腿数属性
    def 前进(self):              # 用 def 关键词给海龟前进方法命名，self 关键字表示方法所属的对象
        print("前进 10 米")       # 方法体描述前进方法要做的事情，这里只输出"前进 10 米"
    def 后退(self):
        print("后退 8 米")
    def 左转(self):
        print("左转 5 度")
    def 右转(self):
        print("右转 3 度")
小海= 海龟()                     # 用海龟类模型创建一个海龟实例，并命名为小海
print(小海.颜色)                  # 查看小海的颜色属性
print(小海.腿数)
小海.前进()                      # 调用海龟的前进方法
```

```
小海.后退()
小海.左转()
小海.右转()
```

运行代码，输出结果如下。

黑色	4	前进10米	后退8米	左转5度	右转3度

从上面对海龟类模型的描述中可以看到，Python 语言通过定义变量描述对象的属性特征，这里称为属性；通过 def 定义的函数描述对象的功能行为，在类模型中，定义的函数的第一个参数必须是表示自身对象的 self 参数，因此，在类对象中定义的函数称为对象的方法。对象的属性和方法，称为对象的成员。

用 Python 语言和英文字符描述海龟类对象的模型如程序段 P1.4 所示。

```
P1.4 用 Python 语言和英文字符描述的海龟类
class turtle:
    color = "black"
    legs = 4
    def forward(self):
        print("Forward 10 meters")
    def backward(self):
        print("Backward 8 meters")
    def left(self):
        print("Turn left 5 degrees")
    def right(self):
        print("Turn right 3 degrees")
xiaohai = turtle()
print(xiaohai.color)
print(xiaohai.legs)
xiaohai.forward()
xiaohai.backward()
xiaohai.left()
xiaohai.right()
```

运行代码，输出结果如下。

black	4	Forward 10 meters	Backward 8 meters
Turn left 5 degrees	Turn right 3 degrees		

在上面的模型中，class 定义类对象的名称 turtle，def 定义类对象的行为方法，self 作为行为方法的第一个参数，表示使用这个行为方法的对象自身。

与自然语言描述类对象一样，用 Python 语言描述类对象实际上就是用 Python 语言对现实世界中的对象建模，构建一个现实世界中的对象映射到软件世界的模型。这个模型就是软件世界中的类对象。利用这个模型可以创建软件世界中的一个个实例对象，这些实例对象是现实世界中一个个具体实例对象在软件世界中的映射。例如，上面程序中的海龟(turtle)是类对象，映射现实世界中的海龟类概念；创建的小海(xiaohai)是一个实例对象，映射现实世界中的某个具体的海龟。

Python 的 turtle 绘图库，就是由一系列软件对象构成的软件系统。

1.4.2 turtle 库概述

turtle 是 Python 的一个编程教育类库,广受教育者的喜爱。许多智能设计与创意编程比赛均使用 turtle 库。turtle 库也称为海龟绘图库,它模拟一只小海龟在爬行,爬行轨迹就是绘制出来的图形。

在 turtle 中,小海龟是绘图的画笔(pen)对象,记录小海龟爬行轨迹的是画布(canvas)对象。画笔对象的形状、颜色和大小等特征,称为画笔对象的属性;画笔对象的前进、后退、左转和右转等动作,称为画笔对象的方法。在绘图编程中,根据绘图要求设置画笔属性、调用画笔方法,就可以绘制出需要的图形。turtle 绘图就是采用这种面向对象的编程思维,对画布对象和画笔对象等进行编程来实现绘图功能的。只是这里的对象都是 turtle 模块已经设计好的,而在解决其他问题的编程实践中,其对象往往需要自己设计。

turtle 是 Python 的标准图形模块,当通过 import 语句导入 turtle 时,就创建了一个 turtle 对象(模块对象),其中包括屏幕窗口对象、画布对象、画笔对象等。在屏幕坐标系中,turtle 绘图窗口及画布示意图如图 1.36 所示。

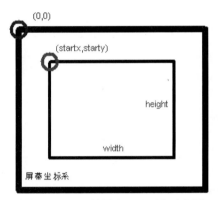

图 1.36 turtle 绘图窗口及画布示意图

绘图窗口及画布属性如表 1-1 所示。

表 1-1 绘图窗口及画布属性

属性名	功能描述
width	绘图窗口宽
height	绘图窗口高
startx	绘图窗口左上角顶点 x 坐标
starty	绘图窗口左上角顶点 y 坐标
canvwidth	画布宽
canvheigh	画布高
bg	画布背景颜色

画笔属性如表 1-2 所示。

表 1-2　画笔属性

属性名	功能描述
shape	画笔形状
pensize	画笔线条的宽度
colormode	画笔颜色模式
pencolor	画笔颜色
speed	画笔移动速度

turtle 绘图是通过控制海龟(画笔)对象在创建的绘图窗口(画布对象)上移动来实现图形绘制的。海龟在绘图窗口的移动以两个坐标系为参考。

- 空间坐标系：空间坐标系以绘图窗口画布的中心点为坐标系原点，原点的绝对坐标为(0,0)。在图 1.37 中，第一至第四象限四点的绝对坐标分别为(100,100)、(-100,100)、(-100,-100)、(100,-100)。默认状态下海龟以水平向右为前进方向。
- 角度坐标系：角度坐标系是以海龟为中心的相对坐标，顺时针方向一周为 0~-360°，逆时针方向一周为 0~360°，如图 1.38 所示。

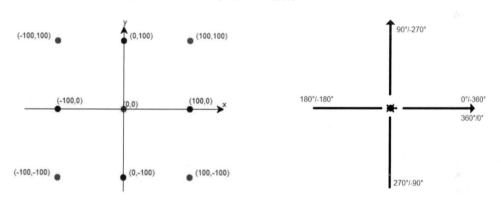

图 1.37　空间坐标系　　　　　　　　图 1.38　角度坐标系

以两个坐标系为参考，控制海龟在画布上移动，它爬行的路径就是绘制的图形。turtle 绘图对象常用的控制方法如表 1-3 所示。

表 1-3　turtle 绘图对象常用的控制方法

方法名	功能描述
设置窗体、画布	
turtle.setup(width,height,startx,starty)	创建设置窗体的宽、高、坐标
turtle.screensize(canvwidth,canvheight,bg)	创建设置画布的宽、高、背景色
turtle.title("s")	设置窗体标题
turtle.bgcolor()	设置背景颜色
turtle.bgpic()	设置背景图片
screen_name = turtle.Screen()	创建窗体对象并取名 screen_name
canvas_name = turtle.Canvas()	创建画布对象并取名 canvas_name

(续表)

方法名	功能描述
设置画笔	
turtle.shape("turtle")	设置画笔的形状(turtle 海龟；arrow 箭头；circle-圆圈；square-实心正方形；triangle-三角形；classic-默认箭头)
turtle.pensize(width)/width()	设置当前画笔线条的宽度为 width 像素
turtle.colormode(1.0[255])	设置画笔颜色模式
turtle.pencolor(colorstring)/color()	设置画笔的颜色，参数 colorstring 可以是"green"、"red"、"blue"、"yellow"等英文字符串
turtle.speed(5)	设置画笔的移动速度，取值范围为[0,10]的整数，数字越大，画笔移动的速度越快
pen_name=turtle.Pen()	创建画笔对象并取名 pen_name
控制画笔	
turtle.penup()/pu()/up()	提起画笔，不绘图
turtle.pendown()/pd()/down()	画笔移动时绘制图形
turtle.forward(100)/fd(100)	画笔向当前方向移动 100 像素距离
turtle.backward(100)/bk(100)	画笔向相反方向移动 100 像素距离
turtle.right(45)/rt(45)	画笔顺时针移动 45°
turtle.left(45)/lt(45)	画笔逆时针移动 45°
turtle.setheading(45)/seth(45)	设置当前画笔朝向为 45°
turtle.goto(x,y)	移动画笔到指定坐标位置
turtle.hideturtle()	隐藏画笔 turtle 形状
turtle.showturtle()	显示画笔 turtle 形状
turtle.setx(x)	海龟的 x 坐标移动到指定位置
turtle.sety(y)	海龟的 y 坐标移动到指定位置
turtle.home()	设置当前画笔位置为原点，朝向东(默认值)
图形与填充	
turtle.circle(5,[extent,steps])	绘制半径为 5 的圆形
turtle.dot()	画一个圆点(实心)
turtle.stamp()	复制当前画笔图形
turtle.fillcolor('red')	设置填充颜色
turtle.color(pencolor,fillcolor)	同时设置画笔颜色(边框颜色)和填充颜色
turtle.begin_fill()	以当前起点，开始填充颜色
turtle.end_fill()	以当前为终点，结束填充图形
自定义画笔形状	
begin_poly()	开始记录图形
end_poly()	结束图形记录

(续表)

方法名	功能描述
get_poly()	获取画笔图形
addshape('name',shape)	增加画笔形状
register_shape('name', shape)	注册画笔形状
register_shape("file.gif")	注册 gif 格式图片为画笔形状
全局控制	
turtle.done()	绘图结束后，保留窗口。必须是最后一个语句
turtle.clear()	清空 turtle 窗口，但是 turtle 的位置和状态不会改变
turtle.reset()	清空 turtle 窗口，重置 turtle 状态为起始状态
turtlc.undo()	撤销上一个 turtle 动作
turtle.isvisible()	返回当前 turtle 是否可见
turtle.write("文本",align="center",font=("微软雅黑",20,"normal"))	写文本。align(可选)：left、right、center；font(可选)：字体名称、字体大小、字体类型
屏幕事件	
turtle.mainloop()	启动事件循环
turtle.listen()	监听屏幕事件
turtle.onkeypress()	当键按下
turtle.onkeyrelease()	当键按下并释放
turtle.onclick(fun,btn=1,add=None)	当单击画布屏幕时，执行函数(fun 为传入的函数)，btn 值：1 为鼠标左键，2 为鼠标中间键，3 为鼠标右键。当 add 为 True 时将添加一个新绑定
turtle.ontimer(fun,t=0)	定时器，在达到 t 毫秒后，执行 fun 函数
动画控制	
turtle.delay()	延迟(毫秒)：连续两次画布刷新的间隔时间
turtle.tracer(n,delay)	追踪小海龟的绘图，当 n 为 0 或为 False 时，禁用追踪，默认为 1；delay 为延迟(毫秒)
turtle.update()	更新
保存图形	
image = pen.getscreen()	将屏幕转换为图形对象
image.getcanvas().postscript(file="demo.eps")	保存画布上的图形。仅能保存为 eps 矢量图格式，可用 GIMP 转换为其他格式

1.4.3 turtle 绘图操作方法

1. 创建并设置窗体、画布属性

窗体是绘图展示区域，画布是绘图区域，创建与设置窗体的语法格式如下。

```
turtle.setup(width=200,height=100,startx=100,starty=100)
```

参数说明如下。

- width：窗体宽，当为整数时，表示像素；当为小数时，表示占据计算机屏幕的比例。
- height：窗体高，当为整数时，表示像素；当为小数时，表示占据计算机屏幕的比例。
- startx、starty：表示矩形窗口左上角顶点的位置坐标，如果为空，则窗口位于屏幕中心。

如果程序中未调用 setup()函数，那么绘图程序执行时会生成一个默认窗口。在程序中绘制完图形后，应调用 done()函数声明绘制结束，此时 turtle 的主循环会终止，但直到用户手动关闭图形窗口时图形窗口才会退出。

创建与设置画布的语法格式如下。

```
turtle.screensize(canvwidth=400,canvheight=300,bg='black')
```

参数说明如下。

- canvwidth：画布宽，单位为像素。
- canvheight：画布高，单位为像素。
- bg：背景颜色。可以是"green"、"red"、"blue"、"yellow"等英文字符串。

设置窗体和画布的示例代码如程序段 P1.5 所示。

```
P1.5  设置窗体和画布
import turtle                      # 导入 turtle 模块
turtle.setup(200,100,100,100)      # 窗体尺寸为 200×100，左上角顶点坐标为(100, 100)
turtle.screensize(400,200,'green') # 画布尺寸为 400×200，颜色为绿色
turtle.done()                      # 声明绘制结束
```

运行代码，显示窗口与画布，如图 1.39 所示。

图 1.39　窗口与画布

设置的画布比窗体尺寸要大，因此会显示窗口滑动条。

2. 设置画笔属性

(1) 画笔形状。

使用 shape()方法设置画笔的形状，语法如下。

```
turtle.shape("turtle")
```

输入参数表示设置画笔的形状，可以设置以下 6 种形状的画笔：turtle-海龟；arrow-箭头；circle-圆圈；square-实心正方形；triangle-三角形；classic-默认箭头。

(2) 画笔粗细。

使用 width()方法设置画笔线条粗细，语法如下。

```
turtle.width(width)
```

参数 width 用于设置画笔线条的宽度，用像素表示。

(3) 画笔颜色模式。

使用 colormode()方法设置画笔颜色模式，语法如下。

turtle.colormode(1.0[255])

设置颜色的模式，如果参数 mode 的取值为 255，则采用的是 RGB 整数值模式；如果参数 mode 的取值为 1.0，则采用的是 RGB 小数值模式。颜色模式配色数值如表 1-4 所示。

表 1-4　颜色模式配色数值表

颜色	RGB 整数值	RGB 小数值	十六进制字符串
白色	(255,255,255)	(1,1,1)	#FFFFFF
黑色	(0,0,0)	(0,0,0)	#000000
红色	(255,0,0)	(1,0,0)	#FF0000
绿色	(0,255,0)	(0,1,0)	#00FF00
蓝色	(0,0,255)	(0,0,1)	#0000FF
黄色	(255,255,0)	(1,1,0)	#FFFF00
紫色	(160,32,240)	(0.63,0.13,0.94)	#A020F0

(4) 画笔颜色。

使用 color()方法设置画笔颜色，语法如下。

turtle.color(colorstring)

设置画笔的颜色，参数 colorstring 可以是"green"、"red"、"blue"、"yellow"等英文字符串，也可以是表 1-4 中的配色数值。

(5) 画笔速度。

使用 speed()方法设置画笔运动速度，语法如下。

turtle.speed(num)

参数 num 用于设置画笔移动的速度，其取值范围为[0,10]的整数，数字越大，速度越快。设置画笔属性示例代码如程序段 P1.6 所示。

```
P1.6 设置画笔属性
import turtle as pen
pen.setup(800,600,100,100)
pen.screensize(800,600,'white')
pen.shape("turtle")          # 画笔形状，turtle-海龟
pen.width(10)                # 画笔线条宽度 10 像素
pen.color('red')             # 红色画笔 red
pen.speed(5)                 # 画笔速度 5
pen.forward(100)             # 画笔前进 100 像素
pen.done()
```

运行代码，显示结果如图 1.40 所示。

图 1.40　显示结果

3. 控制画笔

(1) 提起和放下。

正如在纸上绘图一样，turtle 中的画笔分为提起(up)和放下(down)两种状态。只有当画笔为放下状态时，移动画笔，画布上才会留下痕迹。turtle 中的画笔默认为放下状态，使用 penup()/pu()/up()方法可以提起画笔，使用 pendown()/pd()/down()方法可以放下画笔。

(2) 移动画笔。

当画笔状态为 down 时，通过移动画笔可以在画布上绘制图形。此时，可以将画笔想象成一只海龟(这也是 turtle 模块名字的由来)，当海龟落在画布上时，它可以向前、向后、向左、向右移动，海龟在爬动时可以在画布上留下痕迹，路径即为所绘图形。移动画笔的方法如下。

- forward(distance)方法用于向前移动画笔，参数 distance 为距离，单位为像素。
- backward(distance)方法用于向后移动画笔，参数 distance 为距离，单位为像素。
- goto(x,y)方法用于将画笔移动到画布上的指定位置，该函数可以使用参数 x、y 分别接收表示目标位置的横坐标和纵坐标，也可以仅接收一个表示坐标向量的参数。

(3) 转动画笔。

转动画笔的方法如下。

- right(angle)方法用于指定画笔向右转，参数 angle 为转动的角度，单位是度。
- left(angle)方法用于指定画笔向左转，参数 angle 为转动的角度，单位是度。
- setheading(angle)/seth(angle)方法用于设置画笔在坐标系中的角度。参数 angle 以 x 轴正向为 0°，以逆时针方向为正，角度从 0°逐渐增大；以顺时针方向为负，角度从 0°逐渐减小。

若要使画笔向左或向右移动某段距离，应先调整画笔角度，再使用移动画笔的方法。

移动与转动画笔的示例代码如程序段 P1.7 所示。

```
P1.7 移动与转动画笔
import turtle
turtle.goto(-100, -100)
turtle.forward(100)
turtle.left(45)
turtle.forward(100)
turtle.right(45)
turtle.backward(50)
turtle.left(90)
turtle.forward(100)
turtle.setheading(45)
turtle.forward(20)
turtle.done()
```

运行代码，显示结果如图 1.41 所示。

图 1.41 显示结果

4. 图形与填充

(1) 圆形绘制。

turtle 模块中提供了 circle()方法,用于绘制以当前坐标为圆心、以指定像素值为半径的圆或弧。语法格式如下。

```
turtle.circle(radius,[extent,steps])
```

参数说明如下。

- radius:用于设置半径。当 radius 为正时,画笔以原点为起点向上绘制弧线;当 radius 为负时,画笔以原点为起点向下绘制弧线。
- extent:用于设置弧的角度。当 extent 为正时,画笔以原点为起点向右绘制弧线;当 extent 为负时,画笔以原点为起点向左绘制弧线;当 extent 为默认值 None 时,绘制整个圆。
- steps:用于设置步长。circle()方法可用于绘制正多边形(圆由近似正多边形来描述)。

(2) 图形填充。

turtle 模块中提供了 fillcolor()函数用于设置填充颜色,使用 begin_fill()函数和 end_fill()函数可以填充图形,实现"面"的绘制。

例如,先绘制半径为 90/-90 像素、角度为 60°/-60°的弧线组合的四段弧线;然后把中心点移到(0,100),当参数 extent 为默认值 None 时,绘制整个圆;最后把中心点移到(0,-120),参数 steps 用于设置步长,circle()方法用于绘制正多边形,并把圆形填充为红色。示例代码如程序段 P1.8 所示。

```
P1.8 图形与填充
import turtle
turtle.circle(90,60)
turtle.home()
turtle.circle(90,-60)
turtle.home()
turtle.circle(-90,60)
turtle.home()
turtle.circle(-90, -60)
turtle.home()
turtle.goto(0,50)
turtle.fillcolor('red')
turtle.begin_fill()
turtle.circle(50)
turtle.end_fill()
```

```
turtle.goto(0, -120)
turtle.circle(50,steps=6)
turtle.done()
```

运行代码，显示结果如图1.42所示。

图1.42　显示结果

通过对海龟对象绘图程序的使用可以发现，面向对象编写的程序逻辑十分清晰，可以通过对象完成程序功能。若要发挥对象的功能，就要设置好对象属性、使用好对象方法。了解了对象体系，也就熟悉了程序。

合理利用turtle模块，可绘制简单有趣的图形，也可结合逻辑代码生成可视化图表。此外，turtle模块中还定义了实现更多功能的方法，如制作动画的方法等。有兴趣的读者可自行查阅Python官方文档进行深入学习。

实训与习题

实训

(1) 完成本章P1.1～P1.8程序上机练习。

(2) 熟练掌握一款集成开发环境(IDLE、PyCharm、Anaconda、Visual Studio Code)。

(3) 熟悉基于Web的Python开发环境(Online Python、Online GDB、Python Anywhere)。

(4) 导入标准库数学模块math，用sin()函数计算三角函数值。

(5) 导入标准库随机数模块random，用randint()函数生成随机整数。

(6) 导入标准库时间模块time，调用time()、localtime()、ctime()函数输出时间，调用sleep(x)函数让计算机休眠x秒。

(7) 使用第三方库numpy编程：计算三角函数值。

习题

1. 填空题

(1) Python文件的扩展名为_____。

(2) Python 是面向_____的高级程序设计语言。

(3) Python 模块的本质是_____文件。

(4) 在当前程序中导入模块，使用的关键字是_____。

(5) Python 可以在多种平台上运行，这是其　　　　　　的特点。

2. 选择题

(1) 下列选项中，不改变绘制方向的 turtle 命令是(　　)。

　　A. turtle.fd()　　　　　B. turtle.seth()　　　　C. turtle.right()　　　　D. turtle.circle()

(2) Python 程序在 Windows 中的扩展名是(　　)。

　　A. exe　　　　　　　　B. py　　　　　　　　　C. jpg　　　　　　　　　D. docx

(3) 下列选项中，不属于计算机高级语言的是(　　)。

　　A. Python　　　　　　　B. Java　　　　　　　　C. 机器语言　　　　　　　D. JavaScript

(4) 下列选项中，不属于 Python 特性的是(　　)。

　　A. 开源免费　　　　　　B. 平台无关　　　　　　C. 可扩展　　　　　　　　D. 属于低级语言

(5) 下列关于 Python 的说法中，错误的是(　　)。

　　A. Python 是从 ABC 语言发展起来的　　　　B. Python 是一门高级计算机语言

　　C. Python 只能编写面向对象的程序　　　　　D. Python 程序的效率比 C 程序的效率低

3. 判断题

(1) Python 语言可以用面向对象的方法编程。　　　　　　　　　　　　　　　(　　)

(2) Python 是一门跨平台、开源、免费的动态编程语言。　　　　　　　　　　(　　)

(3) 在同一台计算机上不可以安装多个不同的 Python 版本。　　　　　　　　(　　)

(4) 相比 C++ 程序，Python 程序的代码更加简洁、语法更加优美，但效率较低。(　　)

(5) PyCharm 是 Python 的集成开发环境。　　　　　　　　　　　　　　　　(　　)

4. 简答题

(1) 简述 Python 的两种运行模式。

(2) 浏览 Python 主页，找出与我们所用的计算机相匹配的版本。

(3) 简述 Python 的特点与应用领域。

(4) 简述 Python 模块、包和库。

(5) 简述 turtle 程序面向对象特性。

5. 编程题

(1) 利用 turtle 库中的 fd() 方法和 seth() 方法绘制一个等边三角形，边长为 200。

(2) 利用 turtle 库中的 circle() 方法绘制一个圆、一个半圆和一段 90° 的圆弧，自定义圆和弧的属性。·

(3) 利用 turtle 库绘制直方图，宽度为 20，间距为 30，高度分别为 130、180、150。

(4) 编写一个模块，把 turtle 模块的主要绘图方法用中文实现，然后导入所编写的模块，用中文方法绘制正方形。

(5) 导入上题的中文模块，绘制一个正十边形。

第2章

Python基础

学习目标：

1. 掌握 Python 代码格式与风格
2. 掌握 Python 标识符与关键字
3. 掌握 Python 常量、变量与解释器命名空间
4. 熟悉内置函数、类与对象的概念及应用
5. 熟悉模块与文件对象的概念及应用

思政内涵：

通过学习和遵守命名规则与编程规范，广大学子要养成遵守规则，工作严谨、认真负责的职业精神。

2.1 基础语法

2.1.1 代码格式

良好的代码格式可提升代码的可读性。Python 代码的格式是 Python 语法的一部分，本节从缩进、换行和注释 3 个方面对 Python 代码格式进行讲解。

1. 缩进

一般使用"缩进"(即一行代码之前的空白区域)确定 Python 代码之间的逻辑关系和层次关系。Python 代码的缩进可以通过 Tab 键或空格键控制，但不允许混合使用 Tab 键和空格键。输入空格是 Python 3 首选的缩进方法，一般使用 4 个空格表示一级缩进。示例代码如程序段 P2.1 所示。

```
P2.1 代码缩进
if True:
        print("True")
else:
        print("False")
```

运行代码，输出结果如下。

```
True
```

代码缩进量的不同会导致代码语义的改变，Python 语言要求同一代码块的每行代码必须具有相同的缩进量。

2. 换行

Python 官方建议每行代码不超过 79 个字符，若代码过长则应该换行。Python 会将圆括号、方括号和花括号中的行进行隐式连接，可以根据这个特点在语句外侧添加一对圆括号，实现语句的换行，示例代码如程序段 P2.2 所示。

```
P2.2 代码换行
print(['a', 'b', 'c',
'd', 'e'])
```

运行代码，输出结果如下。

```
a,b,c,d,e
```

3. 注释

1) 单行注释

单行注释常以#开头。单行注释可以作为单独的一行放在被注释代码行之上，也可以放在语句或表达式之后，示例代码如程序段 P2.3 所示。

```
P2.3 单行注释
# 使用 print 输出字符串 Hello World!
print("Hello World!")
print("Hello Python!")      # 使用 print 输出字符串 Hello Python!
```

运行代码，输出结果如下。

```
Hello World!
Hello Python!
```

2) 多行注释

多行注释指的是一次性注释程序中的多行内容(包含一行)。Python 使用 3 个连续的单引号''' 或 3 个连续的双引号"""注释多行内容，多行注释通常用来为 Python 文件、模块、类或函数等添加版权或功能描述信息。具体格式如程序段 P2.4 所示。

```
P2.4 多行注释
'''
使用 3 个单引号分别作为注释的开头和结尾
可一次性注释多行内容
这里面的内容全部都是注释内容
'''
```

2.1.2　标识符与关键字

1. 标识符

标识符就是对变量、常量、函数、类等对象起的名字。Python 中的标识符需要遵守一定的命名规则，具体如下。

(1) 在 Python 中，标识符由字母、数字、下画线组成。

(2) 所有标识符可以包括英文、数字及下画线，但不能以数字开头。

(3) Python 中的标识符是区分大小写的。

(4) 以下画线开头的标识符是有特殊意义的。例如，以双下画线开头的(__foo)代表类的私有成员，不能直接从外部调用，需通过类中的其他方法调用；以双下画线开头和结尾的 (__foo__)代表 Python 中特殊方法专用的标识。

(5) 不允许使用 Python 预定义标识符名(关键字)作为自定义标识符名。

合法的标识符示例如下。

```
name
name2
name_3
```

不合法的标识符示例如下。

```
4word                          # 不能以数字开头
try                            # try 是关键字，不能作为自定义标识符
$money                         # 不能包含特殊字符
```

在 Python 中，建议按照以下方式命名标识符。

(1) 见名知意：标识符应有意义，尽量做到看一眼便知道标识符的含义。例如，使用 name 表示姓名；使用 student 表示学生。

(2) 命名规范：常量名应使用大写的单个单词或由下画线连接的多个单词命名(如 ORDER_LIST_LIMIT)；模块名、函数名应使用小写的单个单词或由下画线连接的多个单词命名(如 low_with_under)；类名应使用以大写字母开头的单个或多个单词命名(如 Cat、CapWorld)。

2. 关键字

关键字是 Python 编程语言预定义的保留字，不能用于其他目的。Python 3 中一共定义了 35 个关键字，这些关键字都存储在 keyword 模块的变量 kwlist 中，通过查看变量 kwlist 可查看 Python 中的关键字，示例如程序段 P2.5 所示。

```
P2.5 查看关键字
import keyword           # 导入 keyword 模块
print(keyword.kwlist)
```

输出结果如下。

```
['False', 'None', 'True', 'and', 'as', 'assert', 'async', 'await', 'break', 'class', 'continue', 'def', 'del', 'elif', 'else', 'except',
'finally', 'for', 'from', 'global', 'if', 'import', 'in', 'is', 'lambda', 'nonlocal', 'not', 'or', 'pass', 'raise', 'return', 'try', 'while', 'with',
'yield']
```

Python 中的关键字具有不同的作用，通过 "help" (关键字)命令可查看关键字的声明。掌握

关键字的含义有助于理解程序的功能。Python 关键字及含义如表 2-1 所示。

表 2-1　Python 关键字及含义

关键字	含义
True/False	逻辑真/假
None	空值
and/or/not	逻辑与、或、非运算符
as	在 import、except 或 with 语句中给对象取别名
assert	断言，用来确认某个条件必须满足，帮助调试程序
async	定义协程
await	用于挂起阻塞的过程
break	用在循环结构中，结束 break 所在层次的循环
class	定义类
continue	用在循环结构中，结束本次循环
def	定义函数
del	删除对象或其成员
elif	用在选择结构中，是 else if 的缩写
except	用在异常处理结构中，捕获指定类型的异常
else	用在选择结构、循环结构或异常处理结构中
finally	用在异常处理结构中，表示无论是否发生异常都会执行后面的代码
for	for 循环
from	指明从哪个模块中导入什么对象，还可以与 yield 构成表达式
global	定义或声明全局变量
if	用在选择结构中，对条件进行判断
import	导入模块或模块中的对象
in	成员测试
is	同一性测试
lambda	定义匿名函数
nonlocal	声明非局部变量
pass	空语句，执行该语句时什么都不做，用作占位符
raise	显示抛出异常
return	用在函数中，返回函数值，如果没有指定返回值，则返回空值 None
try	用在异常处理结构中，限定可能发生异常的代码块
while	while 循环结构
with	上下文管理，具有自动打开、关闭等管理资源的功能
yield	在生成器函数中用来返回值

2.1.3 变量与常量

1. 变量

变量来源于数学，是计算机语言中能存储计算结果或能表示值的抽象概念。程序在运行期间用到的数据会被保存在计算机的内存单元中，为了方便存取内存单元中的数据，Python 使用标识符来标识不同的内存单元，从而使标识符与数据建立联系，标识内存单元的标识符名称称为变量名，Python 通过赋值运算符 "=" 将内存单元中存储的数值与变量名建立联系，即定义变量，变量指向内存单元。变量是对内存单元数据、对象的引用。示例代码如下。

```
x=3          # 定义变量 x 并赋值 3
```

以上代码定义的变量与内存数据之间的关系如图 2.1 所示。

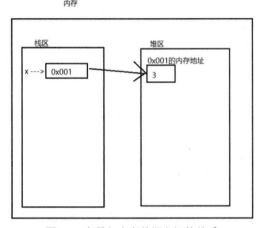

图 2.1　变量与内存数据之间的关系

在编程语言中，将数据放入变量的过程称为赋值(assignment)。Python 使用 "=" 作为赋值运算符，具体格式如下。

```
name = value
```

name 表示变量名；value 表示值，也就是要存储的数据。注意，变量是标识符的一种，因此不能随便命名，要遵守 Python 标识符命名规则，还要避免与 Python 内置函数及 Python 关键字重名。

除了直接赋值以外，Python 还支持链式赋值，即为多个变量同时赋相同的值，例如，x=y=z=100。此外，Python 还支持解包赋值，即将组合数据类型解包为相应数量的变量赋值，例如，i,j,k=10,20,30；m,n=n,m。

2. 常量

程序在运行期间用到的不可变的数据(常量)也被保存在计算机的内存单元中，Python 使用标识符来标识数据不可变的内存单元，从而使标识符与不可变的数据建立联系，这样的标识符名称称为常量名。

Python 中已经定义了一些内置常量，常用的主要有 3 个：True(表示真)；False(表示假)；None(表示空值)。当然，在应用编程中也可以自定义常量。

2.2 解释器命名空间

2.2.1 Python 解释器

Python 解释器也是一个程序，它解释执行 Python 代码。解释器由一个编译器和一个虚拟机构成，编译器负责将源代码转换成字节码文件，而虚拟机负责执行字节码。因此，解释型语言也有编译过程，只不过这个编译过程并不是直接生成目标代码，而是生成中间代码(字节码)，然后再通过虚拟机来逐行解释执行字节码。

Python 解释器主要有以下 6 款。

- Cpython：是用 C 语言开发的官方默认解释器。
- Ipython：是基于 CPython 之上的一个交互式解释器。
- PyPy：采用 JIT 技术，对 Python 代码进行动态编译，可提高代码的执行速度。
- Jython：是运行在 Java 平台上的 Python 解释器，可直接编译成 Java 字节码执行。
- IronPython：是运行在微软.Net 平台上的 Python 解释器，可直接编译成.Net 的字节码。
- MicroPython：以微控制器为目标，针对嵌入式环境。

Python 源程序执行过程如下。

(1) 执行 python XX.py 后，将会启动 Python 解释器。

(2) Python 解释器的编译器会将.py 源文件编译成字节码，生成 PyCodeObject 字节码对象存放在内存中。

(3) Python 解释器的虚拟机将执行内存中的字节码对象，并将其转换为机器语言，虚拟机与操作系统交互，使机器语言在机器硬件上运行。

(4) 运行结束后，Python 解释器将 PyCodeObject 写入 pyc 文件中。当 Python 程序第二次运行时，程序会先在硬盘中寻找 pyc 文件，如果找到，则直接载入，否则就重复上面的过程。

2.2.2 命名空间

在程序开发中，由不同的人员开发不同的模块，难免会出现重名的情况。因此，解释器对标识符、变量等采用命名空间的方式来管理编译对象的名称。命名空间就是一些命名(名称)的集合，它们与相应的对象有对应关系。多个命名空间相互独立，允许不同命名空间中有相同的名称。每个命名空间都是一个容器，容器内的元素可以映射到对象的名称，对象对应的名称分为变量名、函数名、类名、模块名、属性名。

Python 的命名空间分为 3 类：内置命名空间、全局命令空间和局部命名空间。

1. 内置命名空间

内置命名空间是运行 Python 解释器时，解释器自动导入内建模块 builtins 时创建的命名空间，包含的对象有内置常量、内置函数、内置异常类等。内置命名空间的对象在整个应用程序中都可以使用。dir()函数命令不带参数，可返回解释器当前范围内的变量、对象的内容列表。示例如图 2.2 所示。

```
Python 3.11.1 (tags/v3.11.1:a7a450f, Dec  6 2022, 19:58:39) [MSC v.1934 64 bit (AMD64)] o
n win32
Type "help", "copyright", "credits" or "license()" for more information.
>>> dir()
['__annotations__', '__builtins__', '__doc__', '__loader__', '__name__', '__package__', '
__spec__']
>>> __name__
'__main__'
>>> __builtins__.__name__
'builtins'
>>> type(__builtins__)
<class 'module'>
>>> dir(__builtins__)
['ArithmeticError', 'AssertionError', 'AttributeError', 'BaseException', 'BaseExceptionGr
oup', 'BlockingIOError', 'BrokenPipeError', 'BufferError', 'BytesWarning', 'ChildProcessE
rror', 'ConnectionAbortedError', 'ConnectionError', 'ConnectionRefusedError', 'Connection
ResetError', 'DeprecationWarning', 'EOFError', 'Ellipsis', 'EncodingWarning', 'Environmen
tError', 'Exception', 'ExceptionGroup', 'False', 'FileExistsError', 'FileNotFoundError',
'FloatingPointError', 'FutureWarning', 'GeneratorExit', 'IOError', 'ImportError', 'Import
Warning', 'IndentationError', 'IndexError', 'InterruptedError', 'IsADirectoryError', 'Key
Error', 'KeyboardInterrupt', 'LookupError', 'MemoryError', 'ModuleNotFoundError', 'NameEr
ror', 'None', 'NotADirectoryError', 'NotImplemented', 'NotImplementedError', 'OSError', '
OverflowError', 'PendingDeprecationWarning', 'PermissionError', 'ProcessLookupError', 'Re
cursionError', 'ReferenceError', 'ResourceWarning', 'RuntimeError', 'RuntimeWarning', 'St
opAsyncIteration', 'StopIteration', 'SyntaxError', 'SyntaxWarning', 'SystemError', 'Syste
mExit', 'TabError', 'TimeoutError', 'True', 'TypeError', 'UnboundLocalError', 'UnicodeDec
odeError', 'UnicodeEncodeError', 'UnicodeError', 'UnicodeTranslateError', 'UnicodeWarning
', 'UserWarning', 'ValueError', 'Warning', 'WindowsError', 'ZeroDivisionError', '_', '__b
uild_class__', '__debug__', '__doc__', '__import__', '__loader__', '__name__', '__package
__', '__spec__', 'abs', 'aiter', 'all', 'anext', 'any', 'ascii', 'bin', 'bool', 'breakpoi
nt', 'bytearray', 'bytes', 'callable', 'chr', 'classmethod', 'compile', 'complex', 'copyr
ight', 'credits', 'delattr', 'dict', 'dir', 'divmod', 'enumerate', 'eval', 'exec', 'exit'
, 'filter', 'float', 'format', 'frozenset', 'getattr', 'globals', 'hasattr', 'hash', 'hel
p', 'hex', 'id', 'input', 'int', 'isinstance', 'issubclass', 'iter', 'len', 'license', 'l
ist', 'locals', 'map', 'max', 'memoryview', 'min', 'next', 'object', 'oct', 'open', 'ord'
, 'pow', 'print', 'property', 'quit', 'range', 'repr', 'reversed', 'round', 'set', 'setat
tr', 'slice', 'sorted', 'staticmethod', 'str', 'sum', 'super', 'tuple', 'type', 'vars', '
zip']
>>>
```

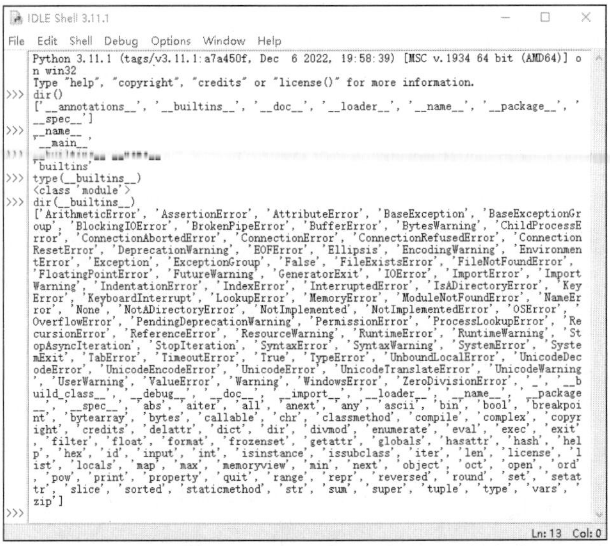

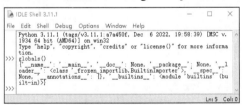

图 2.2　解释器当前范围及内置命名空间的内容

从运行结果可知，独立运行解释器，解释器当前范围名称属性“__name__”的值是“__main__”。解释器把自动导入的内置模块构建为对象“__builtins__”，其类型是“<module 'builtins' (built-in)>”，其名称属性“__builtins__.__name__”的值是“builtins”。内置命名空间就是__builtins__指向的空间，解释器会自动查找此空间。dir(__biltins__)命令返回了内置命名空间的内容。

2. 全局命名空间

全局命名空间是运行 Python 解释器时，解释器执行 Python 源文件时创建的命名空间，包含的对象有当前文件中的函数、类、全局变量，以及导入的其他模块的成员。Python 解释器在启动时会自动创建全局命名空间及解释器当前运行空间(或称为解释器主空间)，并把运行的文件作为主模块对象，其名称属性值是“__main__”，同时，自动导入内建模块 builtins，内置命名空间的对象也完全由应用程序使用。单独运行解释器，用 globals()查看全局命名空间，如图 2.3 所示。

```
Python 3.11.1 (tags/v3.11.1:a7a450f, Dec  6 2022, 19:58:39) [MSC v.
1934 64 bit (AMD64)] on win32
Type "help", "copyright", "credits" or "license()" for more informa
tion.
>>> globals()
{'__name__': '__main__', '__doc__': None, '__package__': None, '__l
oader__': <class '_frozen_importlib.BuiltinImporter'>, '__spec__':
None, '__annotations__': {}, '__builtins__': <module 'builtins' (bu
ilt-in)>}
>>>
```

图 2.3　全局命名空间

globals()命令返回了全局命名空间的成员及其值，用字典表示。

编辑代码文件，如图 2.4 所示。

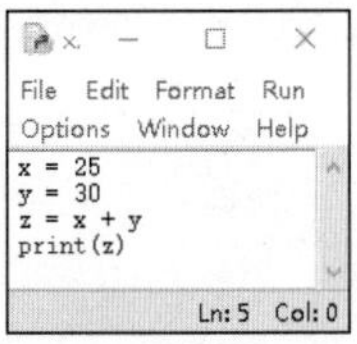

```
x = 25
y = 30
z = x + y
print(z)
```

图 2.4　编辑 Python 程序

解释器运行以上程序，用 globals()查看全局命名空间，如图 2.5 所示。

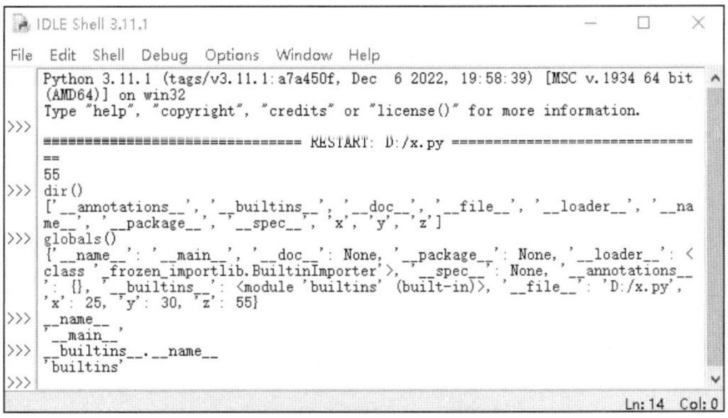

```
IDLE Shell 3.11.1
File Edit Shell Debug Options Window Help
Python 3.11.1 (tags/v3.11.1:a7a450f, Dec  6 2022, 19:58:39) [MSC v.1934 64 bit
(AMD64)] on win32
Type "help", "copyright", "credits" or "license()" for more information.
>>>
============================== RESTART: D:/x.py ==============================
==
55
>>> dir()
['__annotations__', '__builtins__', '__doc__', '__file__', '__loader__', '__na
me__', '__package__', '__spec__', 'x', 'y', 'z']
>>> globals()
{'__name__': '__main__', '__doc__': None, '__package__': None, '__loader__': <
class '_frozen_importlib.BuiltinImporter'>, '__spec__': None, '__annotations__
': {}, '__builtins__': <module 'builtins' (built-in)>, '__file__': 'D:/x.py',
'x': 25, 'y': 30, 'z': 55}
>>> __name__
'__main__'
>>> __builtins__.__name__
'builtins'
>>>
Ln: 14  Col: 0
```

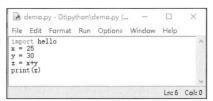

图 2.5　解释器执行程序的全局命名空间

从运行结果可知，全局命名空间中多了__file__:'D:/python/demo.py' , 'x':25 , 'y':30 , 'z':55 这 4 个字典元素。解释器把直接运行的文件作为主模块，__file__中存储的是主模块的文件路径。主模块运行在解释器主空间，也就是全局命名空间。主模块的名称属性：“__name__ = '__main__'”。

在当前目录下建立一个 Python 文件，文件名为 hello.py，文件中只写一个语句：print("hello")。在 demo.py 文件中导入该文件，如图 2.6 所示。

```
demo.py - D:\python\demo.py (...
File Edit Format Run Options Window Help
import hello
x = 25
y = 30
z = x+y
print(z)
Ln: 6  Col: 0
```

图 2.6　编辑程序

解释器执行以上程序，用 globals()查看全局命名空间，如图 2.7 所示。

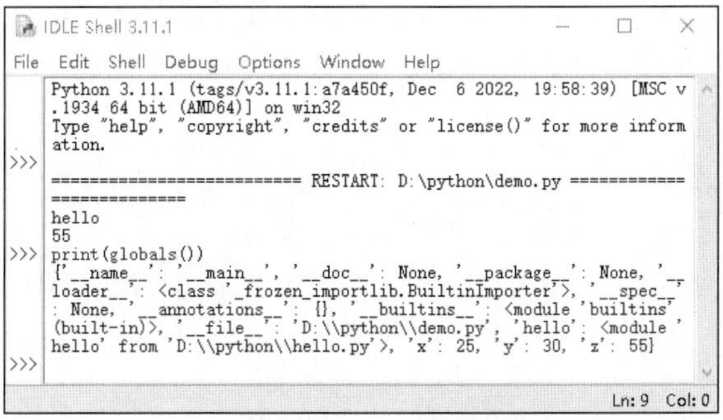

```
IDLE Shell 3.11.1
File Edit Shell Debug Options Window Help
Python 3.11.1 (tags/v3.11.1:a7a450f, Dec  6 2022, 19:58:39) [MSC v
.1934 64 bit (AMD64)] on win32
Type "help", "copyright", "credits" or "license()" for more inform
ation.
>>>
========================= RESTART: D:\python\demo.py ============
==============
hello
55
>>> print(globals())
{'__name__': '__main__', '__doc__': None, '__package__': None, '__
loader__': <class '_frozen_importlib.BuiltinImporter'>, '__spec__'
: None, '__annotations__': {}, '__builtins__': <module 'builtins'
(built-in)>, '__file__': 'D:\\python\\demo.py', 'hello': <module '
hello' from 'D:\\python\\hello.py'>, 'x': 25, 'y': 30, 'z': 55}
>>>
Ln: 9  Col: 0
```

图 2.7　导入模块 hello 后的全局命名空间

可以看到，全局命名空间中多了导入的模块'hello':<module'hello from D:\\python\hello.py'>。

3. 局部命名空间

局部命名空间是在定义类、调用函数时创建的，包含类的属性、被调用函数参数和函数内部定义的变量等。在函数内部可以用 print(locals())打印输出局部命名空间内容，示例如图 2.8 所示。

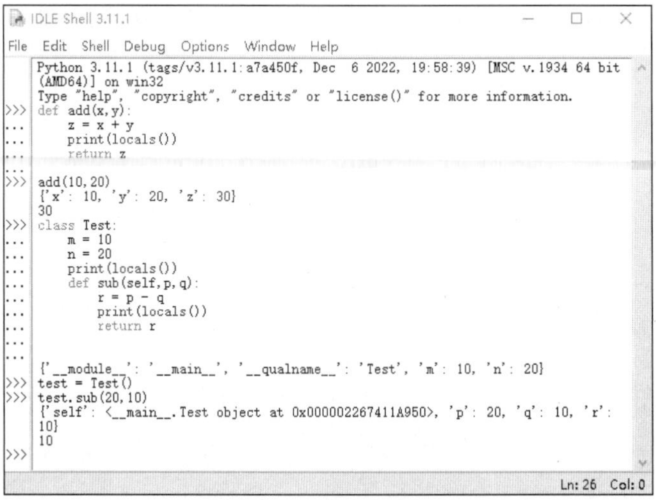

图 2.8　局部命名空间

当 Python 需要使用变量时，会在上述命名空间中依次查找，顺序为局部命名空间、全局命名空间、内置命名空间。同一命名空间中的变量不能重名，但不同命名空间中的变量可以重名。

2.3　函数对象

数学中经常用到函数，利用函数可以实现一定的运算功能。计算机程序设计中的函数与数学中的函数类似，计算机程序设计中的函数是指一段可以完成一定操作功能的代码。程序在运行期间这段代码会被保存在计算机的内存单元中，为了标识内存单元中的这段代码并方便重复使用，Python 使用标识符加圆括号来标识这段代码，这个标识符称为函数名，圆括号中是这段代码运行时需要的数据，称为函数参数，函数执行后通过函数名返回结果。函数的基本格式为"函数名(变量名)"，变量可以有多个。函数中定义的变量处于局部命名空间中。Python 中，函数也是对象，是一种具有功能行为的对象，函数分为内置函数和自定义函数。

2.3.1　内置函数

Python 中已经定义了很多内置函数。内置函数就是 Python 提供的、可以直接使用的函数，是解释器启动时自动导入内建模块加载的函数。常用的 Python 内置函数如表 2-2 所示。

表 2-2　常用的 Python 内置函数

abs()	delattr()	hash()	memoryview()	set()
all()	dict()	help()	min()	setattr()
any()	dir()	hex()	next()	slice()
ascii()	divmod()	id()	object()	sorted()
bin()	enumerate()	input()	oct()	Staticmethod()
bool()	eval()	int()	open()	str()

（续表）

breakpoint()	exec()	isinstance()	ord()	sum()
bytearray()	filter()	issubclass()	pow()	super()
bytes()	float()	iter()	print()	tuple()
callable()	format()	len()	property()	type()
chr()	frozenset()	list()	range()	vars()
classmethod()	getattr()	locals()	repr()	zip()
compile()	globals()	map()	reversed()	__import__()
complex()	hasattr()	max()	round()	

表 2-2 中共有 69 个内置函数，不同的 Python 版本，内置函数的数量也不同。若要查看所使用的 Python 版本的内置函数，则可以直接在 Python 解释器交互命令行输入"dir(__builtins__)"，命令执行后便会显示所有的内置常量和内置函数。在命令行输入"len(dir(__builtins__))"，命令执行后，输出结果为 159，说明当前版本(Python 3.11)中有 159 个内置函数和内置常量，其中首字母大写的是内置常量，首字母小写的是内置函数。常用的内置函数按功能可以分为以下 12 类。

- 查看类型：type()。
- 帮助信息：help()。
- 输入输出：input()、print()。
- 进制转换：bin()、oct()、hex()。
- 编码转换：ord()、chr()、ascii()。
- 类型转换：bool()、int()、float()、complex()。
- 数学运算：abs()、pow()、max()、min()、sum()、round()、divmod()。
- 高阶函数：map()、filter()、reduce()。
- 序列操作：str()、list()、tuple()、set()、dict()、sort()、reverse()、slice()、range()、enumerate()、len()、all()、any()、zip()。
- 对象属性：id()、dir()、hasattr()、getattr()、setattr()、delattr()、isinstance()。
- 编译执行：repr()、compile()、eval()、exec()、callable()。
- 命名空间：globals()、locals()。

调用内置函数的语法格式如下。

函数名([参数名])

例如，查看对象类型的函数 type() 的调用及运行结果如图 2.9 所示。

图 2.9　查看对象类型

运行结果说明 abs 对象是内建的函数或方法类型。若要了解内置函数的功能和使用方法，则可以通过 Python 网站的 Python 教程进行学习。另一种简便的学习方法是通过内置的帮助函数查询。例如，查询 dir()函数说明的示例代码及输出结果如图 2.10 所示。

另外，在交互模式下执行 help()命令，进入帮助状态，直接输入函数名即可获得帮助信息，如图 2.11 所示。

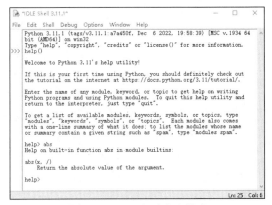

图 2.10　通过帮助函数查看 dir()功能　　　　图 2.11　help()帮助命令模式

内置函数 id()用于查看对象的地址；bin()函数可以将十进制数值转换为二进制数值，oct()函数可以将十进制数值转换为八进制数值，hex()函数可以将十进制数值转换为十六进制数值；ord()函数可以将字符转换为 unicode 编码，chr()函数可以将 unicode 编码转换为字符；ascii()函数在 ASCII 编码范围内返回 ASCII 字符，其他返回 unicode 编码。示例如图 2.12 所示。

内置数学运算函数 abs()、max()、min()、sum()、pow()、round()、divmod()的计算示例如图 2.13 所示。

图 2.12　对象地址、进制转换与编码转换函数的示例　　　图 2.13　内置数学运算函数的计算示例

在后面的相关章节中会逐步介绍内置函数的使用。

2.3.2　自定义函数

Python 编程除使用内置函数外，还可以用关键字 def 定义函数，语法格式如下。

```
def 函数名(参数名...):
    函数体
    [return   返回数据]
```

返回语句是可选语句，只有当函数有返回值时才需要。

自定义函数的调用与内置函数的调用相同，格式如下。

函数名([参数名])

例如，定义一个加法函数，示例代码如程序段 P2.6 所示。

P2.6 自定义加法函数与调用
```
def  add(x,y):          # 定义加法函数，函数名为 add，参数名为 x 和 y
     z=x+y              # 函数体，执行加法运算
     return z           # 返回语句，返回加法运算结果
print(add(10,20))       # 传递参数值 10 和 20 调用函数，输出计算结果
```

运行代码，输出结果如下。

30

Python 的函数对象是一种功能强大的代码封装方式，本节仅介绍基本概念，在后面的函数编程中会详细介绍。

2.4　类与对象

在 turtle 海龟对象绘图程序中，我们已经认识了对象的概念。对象的概念最初来源于哲学，指代现实世界中的一切事物，映射到 Python 世界中就是 Python 的对象。Python 中内置了很多对象。当然，我们也可以自定义类型并创建对象。

2.4.1　内置类型与对象

1. 实例对象

Python 内置的实例对象如下。

(1) 数值对象：指具体数值，如整数值、实数值、复数值。

(2) 常量对象：指 Python 中定义的常数，如 None、True、False。

(3) 内置函数对象：指只有行为的对象，如 abs()函数等。

2. 类型对象

Python 内置的类型对象如下。

(1) object 类型对象，也称为基类。

(2) 基本数据类型对象：整数类型 int、浮点类型 float、复数类型 complex、布尔类型 bool(只有两个实例对象，即常量对象 True 和 False)。

(3) 组合数据类型对象：字符串 str、字节组 bytes、列表 list、元组 tuple、集合 set、字典 dict。

3. 元类对象

Python 的内置元类对象只有一个，即 type 元类对象。

内置的一些实例对象是类型对象的实例，例如，整数数据的类型对象是 int。实例对象就是

一个个整数，整数对象可进行加、减等运算。查看内置对象类型和其所在内存地址的示例代码及输出结果如图 2.14 所示。

图 2.14　查看内置对象 8 的类型和内存地址

从图 2.14 中可以看出，数字 8 是一个实例对象，类型为 int，内存地址为 140710818014216。当把它赋值给变量 x 时，变量 x 的类型也是 int，其 id 值并没有变，变量只是引用了它。

通过 dir()函数可以查看一个对象的所有成员，例如，查看实例对象 8 和类型对象 int 的所有成员的示例如图 2.15 所示。

图 2.15　实例对象 8 和类型对象 int 的所有成员

运行结果显示了 8 和 int 的属性和方法，可以看到它们都有__add__()方法。两个整数相加实际上调用了整数对象的__add__()方法来执行加法运算，如图 2.16 所示。

图 2.16　整数对象的加法运算

调用对象方法的语法格式是"对象名.方法名"，访问对象属性的语法格式是"对象名.属性名"。例如，字符串(str)对象具有很多操作方法，如把字符串首字母转换为大写字母的方法等。调用字符串的操作方法的示例代码如程序段 P2.7 所示。

P2.7　字符串对象方法的调用
```
sr = 'ahu learning python'        #定义字符串
```

```
sr1 = sr.capitalize()                    # capitalize()方法把字符串首字母转换为大写字母
print(sr1)
sr2 = sr.title()                         # title()方法把每个单词首字母转换为大写字母
print(sr2)
sr3 = sr.upper()                         # upper()方法把字符串中的每个字母都转换为大写字母
print(sr3)
```

运行代码，输出结果如下。

Ahu learning python　　　　Ahu Learning Python　　　　AHU LEARNING PYTHON

2.4.2　自定义类

1. class 定义类

在现实生活中，类是对具体事物对象的抽象描述。而在程序设计中，类是对象的模板，首先定义描述一类事物对象的类，然后由类来创建对象。Python 中用关键字 class 定义类，语法格式如下。

```
class  类名([object]):
     属性名
     def  方法名(self,[变量名]):
          方法体
          [return  返回数据]
```

在定义类时，类名首字母要大写，括号内表示定义该类时继承的父类名称。Python 规定，所有的类都会继承 object 基类，如果定义的类只继承 object 基类，则可以省略不写。定义方法的参数 self 表示调用该方法的对象自身。

通过类创建对象的语法格式如下。

```
变量名=类名()
```

使用自定义类和对象的方式与使用内置类型和对象的方式一样。

自定义类与对象的示例代码如程序段 P2.8 所示。

```
P2.8  自定义类并创建使用对象
class Dog(object):                       # 类名 Dog
     color = 'White'                     # 属性 color 被赋值为 White
     def say(self):                      # 方法名 say
          print('wang,wang,wang....')
          return 'Hello'                 # 方法返回值 Hello
dog = Dog()                              # 创建对象，对象名 dog
print(dog.color)                         # 访问对象属性
res=dog.say()                            # 调用对象方法
print(res)
```

运行代码，输出结果如下。

White　　　　　　wang,wang,wang....　　　　　　Hello

Python 的默认编码是 UTF-8，支持中文，因此可以直接用中文作为类名、变量名。下面用中文给轿车建立一个简单的类模型，示例代码如程序段 P2.9 所示。

```
P2.9 用中文描述轿车类并创建对象
class 轿车:
    颜色 = "红色"
    def 前进(self):
        print("160 千米")
轿车王 = 轿车()                          # 创建对象
print(轿车王.颜色)                        # 访问属性
轿车王.前进()                            # 调用方法
```

运行代码，输出结果如下。

```
红色          160 千米
```

2. type 定义类

通过前面的学习我们知道，使用 type(obj)可以查看一个对象的类型，此外，type 还可以用来定义类，语法格式如下。

```
type(name, bases, dict)
```

使用 3 个参数调用 type()函数就可以返回一个自定义类对象。其中，name 表示类的名称；bases 是一个元组，表示该类的父类；dict 是一个字典，表示类内定义的属性或方法。示例代码如程序段 P2.10 所示。

```
P2.10 type 定义类
def say(self):
    print("wang,wang,wang...")
    return 'Hello'
Dog = type("Dog",(object,),dict(say=say, color="white"))
dog = Dog()
res = dog.say()
print(dog.color)
print(res)
```

运行代码，输出结果如下。

```
wang,wang,wang...          white          Hello
```

2.4.3 自定义元类

通过继承 type 元类，可以创建自定义元类，语法格式如下。

```
class 元类名(type):
    类成员
```

示例代码如程序段 P2.11 所示。

```
P2.11 自定义元类
class MyMetaclass(type):
    pass
```

运行代码，便创建了一个名为 MyMetaclass 的元类，利用该元类就可以创建类。示例代码与运行结果如图 2.17 所示。

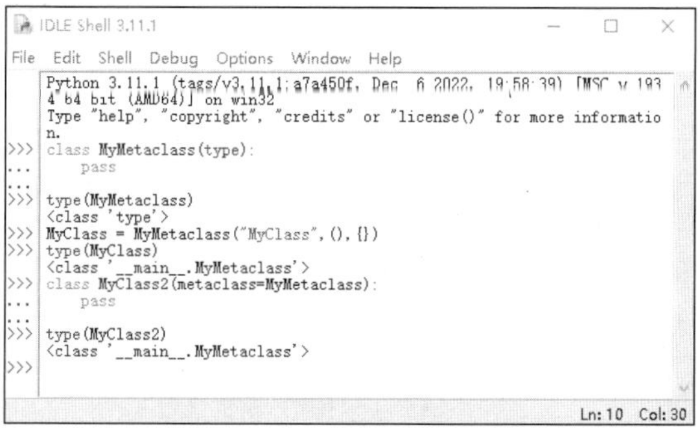

图 2.17　自定义元类并创建类

图 2.17 中定义了一个没有自定义成员的元类 MyMetaclass，元类的类型是 type；然后利用自定义元类，分别采用两种语法格式创建了没有自定义成员的两个类 MyClass 和 MyClass2，它们的类型都属于自定义元类型<class '__main__.MyMetaclass'>。当然，元类在应用程序开发中几乎用不到，主要用于开发框架等中间件程序，因此有所了解即可。当需要使用元类进行程序开发时，再深入学习 Python 高级编程技术。

Python 类与对象也是一种重要的代码封装方式，比函数的封装形式具有更多的优点(如多态、继承等)。本节主要介绍类与对象的基本概念，更多内容将在后续章节详细介绍。

2.5　模块对象

模块对应于 Python 源代码文件(.py 文件)，在模块中可以定义变量、函数、类和普通语句。除了内建模块外，使用其他模块都需要先导入。当我们通过 import 导入一个模块时，Python 解释器最终会生成一个对象，这个对象就代表了被加载的模块，称为模块对象。如果再次导入这个模块，则不会再次执行，一个模块无论导入多少次，这个模块在整个解释器内有且仅有一个对象，这个对象的类型是 module。示例代码如程序段 P2.12 所示。

P2.12　导入模块

```
import math
print(id(math))
print(type(math))
```

运行代码，输出结果如下。

| 2199796223488 | <class 'module'> |

输出的结果是对象的 id 值和模块 math 对象的类型。可以看到 math 模块被加载后，实际会生成一个 module 类的对象，该对象被 math 变量引用，实际上在解释器中也创建了一个名称为 math 的局部命名空间，我们可以通过 math 变量引用模块中所有的内容。有时也需要给模块起的别名，本质上，这个别名仅仅是新创建一个变量引用加载的模块对象而已。通过 import 导入多个模块，本质上也是生成多个 module 类的对象。

Python 解释器启动时，把当前启动脚本文件作为主模块，主模块的 __name__ 属性是 "__main__"。对于主模块导入的其他模块，其 __name__ 属性就是模块的名称。示例代码如程序段 P2.13 所示。

```
P2.13  模块名属性
import  math
print(__name__)
print(math.__name__)
```

运行代码，输出结果如下。

```
__main__              Math
```

可见，顶层模块的名称是 __main__，导入模块的名称是 math。因此，可以用 if __name__ == '__main__'来判断是否直接运行了该.py 文件。示例代码如程序段 P2.14 所示。

```
P2.14  主模块执行判断
print("hello")
if __name__ == '__main__':
    print("demo.py 是主模块执行。")
```

运行代码，输出结果如下。

```
Hello                demo.py 是主模块执行。
```

2.6 文件对象

在程序中使用变量来保存运行时产生的临时数据，程序结束后，临时数据随之消失，而计算机处理后的很多数据常常需要持久保存，于是人们发明了文件来持久地保存数据。计算机文件是存储在某种长期存储设备(如硬盘)中的一段数据，由计算机文件系统管理。文件是操作系统提供给用户(或应用程序)操作硬盘的虚拟接口，对文件进行读写操作就是对硬盘进行读写操作，具体的读写动作由操作系统控制。在 Python 中，我们可以通过内置函数 open()打开文件并创建一个文件对象(file object)，然后通过文件对象自带的多种函数和方法操作文件。open()函数打开文件的语法格式如下。

```
open(file, mode='r')
```

上式中，file 是文件参数，由文件路径与文件名组成；mode 是打开文件的模式，例如，'r' 是读文件，'w'是写文件。创建文件对象后，文件对象提供了一组操作文件的方法，使得代码编写非常方便。例如，通过文件对象的 write()方法来写入文件，示例代码如程序段 P2.15 所示。

```
P2.15  通过 write()方法写入文件
f = open("test.txt", 'w')
f.write( "Python is a great language.")
f.close()
```

程序执行后，在当前文件目录下就会创建 test.txt 文件，文件内容如下。

```
Python is a great language.
```

通过 dir()函数可以获得文件对象的属性和方法；通过 type()函数可以查看文件对象的类型。在上面的示例中，文本文件对象的类型是<class '_io.TextIOWrapper'>。如果打开的是二进制文件，其文件类型是<class '_io.BufferedWriter'>。

本节主要介绍文件对象的概念，更多 Python 文件的相关内容后面会详细介绍。

2.7　Python 代码风格

每位程序员都像一位艺术家，编写程序犹如设计作品，一篇美观整洁的代码既能提高程序的可读性，又具有赏心悦目的观赏性。因此，在学习编程之初就培养良好的编码风格是很有益的。编码风格是在遵守标识符命名规则的基础上，结合编码规范与建议形成的。不同的编程语言会有不同编码规范，不同的公司或项目也会有不同的编码规范。因此，在不同的场景下，编码规范与建议不一定完全适用，遵循统一的风格才是正道。

Python 具有良好的代码风格指南——PEP8。PEP 是 Python Enhancement Proposal(Python 增强建议书)的缩写，8 代表的是 Python 代码的样式指南版本号。PEP8 定义了很多编码风格准则，包括代码缩进、注释风格、函数和类定义方式、变量名、常量名等。这些准则可以帮助程序员遵循 Python 的最佳实践方法、更好地组织代码，以提高可读性、减少错误。下面介绍一些初学者应遵循的编码规范。

2.7.1　代码布局风格

(1) 缩进：每级缩进使用 4 个空格，不用制表符。

(2) 行宽与续行：每行最大字符数为 79；换行最好使用圆括号，换行点要选在标点符号后面，按回车键换行；续行缩进应该与使用的圆括号、方括号或花括号内的左括号对齐；不允许将多个语句写在一行。示例如下。

```
# 与左括号对齐
variable = long_function_name(var_one, var_two,
                              var_three, var_four)
# 用更多的缩进来与其他行区分
def long_function_name(
        var_one, var_two, var_three,
        var_four):
    print(var_one)
 # 挂行缩进不一定要用 4 个空格
variable = long_function_name(
    var_one, var_two,
     var_three, var_four)
```

(3) 空格的使用：运算符前后和逗号后面使用空格，但不要在括号结构内使用；作为参数的符号前后不加空格；所有右括号前不加空格；函数、序列等的左括号前不加空格；总体原则是避免不必要的空格。示例如下。

```
# 符合约定的代码
x = 1
```

```
y = x + 2
def complex(real, imag=0.0):
    return magic(r=real, i=imag)
```

(4) 空行的使用：顶层函数和类的定义，前后用两个空行隔开；类中的方法定义用一个空行隔开；相关的功能组可以用额外的空行(谨慎使用)隔开。

(5) 模块导入语句：在文件顶部，文档注释之后，模块全局变量之前；优先导入标准库，其次导入相关第三方库，最后导入本地应用库；尽量不要在 import 后一次引入多个包。

2.7.2　实体命名风格

Python 世界中的所有实体都是对象，在命名时应该把不同的实体区分开，这些实体包括类、实例、变量、函数、方法、模块、包。

(1) 类名采用大驼峰命名法，每个单词的首字母都大写，不使用下画线、数字。

(2) 实例名、变量名、类中的属性名采用小驼峰命名法，第一个单词小写，后面每个单词的首字母都大写，不使用下画线、数字。

(3) 模块名、函数名、类中的方法名，全部使用小写字母，多个单词之间使用下画线分隔。

(4) 包名应尽量短小，全部使用小写字母，不推荐使用下画线。

(5) 常量名应全部使用大写字母，单词之间用下画线分隔。

2.7.3　代码注释风格

(1) 行注释：若注释独占一行，则#顶格，空 1 格后写注释；若在行尾注释，则空 2 格后写#，再空 1 格写注释。

(2) 函数、类等块注释：跟随定义语句注释，可用#或三引号注释。

(3) 文件注释：文件顶部，声明之下，用三引号注释。

2.7.4　Python 之禅

Python 之禅是由程序员 Tim Peters 撰写的关于编写简洁、优美的 Python 代码的指导规则，已被 Python 官方认可为编程建议。在解释器交互命令模式下输入"import this"，即可查阅 Python 之禅的内容。

实训与习题

实训

(1) 完成本章 P2.1～P2.15 程序上机练习。

(2) 查看主模块属性和全局命名空间的内容。

(3) 用帮助函数 help()查看内置函数信息。

(4) 用 type()函数和 id()函数查看内置对象类型和内存地址。

(5) 通过模块和文件对象属性查看其名称。

(6) 查看 type 和 object 的类型及其成员。

习题

1. 填空题

(1) 在 Python 中，可以用＿＿＿＿＿＿＿进行行注释，可以用＿＿＿＿＿＿＿进行文档注释。

(2) Python 中建议使用＿＿＿＿＿＿＿个空格表示一级缩进。

(3) Python 解释器的命名空间有＿＿＿＿＿＿＿＿＿＿＿＿＿＿＿＿＿＿。

(4) Python 对象的状态称为＿＿＿＿＿＿＿，对象的行为称为＿＿＿＿＿＿＿。

(5) Python 对象分为＿＿＿＿＿＿＿、＿＿＿＿＿＿＿和＿＿＿＿＿＿＿。

2. 选择题

(1) 以下不属于 Python 关键字的是(　　)。

    A. class　　　　　　B. pass　　　　　　C. sub　　　　　　D. def

(2) 以下变量中，符合 Python 变量命名规则的是(　　)。

    A. 33_keyword　　B. key@word33　　C. True　　　　　D. _33keywprd

(3) Python 中使用符号(　　)表示单行注释。

    A. #　　　　　　　B. /　　　　　　　C. ‖　　　　　　D. ＜!——　——＞

(4) Python 源程序执行的方式是(　　)。

    A. 包含了提前编译的解释执行　　　　　B. 边编译边执行

    C. 直接执行　　　　　　　　　　　　　D. 编译执行

(5) 关于 Python 语言的注释，以下选项中描述错误的是(　　)。

    A. Python 语言有两种注释方式：单行注释和多行注释

    B. Python 语言的单行注释以#开头

    C. Python 语言的多行注释以'''开头和结尾

    D. Python 语言的单行注释以'开头

3. 判断题

(1) 字节码文件是与平台无关的二进制码，执行时由解释器解释成本地机器码。　(　　)

(2) Python 中的标识符不能使用关键字。　(　　)

(3) Python 中的标识符不区分大小写。　(　　)

(4) Python 3 中可以使用中文作为变量名。　(　　)

(5) Python 使用缩进来体现代码之间的逻辑关系。　(　　)

4. 简答题

(1) 简述 Python 变量的命名规则。

(2) 简述 Python 解释器的工作原理。

(3) 简述 Python 命名空间分类。

(4) 简述 Python 模块对象的创建机制。

(5) 简述 Python 内置函数与类型。

5. 编程题

(1) 自定义算术运算函数作为模块，然后在主模块中导入算术运算函数模块，计算并输出计算机结果。自定义模块需要写测试语句。

(2) 自定义轿车类型并创建对象，访问其属性和调用方法。

(3) 编程创建一个文本文件并将其存储在硬盘上。

(4) 导入时间模块，利用时间戳函数 time()编写代码计算一段程序的执行时间。

(5) 设计一个学生类并创建多个对象，编写一个模仿击鼓传花的游戏程序。

第 3 章

数 据 类 型

学习目标：

1. 掌握基本数据类型的使用
2. 掌握组合数据类型的使用
3. 了解字符串输入输出函数
4. 掌握字符串的转义与格式化
5. 学会用数据描述要解决的问题

思政内涵：

通过准确且恰当的数据类型和数据结构对问题进行描述，有利于问题的解决。广大学子要培养深入细致、不断优化的问题研究意识，树立探索精神。

3.1 概述

在计算机科学中，一般通过数据来描述问题。数据对象既可以表示客观世界中的某个具体事物，也可以表示软件系统中的基本元素。客观世界中具体事物具有的存在状态属性和运动变化行为，对应着软件系统中对象的属性和方法。

根据数据对象存储形式的不同，Python 中的内置数据类型分为基本数据类型和组合数据类型。基本数据类型包括整数类型、浮点类型、复数类型和布尔类型。组合数据类型包括字符串、字节组、列表、元组、集合和字典。

3.2 基本数据类型

Python 中的基本数据类型分为整数类型(int)、浮点类型(float)、复数类型(complex)和布尔类型(bool)。其中，整数类型、浮点类型和复数类型的数据分别对应数学中的整数、小数和复数；布尔类型比较特殊，它是整数类型的子类，只有 True 和 False 两种取值。

3.2.1 整数类型

整数类型(int)简称为整型，用于表示整数，如 18、108 等。在 Python 中，对整型数据的长度没有限制，只要计算机的内存足够大，用户就无须考虑内存溢出的问题。

整型数据常用的计数方式有 4 种，分别是二进制(以"0b"或"0B"开头)、八进制(以"0o"或"0O"开头)、十进制和十六进制(以"0x"或"0X"开头)。下面是分别以这 4 种计数方式表示的整型数据 8。

```
8                           # 十进制
0b1000                      # 二进制
0o10                        # 八进制
0x8                         # 十六进制
```

Python 中内置了用于转换数据进制的函数：bin()、oct()、int()和 hex()。这些函数的功能说明如表 3-1 所示。

表 3-1   进制转换函数的功能说明

函数名	功能描述
bin()	将十进制的数字转换成二进制的数字
oct()	将十进制的数字转换成八进制的数字
int()	将其他进制的数字转换成十进制的数字
hex()	将十进制的数字转换成十六进制的数字

数据进制转换示例代码如程序段 P3.1 所示。

```
P3.1  数据进制转换函数
decimal=8                   # 十进制数值 8
bin_num=0b1000              # 二进制数值 1000
print(bin(decimal))        # 将十进制的 8 转换为二进制
print(oct(decimal))        # 将十进制的 8 转换为八进制
print(int(bin_num))        # 将二进制的 1000 转换为十进制
print(hex(decimal))        # 将十进制的 8 转换为十六进制
```

运行代码，输出结果如下。

```
0b1000      0o10      8      0x8
```

3.2.2   浮点类型

浮点类型(float)用于表示实数，实数由整数部分、小数点和小数部分组成，Python 中浮点类型的数据一般以十进制表示，如 3.14、0.9 等。

较大或较小的浮点数可以使用科学记数法表示。科学记数法会把一个数表示成 a 与 10 的 n 次幂相乘的形式，数学中科学记数法的格式如下。

$a \times 10^n (1 \leqslant |a| < 10, n \in \mathbf{N})$

Python 使用字母 e 或 E 代表底数 10，示例如下。

```
-3.14e3                     # 即-3140
3.14e-2                     # 即 0.0314
```

Python 中的浮点型数据是双精度的，每个浮点型数据占 8 字节(即 64 位)，且遵守 IEEE(电气与电子工程师学会)标准，其中，前 52 位用于存储尾数，中间 11 位用于存储阶码，最后 1 位用于存储符号。Python 中浮点数的取值范围为-1.8e308～1.8e308，若超出这个范围，Python 会将值视为无穷大(inf)或无穷小(-inf)。示例代码如程序段 P3.2 所示。

```
P3.2 浮点类型输出无穷
print(3.14e400)
print(-3.14e400)
```

运行代码，输出结果如下。

```
inf        -inf
```

3.2.3　复数类型

复数类型(complex)用于表示复数，复数由实部(real)和虚部(imag)组成，它的一般形式为 real+imag＊j，其中，j 为虚部单位。

通过 real 和 imag 属性可以获取复数的实部和虚部，示例代码如程序段 P3.3 所示。

```
P3.3 复数类型
complex_num=8+10j
print(complex_num.real)
print(complex_num.imag)
```

运行代码，输出结果如下。

```
8        10
```

3.2.4　布尔类型

布尔类型(bool)是一种特殊的整型，其值 True 对应整数 1，False 对应整数 0。Python 中常见的布尔数值为 False 的数据如下。

(1) None。

(2) 任何数字类型的 0，如 0、0.0、0j。

(3) 任何空序列，如""、()、[ ]。

(4) 空字典，如{}。

Python 中可以使用 bool()函数检测数据的布尔值，示例代码如程序段 P3.4 所示。

```
P3.4 布尔类型
print(bool(0.0))
print(bool(""))
print(bool(2))
```

运行代码，输出结果如下。

```
False        False        True
```

3.2.5　基本类型转换

Python 数据类型转换分为隐式转换和显式转换。隐式转换又称为自动转换，不需要做特殊处理。例如，较低数据类型(整数)可自动转换为较高数据类型(浮点数)。显式转换又称为强制类型转换，通过内置函数实现。Python 内置了一系列可强制转换数据类型的函数，使用这些函数可将目标数据转换为指定的类型，其中，用于转换数据类型的函数有 int()、float()、complex() 和 bool(x)。这些函数的功能说明如表 3-2 所示。

表 3-2　数据类型转换函数的功能说明

函数名	功能描述
int(x)	将 x 转换为整数类型，如果 x 是浮点数，则将其向下取整
float(x)	将 x 转换为浮点类型
complex()	创建一个值为 real + imag * j 的复数，或者将一个字符串或数转换为复数
bool(x)	将 x 转换为布尔类型。如果 x 为 0 或 None，则返回 False；否则返回 True

下面演示表 3-2 中各函数的用法，示例代码如程序段 P3.5 所示。

```
P3.5 数据类型转换
num_int = 123
num_flo = 1.23
print(int(num_flo))
print(float(num_int))
print(complex(num_int))
```

运行代码，输出结果如下。

```
1    123.0    123+0j
```

3.3　组合数据类型

3.3.1　字符串

字符串是 Python 中最常用的数据类型，是由字母、符号或数字组成的字符序列。Python 支持使用单引号、双引号和三引号定义字符串，其中单引号和双引号通常用于定义单行字符串，三引号通常用于定义多行字符串。Python 不支持单字符类型，单字符在 Python 中同样作为一个字符串使用。

1. 字符串的创建

字符串创建示例代码如程序段 P3.6 所示。

```
P3.6 字符串定义
s1='单引号定义字符串'
s2="双引号定义字符串"
s3='''三引号定义
            多行字符串'''
s4="""三引号定义
            多行字符串"""
s='a'
```

```
print(s)
print(s1)
print(s2)
print(s3)
print(s4)
```

运行代码，输出结果如下。

```
a    单引号定义字符串        双引号定义字符串
三引号定义
            多行字符串
三引号定义
            多行字符串
```

引号既可以用来定义字符串，也可以作为字符串的一部分。为了避免 Python 解释器出现配对语法错误，可以选择字符串本身不包含的其他引号来包裹字符串。例如，若字符串中包含单引号，则可以使用双引号或三引号包裹；若字符串中包含双引号，则可以使用单引号或三引号包裹，确保 Python 解释器可按预期对引号进行配对。示例代码如程序段 P3.7 所示。

```
P3.7  包含引号的字符串定义
s1="包含单引号'的字符串用双引号定义"
s2='包含双引号"的字符串用单引号定义'
print(s1)
print(s2)
```

运行代码，输出结果如下。

```
包含单引号'的字符串用双引号定义    包含双引号"的字符串用单引号定义
```

除此之外，还可以利用反斜杠 "\" 对引号进行转义来实现以上功能。若在字符串中的引号前添加 "\"，那么 Python 解释器就会将 "\" 之后的引号视为一个普通字符，而非特殊符号。转义符同样适用于对字符串中的双引号或反斜杠进行转义，示例代码如程序段 P3.8 所示。

```
P3.8  包含转义符的字符串定义
s1='let\'s learn python'
s2="转义反斜杠\\的字符串定义"
s3="转义双引号\"的字符串定义"
print(s1)
print(s2)
print(s3)
```

运行代码，输出结果如下。

```
let's learn python    转义反斜杠\的字符串定义    转义双引号"的字符串定义
```

一些普通字符与反斜杠组合后将失去原有的意义，产生新的含义，因此，由 "\" 与普通字符组合而成的、具有特殊意义的字符就是转义字符。转义字符通常用于表示一些无法显示的字符，如空格、回车等。Python 中常用的转义字符及功能描述如表 3-3 所示。

表 3-3　Python 中常用的转义字符及功能描述

转义字符	功能描述
\b	退格(Backspace)
\n	换行
\v	纵向制表符
\t	横向制表符
\r	回车

如果一个字符串包含多个转义字符，但又不希望转义字符产生作用，则可以使用原始字符串，即在字符串开始的引号之前添加 r 或 R，使它成为原始字符串。原始字符串会完全忽略字符串中的转义字符，示例代码如程序段 P3.9 所示。

```
P3.9 原始字符串定义
s1=r"转义中：\n 表示换行"
s2=R"转义中：\r 表示回车"
print(s1)
print(s2)
```

运行代码，输出结果如下。

```
转义中：\n 表示换行    转义中：\r 表示回车
```

2. 字符串的访问

Python 中的字符串相当于字符数组，访问字符串可以使用方括号来截取字符串，其语法格式如下。

```
变量[头下标:尾下标]
```

索引值以 0 为开始值，−1 为从末尾的开始位置。示例代码如程序段 P3.10 所示。

```
P3.10 字符串访问
s1="0 从字符串前面开始的位置."
s2="−1 从字符串后面开始的位置."
print(s1[2])
print(s1[2:5])
print(s2[-2])
print(s2[-3: −1])
```

运行代码，输出结果如下。

```
字    字符串    置    位置
```

3. 字符串的输入输出

1) input()输入函数

input()函数用于接收用户从键盘输入的数据，返回一个字符串类型的数据，其语法格式如下。

```
input([prompt])
```

上式中，prompt 是 input()函数的参数，用于设置接收用户输入时的提示信息，可以省略。

input()函数返回的是字符串，若需要输入其他类型的数据，则可以使用相应的转换函数。例如，转换为整型用 int(input())、转换为浮点型用 float(input())。示例代码如程序段 P3.11 所示。

P3.11　标准输入函数
```
name = input("请输入姓名：")
age = int(input("请输入年龄："))
score = float(input("请输入分数："))
print(name,age,score)
```

运行代码，根据提示输入数据，输入的数据会在用户按下 Enter 键后传递到代码中，输出结果如下。

请输入姓名：李红　　请输入年龄：25　　请输入分数：85.5　　李红 25　85.5

2) print()输出函数

print()函数用于向控制台输出数据，它可以输出任何类型的数据，其语法格式如下。

```
print(object,sep='',end='\n',file=sys.stdout)
```

上式中各参数的含义如下。

- objects：表示输出的对象。当输出多个对象时，对象之间需要用分隔符分隔。
- sep：用于设定分隔符，默认为空格。
- end：用于设定输出以什么结尾，默认值为换行符\n。
- file：表示数据输出的文件对象，默认是控制台。

示例代码如程序段 P3.12 所示。

P3.12　输出函数
```
name = "李红"
age = 25
score = 85.5
print(name,age,score)
print(name,age,score,sep='-')
```

运行代码，输出结果如下。

李红 25 85.5　　李红-25-85.5

4. 格式化字符串

格式化字符串是指将指定的字符串转换为想要的格式。Python 中有 3 种格式化字符串的方式：使用%格式化、使用 format()方法格式化和使用 f-string 格式化。

1) 使用%格式化字符串

使用%格式化字符串输出的语法格式如下。

```
string % values
```

其中，string 表示一个字符串，该字符串中包含单个或多个为真实数据占位的格式符；values 表示单个或多个真实数据；%代表执行格式化操作，即将 string 中的格式符替换为 values。Python 中常见的格式符及功能描述如表 3-4 所示。

表 3-4　Python 中常见的格式符及功能描述

格式符	功能描述
%c	将对应的数据格式化为字符
%s	将对应的数据格式化为字符串
%d	将对应的数据格式化为整数
%u	将对应的数据格式化为无符号整数
%o	将对应的数据格式化为无符号八进制
%x	将对应的数据格式化为无符号十六进制
%f	将对应的数据格式化为浮点数，可指定小数点后的精度(默认保留 6 位小数)

格式符均由%和字符组成，其中，%用于标识格式符的起始，它后面的字符表示真实数据被转换的类型。使用%格式化字符串的示例代码如程序段 P3.13 所示。

```
P3.13 使用%格式化字符串
name = "李红"
age = 25
score = 85.5
print("姓名：%s,年龄：%d,成绩：%f" % (name,age,score))
print("姓名：%s\n 年龄：%d\n 成绩：%.2f" % (name,age,score))
```

运行代码，输出结果如下。

```
姓名：李红,年龄：25,成绩：85.500000
姓名：李红
年龄：25
成绩：85.50
```

2) 使用 format()方法格式化字符串

虽然使用%可以对字符串进行格式化，但是这种方式并不是很直观，一旦开发人员遗漏了替换数据或选择了不匹配的格式符，就会导致字符串格式化失败。为了能更直观、更便捷地格式化字符串，Python 字符串提供了一个格式化方法——format()。format()方法的语句格式如下。

```
string.format(values)
```

其中，string 表示需要被格式化的字符串，字符串中包含单个或多个为真实数据占位的符号{}；values 表示单个或多个待替换的真实数据，多个数据之间以逗号分隔。使用 format()方法格式化字符串的示例代码如程序段 P3.14 所示。

```
P3.14 使用 format()方法格式化字符串
name = "李红"
age = 25
score = 85.5
print("姓名：{},年龄：{},成绩：{}".format(name,age,score))
print("姓名：{}\n 年龄：{}\n 成绩：{}".format(name,age,score))
```

运行代码，输出结果如下。

```
姓名：李红,年龄：25,成绩：85.5
姓名：李红
```

年龄: 25
成绩: 85.5

字符串中包含多个{}, 当格式化字符串时, Python 解释器默认按从左到右的顺序将{}逐个替换为真实的数据; 在字符串的{}中可以明确地指出编号, 当格式化字符串时解释器会按编号取 values 中相应位置(索引)的值替换{}, values 中元素的索引从 0 开始排序; 在字符串的{}中可以指定名称, 当格式化字符串时 Python 解释器会按真实数据绑定的名称替换{}中的变量; 字符串中的{}还可以指定替换的浮点型数据的精度。示例代码如程序段 P3.15 所示。

```
P3.15 {}占位符中指定编号、名称和浮点数精度
name = "李红"
age = 25
score = 85.5
print("姓名: {0},年龄: {1},成绩: {2}".format(name,age,score))
print("姓名: {name}\n 成绩: {score}".format(name=name,score=score))
print("成绩: {:.2f}".format(score))
```

运行代码, 输出结果如下。

```
姓名: 李红,年龄: 25,成绩: 85.5
姓名: 李红
成绩: 85.5
成绩: 85.50
```

3) 使用 f-string 格式化字符串

f-string 是一种更为简洁的格式化字符串的方式, 它在形式上以 f 或 F 引领字符串, 在字符串中使用 "{变量名}" 标识被替换的真实数据和其所在位置。f-string 格式如下。

```
f("{变量名}") 或 F("{变量名}")
```

使用 f-string 格式化字符串的示例代码如程序段 P3.16 所示。

```
P3.16 使用 f-string 格式化字符串
name = "李红"
age = 25
score = 85.5
print(f"姓名: {name},年龄: {age},成绩: {score}")
print(F"姓名: {name}\n 成绩: {score}")
```

运行代码, 输出结果如下。

```
姓名: 李红,年龄: 25,成绩: 85.5
姓名: 李红
成绩: 85.5
```

3.3.2 字节组

字节组(bytes)是由单个字节作为基本元素(8 位二进制数据, 即 2 位十六进制数据, 取值范围是 0～255)组成的组合数据类型, 可以将字节组视为一个字节容器, 容器里的每个元素都是一个字节。

bytes 只负责以字节序列的形式存储数据，至于这些数据到底表示什么内容，完全由程序的解析方式决定。如果采用合适的字符编码方式，字节组可以恢复成字符串；反之，字符串也可以转换成字节组。bytes 类型的数据非常适合在互联网上传输，可以用于网络通信编程；bytes 也可以用来存储图片、音频、视频等二进制格式的文件。

字节组的所有元素被放在带有 b 前缀的单引号中，并用\x 符号分隔开，x 表示 16 进制，\用于分隔每个字节，如下所示。

```
b'element1\element2......\elementn'
```

对于 ASCII 字符串，可以直接使用 b'xxxx'的形式赋值创建字节组；但对于非 ASCII 编码的字符，则必须通过 bytes 类来创建。

1. 字节组的创建

在 Python 中创建字节组，可以通过调用 bytes 类生成 bytes 实例来实现，语法格式如下。

```
bytes([source[, encoding]])
```

上式中各参数的含义如下。

- source：若 source 为整数，则返回一个长度为 source 的初始化字节组；若 source 为字符串，则按照指定的 encoding 将字符串转换为字节组；若 source 为序列数据，则元素必须为[0,255]中的整数。
- encoding：字符编码方式，如 ASCII、UTF-8、GBK 等。

示例代码如程序段 P3.17 所示。

```
P3.17 字节组的创建
by1 = bytes(2)                          # 创建 2 个元素字节组
by2 = bytes("hi",encoding='ascii')      # ASCII 字符是一个字节一个编码
by3 = bytes("好",encoding='utf-8')       # 中文字符字节组
by4 = bytes([1,2,3])                    # 数字序列字节组
print(by1,by2,by3,by4,type(by2))        # type()查看变量 by2 的数据类型
```

运行代码，输出结果如下。

```
b'\x00\x00'    b'hi'    b'\xe5\xa5\xbd'    b'\x01\x02\x03'    <class 'bytes'>
```

2. 字节组的访问

由于 bytes 是序列，因此我们可以通过索引或切片访问它的元素。如果以单个索引的形式访问元素，则会直接返回单个字节的十进制整数；当以序列片段的形式访问时，则返回相应的十六进制字节序列。示例代码如程序段 P3.18 所示。

```
P3.18 字节组的访问
by1 = b'Hello,python!'
by2 = bytes("跟着阿虎学编程。",encoding='utf-8')
print(by1[1],by1[1:5])
print(by2[3],by2[3:5])
```

运行代码，输出结果如下。

```
101    b'ello'    231    b'\xe7\x9d'
```

3. 字节组与字符串的转换

字符串 str 和字节组 bytes 联系密切，犹如硬币的正反两面。可以将字符串转换成字节组，也可以将字节组转换为字符串。字符串有一个 encode() 编码方法，用来将字符串按照指定的编码方式转换成对应的字节组，字节组有一个 decode() 解码方法，用来将字节组按照指定的解码方式转换成对应的字符串。如果不指定编解码方式，则默认采用 UTF-8。示例代码如程序段 P3.19 所示。

```
P3.19  字节组与字符串的转换
by = bytes("阿虎编程",encoding='utf-8')  # 创建字节组
print(by)
st = by.decode('utf-8')                    # 字节组 utf-8 解码，变换为字符串
print(st)
by1 = st.encode('gbk')                     # 字符串 gbk 编码，变换为字节组
print(by1)
```

运行代码，输出结果如下。

```
b'\xe9\x98\xbf\xe8\x99\x8e\xe7\xbc\x96\xe7\xa8\x8b'
阿虎编程
b'\xb0\xa2\xbb\xa2\xb1\xe0\xb3\xcc'
```

3.3.3　列表

通俗来讲，列表就是一种用来放置数据的容器，该容器中的数据称为元素，每个元素都有一个索引来表示它在列表中的位置。在 Python 中，列表是一种内置的有序、可变序列，列表的所有元素被放在一对方括号中，并使用逗号分隔开，如下所示。

```
[element1, element2, element3, ..., elementn]
```

上式中，element1～elementn 表示列表中的元素，个数没有限制，只要是 Python 支持的数据类型就可以。

列表可以存储整数、小数、字符串、列表等任何类型的数据，并且同一列表中元素的类型可以不同。例如：

```
["python", 1, [2,3,4] , 3.0,"计算机"]
```

此列表中同时包含英文字符串、整数、列表、浮点数、中文字符串等数据类型。但通常情况下同一列表中只放入同一类型的数据，这样可以提高程序的可读性。通过 type() 函数可查看列表的数据类型，例如：

```
>>> type(["python", 1, [2,3,4] , 3.0,"计算机"] )
<class 'list'>
```

可以看到，列表的数据类型为 list。

列表可分为一维列表、二维列表和多维列表。

1. 创建列表

创建列表的方法有 3 种：一是使用[]直接创建；二是使用 list() 函数创建；三是使用列表推

导式创建。本章学习前两种创建方法，下一章学习第三种。

1) 使用[]直接创建列表

使用[]创建列表后，一般使用=将它赋值给某个变量，具体格式如下。

```
listname = [element1 , element2 , element3 ... elementn]
```

其中，listname 表示变量名，element1～elementn 表示列表元素。例如，下面定义的列表都是合法的。

```
number_list = [1, 2, 3, 4, 5, 6, 7]
program = ["C 语言", "Python", "Java"]
```

当使用此方式创建列表时，列表中的元素可以有多个，也可以一个都没有。例如：

```
empty_list = []
```

这表明，empty_list 是一个空列表。

2) 使用 list()函数创建列表

Python 提供了一个内置的函数 list()，使用它可以将其他数据类型转换为列表类型。示例代码如程序段 P3.20 所示。

```
P3.20  列表创建
list1 = list("hello")                              # 将字符串转换成列表
print(list1)
tuple1 = ('Python', 'Java', 'C++', 'JavaScript')
list2 = list(tuple1)                               # 将元组转换成列表
print(list2)
dict1 = {'a':100, 'b':42, 'c':9}
list3 = list(dict1)                                # 将字典的键转换成列表
print(list3)
range1 = range(1, 6)
list4 = list(range1)                               # 将区间序列数据转换成列表
print(list4)
print(list())                                      # 创建空列表输出
```

运行代码，输出结果如下。

```
['h', 'e', 'l', 'l', 'o']
['Python', 'Java', 'C++', 'JavaScript']
['a', 'b', 'c']
[1, 2, 3, 4, 5]
[]
```

2. 访问、修改列表

列表是 Python 序列的一种，可以使用索引(index)访问列表中的某个元素(得到的是一个元素的值)，也可以使用切片访问列表中的一组元素(得到的是一个新的子列表)。

使用索引访问列表元素的格式如下。

```
listname[i]
```

其中，listname 表示列表名字，i 表示索引值。列表的索引可以是正数，也可以是负数。

使用切片访问列表元素的格式如下。

```
listname[start : end : step]
```

其中，listname 表示列表名字，start 表示起始索引，end 表示结束索引，step 表示步长。
示例代码如程序段 P3.21 所示。

```
P3.21  访问、修改列表
url = list("阿虎编程，虎虎生风。")
print(url[3])           # 使用正数索引
print(url[-4])          # 使用负数索引
print(url[3: 9])        # 使用正数切片
print(url[1: 9: 2])     # 指定步长
print(url[-6: -1])      # 使用负数切片
url[1]='龙'            # 通过索引修改
print(url)
url[2:4]='练武'        # 通过切片修改
print(url)
```

运行代码，输出结果如下。

```
程
虎
['程', '，', ' ', '虎', '虎', '生', '风']
['虎', '程', '虎', '生']
['，', ' ', '虎', '虎', '生', '风']
['阿', '龙', '编', '程', '，', ' ', '虎', '虎', '生', '风', '。']
['阿', '龙', '练', '武', '，', ' ', '虎', '虎', '生', '风', '。']
```

3. 删除列表

对于已经创建的列表，如果不再使用，则可以使用 del 关键字将其删除。但在实际开发中并不经常使用 del 来删除列表，因为 Python 自带的垃圾回收机制会自动销毁无用的列表，即使开发者不手动删除，Python 也会自动将其回收。del 关键字的语法格式如下。

```
del listname
```

其中，listname 表示要删除列表的名称。
示例代码如程序段 P3.22 所示。

```
P3.22  删除列表
intlist = [1, 45, 8, 34]
print(intlist)
del intlist
print(intlist)
```

运行代码，输出结果如下。

```
[1, 45, 8, 34]
Traceback (most recent call last):
        File "C:\Users\mozhiyan\Desktop\demo.py", line 4, in <module>
            print(intlist)
NameError: name 'intlist' is not defined
```

3.3.4 元组

元组(tuple)也是 Python 中比较重要的序列结构。与列表类似，元组也是由一系列按特定顺序排序的元素组成的。从形式上看，元组的所有元素都被放在一对圆括号中，相邻元素之间用逗号分隔，如下所示。

```
(element1, element2...elementn)
```

其中，element1～elementn 表示元组中的元素，个数没有限制，只要是 Python 支持的数据类型就可以。

元组可以存储整数、实数、字符串、列表、元组等任何类型的数据，并且在同一元组中，元素的类型可以不同。例如：

```
("python", 1, [2,'a'], ("abc",3.0))
```

在这个元组中，有多种类型的数据，包括整型、字符串、列表、元组。通过 type()函数可以查看其类型是 tuple，如下所示。

```
>>> type( ("python",1,[2,'a'],("abc",3.0)) )
<class 'tuple'>
```

1. 创建元组

Python 提供了两种创建元组的方法：一种是使用()创建；另一种是使用 tuple()函数创建。

1) 使用()创建元组

使用()创建元组后，一般使用=将它赋值给某个变量，具体格式如下。

```
tuplename = (element1, element2... elementn)
```

其中，tuplename 表示变量名，element1～elementn 表示元组的元素。例如，下面创建的元组都是合法的。

```
num = (7, 14, 21, 28, 35)
course = ("Python 教程", "http://www.ahuprogram.net/python/")
abc = ( "Python", 19, [1,2], ('c',2.0) )
```

2) 使用 tuple()函数创建元组

除使用()创建元组外，Python 还提供了一个内置的函数 tuple()，用来将其他数据类型转换为元组类型，语法格式如下。

```
tuple(data)
```

其中，data 表示可以转换为元组的数据，包括字符串、元组、range 对象等。示例代码如程序段 P3.23 所示。

```
P3.23 使用 tuple()函数创建元组
tup1 = tuple("hello")                    # 将字符串转换成元组
print(tup1)
list1 = ['Python', 'Java', 'C++']
tup2 = tuple(list1)                      # 将列表转换成元组
print(tup2)
```

```
dict1 = {'a':100, 'b':42, 'c':9}
tup3 = tuple(dict1)                          # 将字典转换成元组
print(tup3)
range1 = range(1, 6)
tup4 = tuple(range1)                         # 将区间转换成元组
print(tup4)
print(tuple())
```

运行代码，输出结果如下。

```
('h', 'e', 'l', 'l', 'o')
('Python', 'Java', 'C++')
('a', 'b', 'c')
(1, 2, 3, 4, 5)
()
```

2. 访问元组

与列表一样，可以使用索引(index)访问元组中的某个元素(得到的是一个元素的值)，也可以使用切片访问元组中的一组元素(得到的是一个新的子元组)。元组是不可变序列，元组中的元素可以访问但不能修改，因此只能创建一个新的元组去替代旧的元组。

使用索引访问元组元素的格式如下。

```
tuplename[i]
```

其中，tuplename 表示元组的名称，i 表示索引值。元组的索引可以是正数，也可以是负数。
使用切片访问元组元素的格式如下。

```
tuplename[start : end : step]
```

其中，start 表示起始索引，end 表示结束索引，step 表示步长。
示例代码如程序段 P3.24 所示。

```
P3.24 访问元组
url = tuple("http://python.ahuprogram.net")
print(url[3])                                # 使用正数索引
print(url[-5])                               # 使用负数索引
print(url[7: 17])                            # 使用正数切片
print(url[5: 18: 3])                         # 指定步长
print(url[-6: -1])                           # 使用负数切片
```

运行代码，输出结果如下。

```
p
m
('p', 'y', 't', 'h', 'o', 'n', '.', 'a', 'h', 'u')
('/', 'y', 'o', 'a', 'p')
('a', 'm', '.', 'n', 'e')
```

当创建的元组不再使用时，可以通过 del 关键字将其删除。但一般情况下，Python 自带的垃圾回收功能会自动销毁不用的元组，因此一般不需要通过 del 来手动删除。

3.3.5 集合

Python 中的集合与数学中的集合一样，用来保存不重复的元素，即集合中的元素都是唯一的，互不相同。集合的所有元素被放在一对花括号中，相邻元素之间用逗号分隔，如下所示。

```
{element1,element2...elementn}
```

其中，element1～elementn 表示集合中的元素，个数没有限制。

同一集合中，只能存储整型、浮点型、字符串、元组等不可变的数据类型，不能存储列表、字典、集合等可变的数据类型，否则 Python 解释器会抛出 TypeError 错误。由于 Python 中的 set 集合是无序的，因此每次输出时元素的排列顺序可能都不相同。

Python 中有两种集合类型：一种是 set 集合，另一种是 frozenset 集合。它们的区别是，set 集合可以进行添加、删除元素的操作，而 forzenset 集合不可以。本节先介绍 set 集合，后续章节再介绍 forzenset 集合。

1. 创建集合

Python 提供了两种创建 set 集合的方法，分别是使用 { }创建和使用 set()函数创建。

1）使用 {}创建集合

在 Python 中，创建 set 集合可以像创建列表、元素和字典一样，直接将集合赋值给变量，从而实现创建集合的目的，其语法格式如下。

```
setname = {element1,element2...elementn}
```

其中，setname 表示集合的名称，命名时既要符合 Python 命名规范，又要避免与 Python 内置函数重名。示例代码如下。

```
set_name = {1,'c',1,(1,2,3),'c'}
```

2）使用 set()函数创建集合

set()函数为 Python 的内置函数，其功能是将字符串、列表、元组、range 对象等可迭代对象转换成集合。该函数的语法格式如下。

```
set_name = set(iteration)
```

其中，iteration 表示字符串、列表、元组、range 对象等数据。

示例代码如程序段 P3.25 所示。

```
P3.25    set()创建集合
set1 = set("python.ahuprogram.net")
set2 = set([1,2,3,4,5])
set3 = set((1,2,3,4,5))
print("set1:",set1)
print("set2:",set2)
print("set3:",set3)
```

运行代码，输出结果如下。

```
set1: {'.', 'e', 'p', 'a', 'r', 'u', 't', 'n', 'm', 'o', 'g', 'h', 'y'}
set2: {1, 2, 3, 4, 5}
set3: {1, 2, 3, 4, 5}}
```

如果要创建空集合，就只能使用 set() 函数实现。若直接使用 { } 创建，Python 解释器则会将其视为一个空字典。

2. 访问集合

由于集合中的元素是无序的，因此无法像列表那样使用下标访问元素。Python 中，访问集合元素最常用的方法是使用循环结构，将集合中的数据逐一读取出来。示例代码如程序段 P3.26 所示。

```
P3.26 访问集合
set1 = {1,'c',1,(1,2,3),'c'}
for i in set1:
    print(i,end=' ')
```

运行代码，输出结果如下。

```
1 c (1, 2, 3)
```

由于目前尚未介绍循环结构，因此初学者只需要了解以上代码即可，后续学习循环结构后自然会明白。

3. 删除集合

与其他序列类型一样，既可以手动删除集合类型，也可以使用 del() 语句删除，示例代码如程序段 P3.27 所示。

```
P3.27 删除集合
set1 = {1,'c',1,(1,2,3),'c'}
print(set1)
del set1
print(set1)
```

运行代码，输出结果如下。

```
{1, 'c', (1, 2, 3)}
Traceback (most recent call last):
  File "D:\x.py", line 4, in <module>
    print(set1)
NameError: name 'set1' is not defined
```

在 Python 中，set 集合最常用的操作方法是向集合中添加元素、删除元素，以及执行集合之间的交集、并集、差集等运算。这些知识在后续章节会详细介绍。

3.3.6 字典

提到字典，相信大家都不陌生，当遇到不认识的字时，我们可以用部首查字法查字典。Python 中的字典数据与我们平常使用的字典有类似的功能，它以"键值对"的形式组织数据，各元素对应的索引称为键(key)，键是不能重复的；各个键对应的元素称为值(value)，值是可以重复的，键及其关联的值称为"键值对"，如图 3.1 所示。

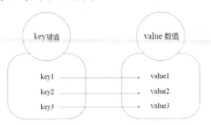

图 3.1　字典键值对示意图

Python 字典中的每个元素都以键值对(key：value)的形式存在，键(key)与值(value)之间用冒号分隔，每个元素之间用逗号分隔，整个字典用花括号包裹起来，格式如下所示。

```
{key1 : value1, key2 : value2... }
```

Python 字典的值可以是任何类型，但键不能是列表或字典类型。

1. 创建字典

创建字典的方式有 4 种：使用{}创建；使用 dict()函数创建；使用 fromkeys()方法创建；使用列表推导式创建。本章学习前面两种。

1) 使用{}创建字典

使用{}创建字典的语法格式如下。

```
dictname = {key1 : value1, key2 : value2... }
```

示例代码如程序段 P3.28 所示。

```
P3.28 用{}创建字典
dict0 = {}                        # 创建空字典
scores = {'数学': 95, '语文': 98}   # 使用字符串作为 key
print(scores,type(scores),dict0)  # type()查看变量类型
dict1 = {(10, 20):'it', 30: [1,2]} # 使用元组和数字作为 key
print(dict1)
```

运行代码，输出结果如下。

```
{'数学': 95, '语文': 98}   <class 'dict'>      {}
{(10, 20): 'it', 30: [1, 2]}
```

字典的键可以是整数、字符串或元组，只要符合唯一与不可变的特性即可；字典的值可以是 Python 支持的任意数据类型。

2) 使用 dict()函数创建字典

通过 dict()函数创建字典的格式有多种，表 3-5 中列出了常用的几种格式，它们创建的都是同一个字典。

表 3-5　使用 dict()函数创建字典

创建格式	说明
dict(key1=value1,key2=value2,...)	当使用此方式创建字典时，字符串不能带引号
dict([('two',2),('one',1),...]) dict([['two',2],['one',1],...]) dict((('two',2),('one',1),...)) dict((['two',2],['one',1],...))	向 dict()函数传入列表或元组，而它们中的元素又各自是列表或元组，其中第一个元素作为键，第二个元素作为值
keys = ['one','two',...] values = [1,2,...] dict(zip(keys,values))	zip()是打包函数，可将前两个列表打包，然后通过 dict()函数创建字典

示例代码如程序段 P3.29 所示。

```
P3.29 使用 dict()函数创建字典
dc0 = dict()                        # 创建空字典
dc1 = dict(x=10, y=20, z=30)
print(dc0,dc1)
dc2 = dict([('two',2), ('one',1)])
dc3 = dict([['two',2], ['one',1]])
dc4 = dict((('two',2), ('one',1)))
dc5 = dict((['two',2], ['one',1]))
print(dc2,dc3)
print(dc4,dc5)
keys = ['语文','数学','体育']
values = [96,92,90]
dc6 = dict(zip(keys,values))
print(dc6)
```

运行代码，输出结果如下。

```
{} {'x': 10, 'y': 20, 'z': 30}
{'two': 2, 'one': 1} {'two': 2, 'one': 1}
{'two': 2, 'one': 1} {'two': 2, 'one': 1}
{'语文': 96, '数学': 92, '体育': 90}
```

2. 访问字典

字典通过键来访问对应的值。字典中的元素是无序的，每个元素的位置都不固定，因此，字典并不能像列表和元组那样，采用切片的方式一次性访问多个元素。Python 访问字典元素的格式如下。

```
dictname[key]
```

其中，dictname 表示字典变量的名字，key 表示键名。注意，键必须是存在的，否则会抛出异常。示例代码如程序段 P3.30 所示。

```
P3.30 访问字典
dc = dict((['two',90], ['one',80], ['three',100]))
print(dc['one'],dc['two'])    # 键存在
print(dc['five'])             # 键不存在
```

运行代码，输出结果如下。

```
80    90
Traceback (most recent call last):
    File "D:/x.py", line 3, in <module>
        print(dc['five'])        # 键不存在
KeyError: 'five'
```

3. 删除字典

手动删除字典也可以使用 del 关键字，示例代码如程序段 P3.31 所示。

```
P3.31  删除字典元素或字典
dc = dict(two=80, one=90, three=100, four=59)
print(dc)
del dc['four']
print(dc)
del dc
print(dc)
```

运行代码，输出结果如下。

```
{'two': 80, 'one': 90, 'three': 100, 'four': 59}
{'two': 80, 'one': 90, 'three': 100}
Traceback (most recent call last):
    File "D:/x.py", line 6, in <module>
        print(dc)
NameError: name 'dc' is not defined
```

Python 自带垃圾回收功能，会自动销毁不用的字典，因此一般不需要通过 del 来手动删除。

3.4 问题描述

3.4.1 问题描述概述

计算机科学的目标是解决问题。如何解决问题？利用计算机强大的算力来解决。如何利用计算机算力？把要解决的问题用计算机语言编写成程序代码便可利用计算机强大的算力进行运算，从而得到问题的答案。如何把要解决的问题转换为计算机程序代码？这就需要利用我们人类大脑的复杂思维活动来进行转换，该思维活动就是下一章要介绍的计算思维，该思维活动的成果就是问题描述，即把要解决的问题用计算机语言中的各种数据类型(数据结构)描述出来。

计算机科学中的问题描述就是将现实世界中的问题进行抽象符号化的过程，即把相关问题用计算机能理解的符号或模型描述出来。若要解决问题，还需要设计对数据进行加工处理的方法，然后编写代码，利用计算机的算力求出结果。这是后续章节将要介绍的内容。

3.4.2 人机大战猜拳游戏问题描述

人机大战猜拳游戏要解决的是输赢问题。游戏规则如下："布"压过"石头"，"石头"压过

"剪刀"，"剪刀"压过"布"。在游戏中，两个人同时说出"剪刀""石头"和"布"中的一个选项，压过对方的为胜利者。

通过对猜拳游戏的分析，可以把输赢问题用列表描述出来，具体如下。

(1) 玩家与计算机的选项范围"剪刀""石头"和"布"，可以用 3 个数字符号表示，0 表示"剪刀"，1 表示"石头"，2 表示"布"。选项范围用列表描述为：[0,1,2]。

(2) 在游戏中，玩家赢的组合可以用二维列表描述为：[[0,2],[1,0],[2,1]]。

根据上面的数据类型(数据结构)描述，可以很容易地编程实现这个游戏。

上面的内容是抽象为数字符号进行描述的。由于 Python 语言采用 UTF-8 编码，支持中文及其他语言。因此，也可以直接采用中文语言符号进行描述。

选项范围为：['剪刀', '石头', '布']。

玩家赢的组合为：[['剪刀', '布'],['石头', '剪刀'],['布', '石头']]。

根据上面的数据类型描述，就更容易编程实现这个游戏。

实训与习题

实训

(1) 完成本章 P3.1～P3.31 程序上机练习。

(2) 利用 input()函数输入多种类型的数据。

(3) 利用 print()函数输出转义字符。

(4) 使用%、format()方法和 f-string 格式化字符串。

习题

1. 填空题

(1) 在 Python 中，用_____表示空类型。

(2) 转义字符'\n'的含义是_____。

(3) Python 支持的数值型数据有_____、_____、_____、_____。

(4) Python 中的有序数据类型包括：_____、_____和_____；无序数据类型包括_____、_____。

(5) Python 中复数的虚部必须后缀_____，且_____不区分大小写。

2. 选择题

(1) Python 不支持的数据类型有(　　)。

　　A. char　　　　　　B. int　　　　　　C. float　　　　　　D. list

(2) Python 中字符串的表示方法是(　　)。

　　A. 用单引号包裹　　　　　　　　B. 用双引号包裹

　　C. 用三引号包裹　　　　　　　　D. ABC 都是

(3) 以下表达式是十六进制整数的是( )。

    A. 0b16   B. '0x61'   C. 1010   D. 0x3F

(4) Python 中数据结构分为可变类型与不可变类型，下面属于不可变类型的是( )。

    A. 字典中的键   B. 列表   C. 元组   D. 字典

(5) 下面代码的执行结果是( )。

```
>>>1.23e-4+5.67e+8j.real
```

    A. 1.23   B. 5.67e+8   C. 1.23e4   D. 0.000123

3. 判断题

(1) 在 Python 中，布尔型只有 True 和 False 两个值。   ( )

(2) Python 语言要求所有浮点数必须带有小数部分。   ( )

(3) Python 整数类型提供了 4 种进制表示：十进制、二进制、八进制和十六进制。 ( )

(4) 运行以下程序，输出的 Python 数据类型是浮点数类型。   ( )

```
>>> type(abs(-3+4j))
```

(5) type(100)表达式的结果可能是\<class 'int'\>，也可能是\<class 'float'\>。   ( )

4. 简答题

(1) 简述 Python 的可变数据类型和不可变数据类型。

(2) 简述 Python 字符串的创建方法。

(3) 列举布尔值为 False 的常见值。

(4) 请写出"李杰"分别用 UTF-8 和 GBK 编码所占的位数。

(5) Python 如何判断数据类型？

5. 编程题

(1) 编程实现：输入一个八进制整数，将其转换成十进制输出；输入一个十六进制整数，将其转换成十进制输出。

(2) 编程实现：输入一个整数，将其转换成二进制、八进制、十六进制输出。

(3) 编写程序，求以下表达式的运行结果。

```
1 or 3
1 and 3
0 and 2 and 1
0 and 2 or 1
0 and 2 or 1 or 4
0 or Flase and 1
```

(4) 编写一个程序，实现从控制台读取摄氏温度，然后将其转变为华氏温度并予以显示。转换公式为 fahrenheit = (9/5) * celsius + 32。

(5) 编写一个程序，提示用户输入分钟数(如 1 000 000)，然后将分钟转换为年数和天数并显示的程序。为了简单起见，假定一年有 365 天。

𝒮 第4章 𝒞

运 算 符

学习目标：

1. 掌握算术与赋值运算符的使用
2. 掌握比较与逻辑运算符的使用
3. 掌握成员与身份运算符的使用
4. 熟悉三目、集合与位运算符的使用
5. 理解运算符的优先级
6. 理解计算思维过程及应用

思政内涵：

运算优先级的变化可能导致问题的解决结果截然不同，广大学子要善于抓住事物的主要矛盾，培养辩证思维能力。

4.1 算术运算符

算术运算符即数学运算符，用来对数字进行数学运算，其中+和*可以对字符串进行运算。表 4-1 列出了 Python 支持的算术运算符及其功能描述与实例。

表 4-1 算术运算符及其功能描述与实例

运算符	功能描述	运算实例
+	数值加或字符串拼接	7+2=9，"ab"+"cd"="abcd"
−	减	7−2=5
*	数值乘或字符串重复	7*2=14，"ab"*3="ababab"
/	除	7/2=3.5
//	整除(只保留商的整数部分)	7//2=3
%	取余(返回除法的余数)	7%2=1
**	幂运算	7**2=49

4.1.1 加法运算符

1. 数值加法

当+用于数值时表示加法，加法运算很简单，和数学中的规则一样，示例代码如程序段 P4.1 所示。

```
P4.1 数值加法运算
m = 10
n = 97
sum1 = m + n
x = 7.2
y = 15.3
sum2 = x + y
print("sum1=%d, sum2=%.2f" % (sum1, sum2) )
```

运行代码，输出结果如下。

```
sum1=107, sum2=22.50
```

2. 拼接字符串

当+用于字符串时，有拼接字符串(将两个字符串连接为一个)的作用，示例代码如程序段 P4.2 所示。

```
P4.2 拼接字符串
name = "python 语言学习网"
url = "http://www.ahu.net/"
age = 10
info = name + "的网址是" + url + ", 已经" + str(age) + "岁了。"
print(info)
```

运行代码，输出结果如下。

```
python 语言学习网的网址是 http://www.ahu.net/, 已经 10 岁了。
```

str()函数用来将整数类型的 age 转换成字符串。

4.1.2 乘法运算符

1. 数值乘法

当*用于数值时表示乘法，乘法运算也和数学中的规则相同，示例代码如程序段 P4.3 所示。

```
P4.3 乘法运算
n = 4 * 25
f = 34.5 * 2
print(n, ",", f)
```

运行代码，输出结果如下。

```
100 , 69.0
```

2. 重复字符串

当 * 用于字符串时,表示重复字符串,即将多个同样的字符串连接起来。示例代码如程序段 P4.4 所示。

```
P4.4 重复字符串
str1 = "hello "
print(str1 * 4)
```

运行代码,输出结果如下。

```
hello hello hello hello
```

Python 中的算术运算符既支持相同类型的数值运算,也支持不同类型的数值混合运算。在进行混合运算时,Python 会强制对数值的类型进行临时类型转换。临时类型转换遵循如下原则。

(1) 当整型与浮点型进行混合运算时,将整型转换为浮点型。

(2) 当其他类型与复数类型进行运算时,将其他类型转换为复数类型。

使用整型数据分别与浮点型数据和复数类型数据进行运算,示例代码如程序段 P4.5 所示。

```
P4.5 混合运算
print(10/2.0)
print(10-(3+5j))
```

运行代码,输出结果如下。

```
5.0        7-5j
```

4.2 赋值运算符

赋值运算符用来把右侧的值传递给左侧的变量,可以直接将右侧的值赋给左侧的变量,也可以进行某些运算后再赋给左侧的变量。Python 中最基本的赋值运算符是=,结合其他运算符,= 还能扩展出更强大的赋值运算符。表 4-2 列出了 Python 支持的赋值运算符及其功能描述与实例。

表 4-2 赋值运算符及其功能描述与实例

运算符	功能描述	实例(x 是变量)
=	简单赋值运算符	x=7+2,即将 7+2 的运算结果赋值给 x
+=	加法赋值运算符	x +=7 等效于 x=x+7
-=	减法赋值运算符	x -=7 等效于 x=x-7
*=	乘法赋值运算符	x *=7 等效于 x=x*7
/=	除法赋值运算符	x /=7 等效于 x=x/7
//=	整除赋值运算符	x //=7 等效于 x=x//7
%=	取模赋值运算符	x %=7 等效于 x=x%7
**=	幂赋值运算符	x **=7 等效于 x=x**7

4.2.1 基本赋值运算符

符号=是 Python 中最基本的赋值运算符，用来将一个表达式的值赋给另一个变量，支持连续赋值和多元赋值，示例代码如程序段 P4.6 所示。

```
P4.6 基本赋值、连续赋值和多元赋值
n1 = 100
f1 = 47.5
s1 = "http://www.ahu.net/python/"
a = b = c = 100                          # 连续赋值
x, y, z = 1, 2, 'a string'              # 多元赋值
```

4.2.2 扩展赋值运算符

扩展后的赋值运算符将使得赋值表达式的书写更加优雅和方便。但是，扩展赋值运算符只能针对已经存在的变量赋值，因为赋值过程中需要变量本身参与运算，如果没有提前定义变量，它的值就是未知的，无法参与运算。Python 3.8 中新增了一个赋值运算符——海象运算符"∶="，该运算符用于在表达式内部为变量赋值，因其形似海象的眼睛和长牙而得此名。海象运算符的用法示例代码如程序段 P4.7 所示。

```
P4.7 海象运算符示例
x=5
sum=x+(y :=10)
print(sum)
```

运行代码，输出结果如下。

```
15
```

4.3 比较运算符

比较运算符又称为关系运算符，用于对常量、变量或表达式的结果进行大小比较。如果这种比较是成立的，则返回 True(真)；反之则返回 False(假)。表 4-3 列出了 Python 支持的比较运算符及其功能描述与实例。

表 4-3 比较运算符及其功能描述与实例

运算符	功能描述	实例(x=10,y=20)	
==	等于——比较两个对象是否相等	x==y	返回 False
!=	不等于——比较两个对象是否不相等	x!=y	返回 True
>	大于——返回 x 是否大于 y	x>y	返回 False
<	小于——返回 x 是否小于 y	x<y	返回 True
>=	大于等于——返回 x 是否大于等于 y	x>=y	返回 False
<=	小于等于——返回 x 是否小于等于 y	x<=y	返回 True

符号=和==是两个不同的运算符，=用来赋值，而==用来判断两边的值是否相等。所有比较运算符返回 1 表示真，返回 0 表示假。这分别与特殊的变量 True 和 False 等价。示例代码如程序段 P4.8 所示。

```
P4.8 比较运算符
x=10
y=20
print('x=10,y=20')
print('x==y:',x==y)
print('x!=y:',x!=y)
print('x>y:',x>y)
print('x<y:',x<y)
print('x>=y:',x>=y)
print('x<=y:',x<=y)
```

运行代码，输出结果如下。

```
x==y: False
x!=y: True
x>y: False
x<y: True
x>=y: False
x<=y: True
```

4.4 逻辑运算符

数学中我们学过逻辑运算。例如，若 p 为真命题，q 为假命题，那么"p 与 q"为假，"p 或 q"为真，"非 q"为真。Python 中也有类似的逻辑运算，表 4-4 列出了 Python 支持的逻辑运算符及其功能描述与实例。

表 4-4 逻辑运算符及其功能描述与实例

运算符	功能描述	实例(x=10,y=20)
and	逻辑与运算，如果 x 为 False，那么 x and y 返回 False，否则返回 y 的计算值	x and y 返回 20，为 True
or	逻辑或运算，如果 x 为非 0，那么 x or y 返回 x 的计算值，否则返回 y 的计算值	x or y 返回 10，为 True
not	逻辑非运算，如果 x 为 True，那么 not x 返回 False。如果 x 为 False，那么 not x 返回 True	not x 返回 False

逻辑运算符一般和比较运算符结合使用。例如，14>6 and 45.6 > 90，因为 14>6 结果为 True，45.6>90 结果为 False，所以整个表达式的结果为 False。示例代码如程序段 P4.9 所示。

```
P4.9 逻辑运算符与比较运算符结合使用
age = int(input("请输入年龄："))
height = int(input("请输入身高："))
```

```
if age>=18 and age<=30 and height >=170 and height <= 185 :
    print("恭喜，你符合报考飞行员的条件")
else:
    print("抱歉，你不符合报考飞行员的条件")
```

运行代码，输入数据，输出结果如下。

```
请输入年龄：23
请输入身高：178
恭喜，你符合报考飞行员的条件
```

Python 逻辑运算符可以用来操作任何类型的表达式，不管表达式是不是 bool 类型；同时，逻辑运算的结果也不一定是 bool 类型，它也可以是任意类型。示例代码如程序段 P4.10 所示。

```
P4.10  数据类型的逻辑运算
print(100 and 200)
print(45 and 0)
print("" or "http://www.ahu.net/python/")
print(18.5 or "http://www.ahu.net/python/")
```

运行代码，输出结果如下。

```
200      0      http://www.ahu.net/python/      18.5
```

由示例结果可知，and 和 or 运算符会将其中一个表达式的值作为最终结果，而不是将 True 或 False 作为最终结果。在 Python 中，and 和 or 不一定会计算右边表达式的值，有时只计算左边表达式的值就能得到最终结果。

1) and 运算符执行规则

对于 and 运算符，当两边的值都为真时最终结果才为真，但是只要其中有一个值为假，那么最终结果就是假，因此，Python 按照下面的规则执行 and 运算。

(1) 如果左边表达式的值为假，那么就不用计算右边表达式的值了，因为不管右边表达式的值是什么，都不会影响最终结果，最终结果都是假，此时 and 会把左边表达式的值作为最终结果。

(2) 如果左边表达式的值为真，那么最终值是不能确定的，and 会继续计算右边表达式的值，并将右边表达式的值作为最终结果。

2) or 运算符执行规则

对于 or 运算符，情况是类似的，两边的值都为假时最终结果才为假，只要其中有一个值为真，那么最终结果就是真，因此，Python 按照下面的规则执行 or 运算。

(1) 如果左边表达式的值为真，那么就不用计算右边表达式的值了，因为不管右边表达式的值是什么，都不会影响最终结果，最终结果都是真，此时 or 会把左边表达式的值作为最终结果。

(2) 如果左边表达式的值为假，那么最终值是不能确定的，or 会继续计算右边表达式的值，并将右边表达式的值作为最终结果。

and 和 or 运算规则的示例代码如程序段 P4.11 所示。

```
P4.11   and 和 or 运算规则
url = "http://www.ahu.net/python/"
print("----False and xxx-----")
```

```
print( False and print(url) )
print("----True and xxx-----")
print( True and print(url) )
print("----False or xxx-----")
print( False or print(url) )
print("----True or xxx-----")
print( True or print(url) )
```

运行代码，输出结果如下。

```
----False and xxx-----
False
----True and xxx-----
http://www.ahu.net/python/
None
----False or xxx-----
http://www.ahu.net/python/
None
----True or xxx-----
True
```

上例的第 4 行代码中，and 左边的值为假，不需要再执行右边的表达式，因此 print(url) 没有任何输出。

第 6 行代码中，and 左边的值为真，还需要执行右边的表达式才能得到最终的结果，因此 print(url) 输出了一个网址，同时 print()函数的返回值是 None，True and None 表达式运算结果是 None，因此输出 None。

第 8 和第 10 行代码也是类似的。

逻辑运算符可以把多个条件按照逻辑进行连接，变成更复杂的条件。

4.5　成员运算符

in 与 not in 是 Python 中独有的运算符，称为成员运算符，用于判断对象是否为某个集合的元素之一，返回的结果是布尔值 True 或 False。表 4-5 列出了 Python 支持的成员运算符及其功能描述与实例。

表 4-5　成员运算符及其功能描述与案例

运算符	功能描述	实例
in	在指定的序列中找到了值返回 True，否则返回 False	2 in [1,2,3]　返回 True 5 in [1,2,3]　返回 False
not in	在指定的序列中没有找到值返回 True，否则返回 False	2 not in [1,2,3]　返回 False 5 not in [1,2,3]　返回 True

成员运算符的用法示例如程序段 P4.12 所示。

```
P4.12　成员运算符
name = "小花"
```

```
class_list = ["小红","小花","小敏"]
print(name in class_list)
print(name not in class_list)
```

运行代码，输出结果如下。

```
True    False
```

4.6 身份运算符

身份运算符是 Python 用来判断两个对象的存储单元是否相同的运算符号，身份运算符包括 is 和 is not，返回的结果是 True 或 False。表 4-6 列出了 Python 支持的身份运算符及其功能描述与实例。

表 4-6 身份运算符及其功能描述与实例

运算符	功能描述	实例(x=[1,2] ,y=[1,2])
is	判断两个变量是不是引用自一个对象，即内存地址是否一致。若是则返回 True，否则返回 False	x is y，返回 False
is not	判断两个变量是不是引用自不同对象,即内存地址是否不一致。若是则返回 True，否则返回 False	x is not y，返回 True

注意，is 与 == 的区别如下：is 用于判断两个变量引用的对象是否为同一个，== 用于判断引用变量的值是否相等。示例代码如程序段 P4.13 所示。

```
P4.13  is 与==的运算区别
x = [1, 2, 3]
y = [1, 2, 3]
z = x
print("x is y: ", x is y)
print("z is x: ", z is x)
print("x == y: ", x == y)
print("z == x: ", z == x)
```

运行代码，输出结果如下。

```
x is y:   False
z is x:   True
x == y:   True
z == x:   True
```

4.7 位运算符

Python 位运算按照数据在内存中的二进制位(bit)进行运算，表 4-7 列出了 Python 支持的位运算符及其功能描述与实例。

表 4-7 位运算符及其功能描述与实例

运算符	功能描述	实例 x =0011 1100(60) y = 0000 1101(13)
&	按位与运算符：参与运算的两个值，如果两个相应位都为 1，则该位的结果为 1，否则为 0	(x & y) 输出结果 12 二进制：0000 1100
|	按位或运算符：只要对应的两个二进位有一个为 1，结果位就为 1	(x | y) 输出结果 61 二进制：0011 1101
^	按位异或运算符：当两对应的二进位相异时，结果为 1	(x ^ y) 输出结果 49 二进制：0011 0001
~	按位取反运算符：对数据的每个二进制位取反，即把 1 变为 0，把 0 变为 1	(~x) 输出结果-61 二进制：1100 0011，有符号二进制数的补码形式
<<	左移动运算符：把<<左边的运算数的各二进位全部左移若干位，由<<右边的数指定移动的位数，高位丢弃，低位补 0	x << 2 输出结果 240 二进制：1111 0000
>>	右移动运算符：把>>左边的运算数的各二进位全部右移若干位，由>>右边的数指定移动的位数	x >> 2 输出结果 15 二进制：0000 1111

Python 位运算一般用于底层开发(算法设计、驱动、图像处理、单片机等)，在应用层开发(Web 开发、Linux 运维等)中并不常见。不关注底层开发的读者先了解一下即可，待以后需要的时候再深入学习。

4.8 集合运算符

在 Python 中，集合被视为数学意义上的无序且无重复元素的集合，因此，两个 Python 集合可以做数学意义上的交集、并集等运算操作。表 4-8 列出了 Python 支持的集合运算符及其功能描述与实例。

表 4-8 集合运算符及其功能描述与实例

运算符	功能描述	实例 A={1,2,3,4,5} B={1,3,5,7,9,11}
&	交集，交集符号有一个等价的方法：intersection()	A&B={1,3,5}
|	并集，并集符号有一个等价的方法：union()	A|B={1,2,3,4,5,7,9,11}
−	差集，差集符号有一个等价的方法：difference()	A−B={2,4}
^	对称差分，新集合的元素只能属于集合 A 或集合 B，不能同时属于两个集合。对称差分符号有一个等价的方法：symmetric_difference()	A^B={2,4,7,9,11}

（续表）

运算符	功能描述	实例 A={1,2,3,4,5} B={1,3,5,7,9,11}
&=	两个集合的交集	A&=B，A={1,3,5}
|=	为集合添加一个或多个成员，与 update 方法等价	A|B，A={1,2,3,4,5,7,9,11}
-=	删除集合中的一个或多个成员	A-=B，A={2,4}
^=	更新集合中的元素，使得其中的元素只属于原集合 s 或仅是另一个集合 s1 中的成员。此运算符与方法 symmetric_difference_update() 等价	A^=B，A={2,4,7,9,11}

4.9 三目运算符

Python 是一种极简主义的编程语言，使用已有的 if、else 关键字来实现三目运算符的功能。三目运算符也称为三元运算符(条件运算符)。

Python 中三目运算符的语法格式如下。

```
res = exp1 if condition else exp2
```

上式中，condition 是判断条件，exp1 和 exp2 是两个表达式。

当条件 condition 为真时，res = 表达式 exp1 的运算结果。

当条件 condition 为假时，res = 表达式 exp2 的运算结果。

示例代码如程序段 P4.14 所示。

```
P4.14 三目运算
x = int( input("输入数字 x: ") )
y = int( input("输入数字 y: ") )
print(x+y if x>y  else x-y)
```

运行代码，输入数字，输出结果如下。

```
输入数字 x: 5
输入数字 y: 4
9
```

再运行代码，输入数字，输出结果如下。

```
输入数字 x: 5
输入数字 y: 8
-3
```

Python 三目运算符也可以嵌套使用，嵌套三目运算符的语法格式如下。

```
res = a if a>b else ( c if c>d else d )
```

当条件 a>b 为真时，res = a。

当条件 a>b 为假时，继续判断条件 c>d，若为真则 res = c，若为假则 res = d。
示例代码如程序段 P4.15 所示。

```
P4.15 嵌套三目运算
a = int( input("输入数字 a: ") )
b = int( input("输入数字 b: ") )
print("a 大于 b") if a>b else ( print("a 小于 b") if a<b else print("a 等于 b") )
```

运行代码，输入数字，输出结果如下。

```
输入数字 a: 3
输入数字 b: 1
a 大于 b
```

再运行代码，输入数字，输出结果如下。

```
输入数字 a: 3
输入数字 b: 6
a 小于 b
```

再运行代码，输入数字，输出结果如下。

```
输入数字 a: 3
输入数字 b: 3
a 等于 b
```

4.10 运算符优先级

Python 支持使用多个不同的运算符连接简单表达式实现相对复杂的功能，为了避免含有多个运算符的表达式出现歧义，Python 为每种运算符都设定了优先级。Python 中运算符按优先级从高到低排序，如表 4-9 所示。

表 4-9 运算符优先级

运算符	描述
**	幂
*、/、%、//	乘、除、取模、整除
+、-	加法、减法
>>、<<	按位右移、按位左移
&	按位与
^、|	按位异或、按位或
==、!=、>=、>、<=、<	比较运算符
is、is not	身份运算符
in、not in	成员运算符
not、and、or	逻辑运算符
=	赋值运算符

需要说明的是，如果表达式中的运算符优先级相同，则按从左向右的顺序执行；如果表达式中包含括号，那么解释器会先执行括号中的子表达式。

4.11 计算思维

运算符表示对数据进行加工处理的方法。通过运算符的运算能得到确定结果的问题，都可以通过计算机强大算力的计算得到解决。若要利用计算机算力解决问题，就必须要用计算机能理解的符号或模型把问题描述出来。如何描述问题？需要利用我们人类大脑的复杂思维活动来描述，这种思维活动称为计算思维。计算思维是建立在算力基础上的一种思维方式。在数字时代，算力已经成为基础生产力，在算力基础上解决实际问题是较为普遍的事情，因此计算思维是人人都需要具备的一种思维能力。

计算思维(computational thinking)是周以真(Jeannette Marie Wing)教授于2006年首次提出的概念。计算思维是运用计算机科学的基础概念进行问题求解、系统设计、人类行为理解等涵盖计算机科学广度的一系列思维活动。计算思维是与形式化问题及其解决方案相关的思维过程，其解决问题的表现形式应该能有效地被信息处理代理执行。计算思维建立在计算过程的能力和限制之上，由人与机器执行。计算方法和模型使人们敢于去处理那些原本无法由任何个人独自完成的问题求解和系统设计。

计算思维对其他学科的研究产生了深刻的影响。例如，计算生物学正在改变着生物学家的思考方式；计算博弈理论正在改变着经济学家的思考方式；纳米计算正在改变着化学家的思考方式；量子计算正在改变着物理学家的思考方式。计算思维也渗透到了普通人的生活之中，掌握计算思维已经成为现代人应具备的基本技能。计算思维已经成为现代人解决问题的基本思维方法，并且已成为各专业学生都应掌握的思维方式。掌握计算思维，有助于人们更好地从事医学、法律、商业、政治工作，以及其他任何类型的科学和工程，甚至艺术工作。

4.11.1 计算思维过程

计算思维是一种解决问题的方式，它并不等同于计算机科学。计算思维是一种递归思维，通过分解、识别、抽象、算法不断地递归迭代思维活动，把要解决的问题形式化、符号化。计算思维包括问题分解、模式识别、归纳抽象、算法设计4部分内容。

1. 问题分解

当我们面临一个复杂的事物时，一般很难直接处理，此时可以先将其分解成许多小事物，逐个进行处理，小事物处理完后，复杂的事物也就处理好了。因此，计算思维的第一步就是把实际领域、项目、对象、过程或问题等事物分解成更小且易于识别的部分，分解出事物的组成要素及结构关系。实践中，这往往需要多次反复迭代才能完成。例如，当一台计算机出现故障时，可以将计算机逐步分解成较小的组成部件，再对各个部分进行检查。又如，当程序员在调试程序过程中遇到问题时，通常会考虑各种可能性，然后把程序分解成各个组成部分，分别进行问题排查。事实上，问题分解已经成为人类的基本思维模式。

2. 模式识别

将一个复杂的事物分解之后，就要去识别、发现小事物的相似之处与共同的属性，以及发展变化趋势和规律，这些属性、趋势和规律称为模式。模式识别就是在众多事物中找出特征或规则，并对事物进行识别与分类。在解决问题的过程中找到模式是非常重要的。模式可以让问题简单化。例如，程序员在调试程序时，根据错误的特征，依据大脑中存储的经验，常常可以识别出错误的模式，找到程序出错的原因。

3. 归纳抽象

归纳抽象的目的是忽略次要特征，将注意力集中在重要特征上，以发现、识别模式背后的一般原理和本质因素，构建解决问题的限制及规则，并进行符号化、形式化描述。例如，程序员在识别出程序错误的模式后，就可以抽象描述这种错误模式，并对其进行形式化、符号化定义。这样，当下次出现类似的错误时，计算机就可以自动检测出来。Python 中的异常自动报错就是为了实现这样的设计。

4. 算法设计

算法就是计算机运算的流程控制，它是人类利用计算机解决问题的基本方法，是把问题描述转换为计算机程序的基础。算法是一种选择，是一种计划，每一个指示与步骤都是精心计划过的，这个计划中包含解决问题的每一个状态。例如，第 3 章的"剪刀、石头、布"游戏，通过问题分解、模式识别、归纳抽象 3 个步骤将问题描述形式化、符号化，便可进行算法设计。

算法设计的条件及功能描述，如表 4-10 所示。

表 4-10　算法设计的条件及功能描述

条件	功能描述
输入	零个或多个输入数据，输入数据必须有清楚的描述或定义
输出	至少要有一个输出结果，不可以没有输出结果
确定性	每个语句或步骤必须是明确的
有限性	在有限步骤后一定会结束，不会产生无穷回路
有效性	步骤清楚可行，可以通过计算求出答案

算法可以用一般文字(如中文、英文和数字等)进行描述，也可以用计算机高级语言(Python、C\C++等)或虚拟语言(Pascal、Spark 等)进行描述。

4.11.2　人机大战猜拳游戏计算思维分析

对第 3 章的人机大战猜拳游戏进行计算思维分析的过程如下。

1. 问题分解

人机大战猜拳游戏要解决的是输赢问题，可将问题分为三部分：一是人出拳的问题；二是机器出拳的问题；三是判断规则问题。

2. 模式识别

对分解后的三部分问题进行特征分析。

- 人出拳有 3 种选项：剪刀、石头和布。
- 机器出拳也有 3 种选项。剪刀、石头和布。
- 人机共同出拳进行输赢判断的模式选项就有 9 种，排列如下：剪刀和剪刀，剪刀和石头，剪刀和布，石头和剪刀，石头和石头，石头和布，布和剪刀，布和石头，布和布。

3. 归纳抽象

对前面识别出的 9 种模式进行进一步归纳。

- 输赢是平局的有 3 种模式：剪刀和剪刀，石头和石头，布和布。
- 人赢(机器输)的有 3 种模式：剪刀和布，石头和剪刀，布和石头。
- 机器赢(人输)的有 3 种模式：剪刀和石头，石头和布，布和剪刀。

进一步对以上归纳结果进行抽象描述。

- 平局的判断可以通过相等计算得到结果，表达式：人的拳=机器的拳。
- 人赢(机器输)和机器赢(人输)是一个对偶问题，只要计算一种情况就可以了，用本章介绍的运算符构建表达式就可以得到计算结果，表达式：人=剪刀 and 机=布 or 人=石头 and 机=剪刀 or 人=布 and 机=石头。

这样，我们就把人机大战猜拳游戏要解决的输赢问题归纳抽象为两个表达式的计算问题。一个问题最终能用运算符计算出结果，说明这个问题是一个可计算问题，因此，就可以利用计算机强大的算力运算等到问题的结果，可以说运算符是算力利用的标志。

可计算问题是计算机科学的一个根本问题。实践证明，这不是一个绝对问题。随着算力的发展，过去不能计算问题，现在变得可计算了。如果把宇宙万物的演化看成是自然计算的话，那么可以说一切皆对象，万物可计算。这与我们能否完全探索到自然的奥秘有关。

问题的表达式与我们描述问题的数据结构有关，上面我们没有采用特殊的数据结构，只是将问题分析后的有关事物用文字符号进行了描述而已。如果我们采用前面学习的列表等数据类型，表达式就会是另一种形式。

根据前面归纳的模式，人赢的每一种情况可以用一个列表数据类型表示。如果按照人的拳排在前，机器的拳排在后，则列表形式如下。

[人的拳，机器的拳]

人赢的 3 种模式可分别进行如下表示。

[剪刀,布]; [石头,剪刀]; [布,石头]

人赢的所有情况也可用一个列表表示，得到的二维列表如下。

[[剪刀,布], [石头,剪刀], [布,石头]]

人赢的表达式如下。

[人的拳，机器的拳] in [[剪刀,布], [石头,剪刀], [布,石头]]

如果以上表达式的值为真，那么人赢，表达式中用到了成员运算符，实际编程中运用这种方式编写的程序更简洁。

1. 算法设计

通过计算思维前三步的分析后，接下来就可以进行第四步的算法设计，人机大战猜拳游戏的算法设计如下。

(1) 程序初始化。

(2) 玩家输入。

(3) 计算机生成选项。

(4) 计算判断。

(5) 输出结果。

这个游戏很简单，通过以上五步描述的算法就可以输出结果。

实训与习题

实训

(1) 完成本章 P4.1～P4.15 程序上机练习。

(2) 根据本金、年利率和年份，写出计算复利的表达式。

(3) 根据贷款金额、利率和月数，写出计算房贷月供的表达式。

(4) 增长思维、杠杆思维和对冲思维这三个金融思维中增长思维是起点，根据某行业期初销售额、末期销售额及计算期，写出计算其增长率的表达式。

习题

1. 填空题

(1) 已知 x=5; y=6，执行复合赋值语句 x*=y+10 后，x 变量中的值是_____。

(2) Python 表达式'ab' in 'acbed'的值为_____。

(3) Python 表达式 40%5 的值为_____。

(4) Python 表达式 'y'<'x' == False 的结果是_____。

(5) 语句 not 3>5 and 5<7 or 8+9<23 的输出结果是_____。

2. 选择题

(1) 下列运算符优先级最高的是(　　)。

　　A. is　　　　　　　B. *　　　　　　　C. **　　　　　　　D. +

(2) 下列表达式是"非法的布尔表达式"的是(　　)。

　　A. x in [1,2,3,4]　　B. 3=a　　　　　C. 1e5 and 4 =='f'　D. x-6 >5

(3) 在变量赋值 x=3.5; y=4.6; z=5.7 的情况下，以下表达式中值为 True 的是(　　)。

　　A. x*y or x*z　　　B. x! =y　　　　　C. z+y+x　　　　　D. x*y and not(x+z)

(4) 已知 x='123'和 y='456'，则表达式 x+y 的值为(　　)。

　　A. '123'　　　　　B. '456'　　　　　C. '579'　　　　　D. '123456'

(5) 代码 print(0.1 + 0.2 == 0.3)的输出结果是( )。

    A. False   B. -1   C. 0   D. while

3. 判断题

(1) Python 表达式 40//2**2 的值是 10。 ( )

(2) 身份运算符有 is 和 is not 两种，is 用于判断是否为同一对象，is not 用于判断是否不是同一对象。

    ( )

(3) Python 中&是按位与运算符。 ( )

(4) Python 中逻辑运算符有 3 个，分别是 not、and 和 or。 ( )

(5) Python 的赋值功能很强大，当 a=11 时，运行 a/=11 后，a 的结果是 11。 ( )

4. 简答题

(1) Python 的操作运算符有哪几类？

(2) 什么是运算符的优先级？简单介绍一下 Python 各类运算符的优先级情况。

(3) 简述运算符//、%、＊＊各自的功能。

(4) 简述三目运算规则及应用场景。

(5) Python 中有哪些关系运算符和逻辑运算符？关系运算和逻辑运算有哪些联系？

5. 编程题

(1) 输入三角形的两边长度和夹角，求三角形的面积。

提示：

三角形的面积公式为 $S = \frac{1}{2}ab\sin\alpha$ ，其中 α 是 a、b 两边的夹角(角度值)；Python 中的 sin() 函数是不能直接调用的，需要导入 math 模块，然后通过 math.sin(x)调用，其中 x 为角度的弧度值；弧度与角度的换算公式为 $x = \frac{\pi}{180}\times\alpha$ 。

(2) 已知圆的周长公式为 $C=2\pi r$，圆的面积公式为 $S = \pi^2$，请根据键盘输入的半径 r，编写程序计算圆的周长和面积。

(3) 输入身高和体重，输出身体质量指数(body mass index，BMI)。BMI 的计算公式如下。

$$BMI = \frac{体重}{身高^2}$$

其中，体重的单位是 kg，身高的单位是 m，均为浮点数。

(4) 编程实现，输入一个 3 位自然数，计算各个位数字相加的和。

(5) 输入一个整数 a，取该整数 a 从右端开始的 4~7 位，并输出结果。

∽ 第 5 章 ∞

流 程 控 制

学习目标：

1. 掌握程序流程图的绘制方法
2. 了解条件语句
3. 了解循环语句
4. 了解多分支选择语句
5. 了解跳转语句

思政内涵：

正确的判断和正确的流程是获得正确结果的关键。人生道路也是一样，只有在人生道路中做出正确的决策判断，才能有良好的收获，广大学子应树立正确的世界观、人生观和价值观。

5.1 程序流程

计算机程序的执行过程就是程序流程。和其他编程语言一样，按照执行流程划分，Python 程序可分为三大结构，即顺序结构、分支(选择)结构和循环结构。

(1) 顺序结构：自上而下依次执行每一条代码，不重复执行任何代码，也不跳过任何代码。

(2) 分支结构：也称为选择结构，在运行过程中根据条件的不同可能会执行不同的程序分支。

(3) 循环结构：在运行过程中有些代码需要反复执行。

程序流程可以用文字描述，也可以用图形描述。书写文字比较方便，但不够直观；绘制图形比较麻烦，但看起来直观。流程图是一种普遍的程序控制流程表示法，即使用图形符号来表示程序的执行过程。为了实现流程图的可读性及一致性，通常使用美国国家标准学会制定的统一图形符号绘制流程图。常见的流程图符号如表 5-1 所示。

表 5-1 常见的流程图符号

符号	名称	含义
⬭	端点、中断	标准流程的开始与结束，每个流程图只有一个起始点
▭	进程	要执行的处理
◇	判断	决策或判断
▱	数据	表示数据的输入/输出

(续表)

符号	名称	含义
→	流向	表示执行的方向与顺序
▱	文档	以文件的方式输入/输出
○	联系	同一流程图中从一个进程到另一个进程的交叉引用

使用表 5-1 中带方向的箭头和相应的说明文字连接各图标，就形成了程序流程图，如图 5.1 所示。

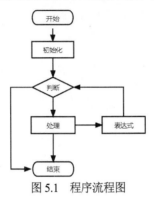

图 5.1　程序流程图

5.2　条件语句

在编写代码时，可以使用条件语句为程序增设条件，使程序产生分支，进而有选择地执行不同的语句。条件语句包括 if 语句、if-else 语句、if-elif-else 语句等。

5.2.1　if 语句

if 语句是单分支条件语句，语法格式如下。

```
if 逻辑条件:
    ...
```

其中，"逻辑条件"一般是一个比较表达式，如果该表达式返回 True，则会执行冒号下面缩进的代码块；如果该表达式返回 False，则会直接跳过冒号下面缩进的代码块，按照顺序执行后面的程序。单分支流程图如图 5.2 所示。

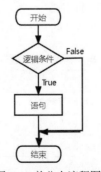

图 5.2　单分支流程图

下面使用 if 语句实现一个考试成绩评估的程序，示例代码如程序段 P5.1 所示。

P5.1 单分支条件语句
```
score = 100
if score > 60:
    print("成绩合格，你很棒！")
print("欢迎来到 Python 语言课堂")
```

运行代码，输出结果如下。

```
成绩合格，你很棒！
欢迎来到 Python 语言课堂
```

由以上示例的输出结果可知，程序执行了 if 语句的代码段。

将以上示例中变量 score 的值修改为 50，再次运行代码，输出结果如下。

```
欢迎来到 Python 语言课堂
```

由该输出结果可知，修改 score 的值后，程序未执行 if 语句的代码段。

5.2.2 if-else 语句

if-else 语句是双分支条件语句，语法格式如下。

```
if 逻辑条件:
    ...
else:
    ...
```

当逻辑条件表达式返回 True 时，会执行 if 后面的代码块；当条件表达式返回 False 时，会执行 else 后面的代码块。双分支流程图如图 5.3 所示。

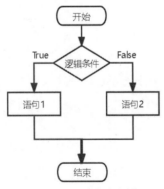

图 5.3 双分支流程图

使用 if-else 语句编写的考试成绩评估程序示例代码如程序段 P5.2 所示。

P5.2 双分支条件语句
```
score = 100
if score > =60:
    print("考试合格")
else:
    print("考试不及格")
```

运行代码，输出结果如下。

考试合格

将以上示例中变量 score 的值修改为 50，再次运行代码，输出结果如下。

考试不及格

通过比较两次的输出结果可知，程序第一次执行了 if 语句的代码段，打印了"考试合格"；修改 score 的值后，执行了 else 语句的代码段，打印了"考试不及格"。

5.2.3 if-elif-else 语句

if-elif-[elif]else 语句是多分支条件语句，语法格式如下。

```
if 逻辑条件 1:
    ...                         # 当条件 1 为 True 时执行的代码
elif 逻辑条件 2:
    ...                         # 当条件 2 为 True 时执行的代码
[elif 逻辑条件 n:]
    ...                         # 当条件 n 为 True 时执行的代码
else:
    ...                         # 当所有条件都为 False 时执行的代码
```

elif 指的是"else if"，表示带有条件的 else 子句。多向选择的语法看似很复杂，其实非常简单，它只是在双向选择的基础上增加了一个或多个选择分支。

使用多分支条件语句编写的考试成绩评估程序示例代码如程序段 P5.3 所示。

```
P5.3 多分支条件语句
score = 90
if score >=90:
    print("考试优秀")
elif 80<=score <90:
    print("考试良好")
elif 70<=score <80:
    print("考试中等")
elif 60<=score <70:
    print("考试及格")
else:
    print("考试不及格")
```

程序可以根据 score 的值做出"成绩优秀""成绩良好""成绩中等""成绩及格"和"成绩不及格"5 个等级的评估。

5.2.4 if 语句嵌套

if 语句是可以嵌套使用的，语法格式如下。

```
if 条件 1:
    if 条件 2:
```

```
    ...                 # 当条件 1 和条件 2 都为 True 时执行的代码
    else:
        ...             # 当条件 1 为 True、条件 2 为 False 时执行的代码
else:
    if 条件 2:
        ...             # 当条件 1 为 False、条件 2 为 True 时执行的代码
    else:
        ...             # 当条件 1 和条件 2 都为 False 时执行的代码
```

对于这种结构，我们不需要死记硬背，只需要从外到内根据条件一个个地进行判断就可以了。示例代码如程序段 P5.4 所示。

```
P5.4  if 语句的嵌套
gender = "女"
height = 172
if gender == "男":
    if height > 170:
        print("高个子男生")
    else:
        print("矮个子男生")
else:
    if height > 170:
        print("高个子女生")
    else:
        print("矮个子女生")
```

运行代码，输出结果如下。

```
高个子女生
```

在以上代码中，性别 gender 是外层条件，身高 height 是内层条件。修改变量 gender 为"男"，修改 height 为 160，执行代码，输出结果如下。

```
矮个子男生
```

5.3 循环语句

在程序开发过程中有些代码需要重复执行。Python 提供了循环语句，使用该语句能以简洁的代码实现重复操作。Python 中的循环语句有两种，分别是 while 循环和 for 循环。

5.3.1 while 循环语句

while 循环语句的语法格式如下。

```
while 条件表达式:
    代码块
```

其中，代码块是指缩进格式相同的多行代码，在循环结构中，它又称为循环体。
while 循环流程图如图 5.4 所示。

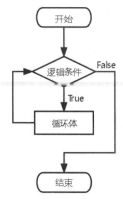

图 5.4　while 循环流程图

使用 while 循环计算 1+2+3+…+100 的和，示例代码如程序段 P5.5 所示。

```
P5.5 while 循环
i=1
sum=0
while i<=100:
    sum +=i
    i +=1
print(sum)
```

运行代码，输出结果如下。

```
5050
```

在以上示例中，变量 i 是循环因子，其初始值为 1，会随循环次数累加；变量 sum 是所求的和，其初始值为 0。循环结束，执行循环之后的打印语句，输出 sum 的值。

while 循环还常用来遍历列表、元组和字符串，因为它们都支持通过下标索引获取指定位置的元素。下面演示使用 while 循环遍历字符串变量，示例代码如程序段 P5.6 所示。

```
P5.6 遍历字符串
my_char="http://www.ahu.net/python/"
i = 0;
while i<len(my_char):
    print(my_char[i],end="")
    i = i + 1
```

运行代码，输出结果如下。

```
http://www.ahu.net/python/
```

若希望程序可以一直重复操作，则可以将循环条件的值设为 True，如此便进入无限循环。虽然在实际开发中有些程序需要无限循环(如游戏的主要程序、操作系统的监控程序等)，但无限循环会占用大量内存，影响程序和系统的性能，开发者需酌情使用。

5.3.2　for 循环语句

for 循环常用于遍历字符串、列表、元组、字典、集合等序列类型，逐个获取序列中的各个元素。

for 循环语句的语法格式如下。

```
for 迭代变量 in 字符串/列表/元组/字典/集合:
    代码块
```

其中，迭代变量用于存放从序列类型变量中读取出来的元素，所以一般不会在循环中对迭代变量手动赋值；代码块是指具有相同缩进格式的多行代码，和循环结构联用，因此代码块又称为循环体。目标对象的元素个数决定了循环的次数，目标对象中的元素被访问完之后循环结束。

for 循环流程图如图 5.5 所示。

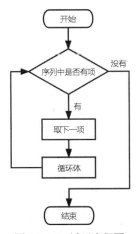

图 5.5　for 循环流程图

使用 for 循环遍历字符串的示例代码如程序段 P5.7 所示。

```
P5.7 for 循环遍历字符串
my_char = "http://www.ahu.net/python/"
for ch in my_char:
    print(ch,end="")
```

运行代码，输出结果如下。

```
http://www.ahu.net/python/
```

使用 for 循环进行数值计算的示例代码如程序段 P5.8 所示。

```
P5.8 for 循环计算
print("计算 1+2+…+100 的结果为: ")
result = 0
for i in range(101):
    result += i
print(result)
```

运行代码，输出结果如下。

```
计算 1+2+…+100 的结果为:
5050
```

上面的代码中，使用了 range()函数，此函数是 Python 内置函数，用于生成一系列连续整数，多用于 for 循环中。

当用 for 循环遍历列表或元组时，其迭代变量会先后被赋值为列表或元组中的每个元素并执行一次循环体。示例代码如程序段 P5.9 所示。

```
P5.9  for 循环遍历列表
my_list = [1,2,3]
for ele in my_list:
    print('ele =', ele)
```

运行代码，输出结果如下。

```
ele = 1
ele = 2
ele = 3
```

在以上代码中，把遍历的列表改成元组，就可以使用 for 循环遍历元组，读者可以自己修改代码练习。

当用 for 循环遍历字典时，其迭代变量会先后被赋值为字典的每个元素的键值并执行一次循环体。示例代码如程序段 P5.10 所示。

```
P5.10  for 循环遍历字典
my_dict = {'python 教程':"http://www.ahu.net/python/",\
            'shell 教程':"http://www.ahu.net/shell/",\
            'java 教程':"http://www.ahu.net/java/"}
for ele in my_dict:
    print('ele =', ele)
```

运行代码，输出结果如下。

```
ele = python 教程
ele = shell 教程
ele = java 教程
```

5.3.3 循环嵌套语句

循环之间可以互相嵌套，进而实现更为复杂的逻辑。循环嵌套按不同的循环语句可以分为 while 循环嵌套和 for 循环嵌套。

1. while 循环嵌套

while 循环嵌套是指 while 语句中嵌套了 while 或 for 语句。以 while 语句中嵌套 while 语句为例，while 循环嵌套的语法格式如下。

```
while  条件 1:
    条件 1 成立执行的语句
    ...
    while  条件 2:
    条件 2 成立执行的语句
    ...
```

下面使用 while 循环嵌套打印一个九九乘法表，示例代码如程序段 P5.11 所示。

```
P5.11 while 循环嵌套
j = 1
while j <= 9:
    i = 1
    while i <= j:
        print(f'{i}*{j}={j*i}', end='\t')
        i += 1
    print()
    j += 1
```

运行代码，输出结果如下。

```
1*1=1
1*2=2    2*2=4
1*3=3    2*3=6    3*3=9
1*4=4    2*4=8    3*4=12   4*4=16
1*5=5    2*5=10   3*5=15   4*5=20   5*5=25
1*6=6    2*6=12   3*6=18   4*6=24   5*6=30   6*6=36
1*7=7    2*7=14   3*7=21   4*7=28   5*7=35   6*7=42   7*7=49
1*8=8    2*8=16   3*8=24   4*8=32   5*8=40   6*8=48   7*8=56   8*8=64
1*9=9    2*9=18   3*9=27   4*9=36   5*9=45   6*9=54   7*9=63   8*9=72   9*9=81
```

2. for 循环嵌套

for 循环嵌套是指 for 语句中嵌套了 while 或 for 语句。以 for 语句中嵌套 for 语句为例，for 循环嵌套的语法格式如下。

```
for i in 相关容器(初始位置,最终位置,遍历步调):
    ...                                    # 相关遍历要求代码
    for j in 相关容器(初始位置,最终位置,遍历步调):
        ...                                # 相关遍历要求代码
```

下面使用 for 循环嵌套打印一个数字金字塔，示例代码如程序段 P5.12 所示。

```
P5.12 for 循环嵌套
layer = int(input("请输入您想打印的数字三角形的层数："))
for i in range(1, layer + 1):
    for j in range(1,i + 1):
        num = j
        print(num,end=" ")
        j += 1
    i += 1
    print("")
```

运行代码，输入数据，输出结果如下。

```
请输入您想打印的数字三角形的层数：5
1
1 2
1 2 3
1 2 3 4
1 2 3 4 5
```

5.4 多分支选择语句

Python 编程语言正在不断发展，每次更新都会添加新的特性和功能，Python 3.10 中增加了多分支选择语句，也称为 match-case 语句，允许在多个条件下控制程序流程。match-case 语句的语法格式如下。

```
match parameter:
    case first :
        do_something(first)
    case second :
        do_something(second)
    ...
    ...
    case n :
        do_something(n)
    case _ :
        nothing_matched_function()
```

match-case 语句使用 match 关键字，通过参数 parameter 与 case 关键字后的参数匹配，如果匹配成功，则执行对应的 case 代码段，"_" 是通配符，当没有任何匹配项时运行该代码段。

多分支选择的示例代码如程序段 P5.13 所示。

```
P5.13 多分支选择
day=input("请输入一个数字(1～7)：")
match day:
    case "1":
        print("星期一")
    case "2":
        print("星期二")
    case "3":
        print("星期三")
    case "4":
        print("星期四")
    case "5":
        print("星期五")
    case "6":
        print("星期六")
    case "7":
        print("星期日")
    case _:
        print("请输入一个有效数字！")
```

运行代码，根据提示输入数据，输出结果如下。

```
请输入一个数字(1～7)：7
星期日
```

5.5 跳转语句

循环语句在条件满足的情况下会一直执行，但在某些情况下需要跳出循环，例如，实现音乐播放器循环模式的切歌功能等。Python 提供了控制循环的跳转语句：break 语句和 continue 语句。

5.5.1 break 语句

break 语句用于结束循环，若循环中使用了 break 语句，当程序执行到 break 语句时就会结束循环；若循环嵌套使用了 break 语句，当程序执行到 break 语句时就会结束本层循环。break 语句通常与 if 语句配合使用，以便在条件满足时结束循环。

例如，在使用 for 循环遍历字符串"python"时，遍历到字符"o"就使用 break 语句结束循环，具体代码如程序段 P5.14 所示。

```
P5.14 break 语句
for ch in "python":
    if ch=="o":
        break
    print(ch,end=" ")
```

运行代码，输出结果如下。

```
p y t h
```

从以上输出结果可以看出，程序没有输出字符"o"及后面的字符，说明当程序遍历到字符"o"时跳出了整个循环，即结束了循环。

5.5.2 continue 语句

continue 语句用于在满足条件的情况下跳出本次循环，该语句通常也与 if 语句配合使用。例如，在使用 for 循环遍历字符串"python"时，遍历到字符"o"就使用 continue 语句跳出本次循环，具体代码如程序段 P5.15 所示。

```
P5.15 continue 语句
for ch in "python":
    if ch=="o":
        continue
    print(ch,end=" ")
```

运行代码，输出结果如下。

```
p y t h n
```

从以上输出结果可以看出，程序没有输出字符"o"，说明当程序满足字符"o"的条件时跳过了当次循环。

5.6 人机大战猜拳游戏程序设计案例

5.6.1 程序流程图

根据第 4 章计算思维设计的人机大战猜拳游戏的算法，可以画出程序流程图。人机大战游戏程序流程图如图 5.6 所示。

图 5.6 人机大战游戏程序流程图

5.6.2 程序设计

根据图 5.6 所示的流程图，编写人机大战猜拳游戏程序，代码如程序段 P5.16 所示。

```
P5.16 人机大战猜拳游戏程序
import random
handList = ['剪刀','石头','布']
personNumber = int(input("请选择：(剪刀-0；石头-1；布-2) 数字："))
personChoice = handList[personNumber]
computerNumber = random.randint(0,2)
computerChoice = handList[computerNumber]
if personChoice == computerChoice:
    print("平局！")
elif (personChoice == '剪刀' and computerChoice =="布"
    or personChoice == '石头' and computerChoice =="剪刀"
    or personChoice == '布' and computerChoice =="石头"):
    print("人赢了！")
else:
    print("计算机赢了！")
```

以上程序是最基本的猜拳游戏实现代码。大家可以试着为程序增加一些新的功能或设计人机交互界面等，通过实践提高编程能力。

实训与习题

实训

(1) 完成本章 P5.1～P5.16 程序上机练习。

(2) 画出 if-elif-else 语句的流程图。

(3) 画出 if 语句三层嵌套的流程图。

(4) 画出 while 语句两层嵌套的流程图。

(5) 画出 for 语句三层嵌套的流程图。

习题

1. 填空题

(1) 在 Python 中实现多个条件判断需要用到_____语句与 if 语句的组合。

(2) 循环中使用_____语句来跳出深度循环。

(3) 可以使用_____语句跳出当前循环的剩余语句，继续进行下一轮循环。

(4) 程序执行遇到 if 语句，当判断条件为_____时会进入 if 语句执行；否则会跳过 if 语句，执行其后面的其他语句。

(5) 执行以下语句后，x 的值为_____。

```
a=3; b=4; x=5
if a<b:
    a+=1
    x+=1
print(x)
```

2. 选择题

(1) 以下选项中，不是 Python 语言基本控制结构的是(   )。

    A. 程序异常   B. 循环结构   C. 跳转结构   D. 顺序结构

(2) 以下关于程序控制结构描述错误的是(   )。

    A. 单分支结构是用 if 保留字判断满足一个条件，就执行相应的处理代码

    B. 双分支结构是用 if-else 根据条件的真假，执行两种处理代码

    C. 多分支结构是用 if-elif-else 处理多种可能的情况

    D. 在 Python 的程序流程图中可以用处理框表示计算的输出结果

(3) 以下程序的输出结果是(   )。

```
j = ''
for i in "12345":
    j += i + ','
print(j)
```

    A. 1,2,3,4,5   B. 12345   C. 1,2,3,4,5,   D. 1,2,3,4,5,

(4) 以下程序的输出结果是( )。

```
a=1
b=2
c=a  if  a>b  else  a+b
```

  A. 1   B. 2   C. 3   D. 不能运行

(5) 以下关于分支和循环结构的描述，错误的是( )。

  A. Python 在分支和循环语句中使用例如 x<=y<=z 的表达式是合法的

  B. 分支结构中的代码块是用冒号来标记的

  C. 如果设计不小心，while 循环就可能会出现死循环

  D. 双分支结构的 <表达式 1> if <条件> else <表达式 2> 形式,适合用来控制程序分支

3. 判断题

(1) 在 Python 中，do 属于循环逻辑关键字。   ( )

(2) 在 Python 中，使用 for-in 方式形成的循环不能遍历实数类型。 ( )

(3) 在 Python 中，所有的 for 循环都可以用 while 循环改写。   ( )

(4) 在 Python 中，可以通过 while 语句来实现无限循环。   ( )

(5) 执行下列程序段会进行 7 次循环。   ( )

```
k=100
while k>=1
print(k)
k=k/2
```

4. 简答题

(1) 程序有哪 3 种基本结构？

(2) 简述条件语句中 if 与 else 的配对关系是如何确定的。

(3) 简述 break 语句和 continue 语句各自的功能。

(4) 简述 for 循环和 while 循环的区别与联系。

(5) 在多重循环语句中,在内循环体内使用 break 语句可以跳到所有的循环体外吗？说一说如果想要实现上述目标应该怎么做？

5. 编程题

(1) 停车场的收费标准如下：半小时内不收费；超过半小时，不足 1 小时，收费 5 元；超过 1 小时，每 15 分钟收费 2.5 元，不足 15 分钟按 15 分钟收取。试编写程序，用于计算每辆车的停车费。

(2) 输入一个数字，求该数字的平方，如果平方运算后小于 50 则退出。

(3) 输入一行字符，分别统计出其中英文字母、空格、数字和其他字符的个数。

(4) 使用 for 嵌套循环输出九九乘法表。

(5) 猴子吃桃，猴子第一天摘下若干个桃子，当即吃了一半，还不过瘾就多吃了一个。第二天早上又将剩下的桃子吃了一半，还是不过瘾又吃了一个。以后每天都吃前一天剩下的一半再加一个。到第十天刚好剩一个。问猴子第一天摘了多少个桃子？用 for 循环编写程序。

∞ 第6章 ∞
组合数据类型

学习目标：
1. 了解序列数据类型及其内置函数
2. 熟悉可迭代对象与迭代器
3. 掌握字符串及其操作方法
4. 掌握列表及其操作方法
5. 掌握元组及其操作方法
6. 掌握字典及其操作方法

思政内涵：

只有具有优秀的数据结构才能具有强大的数据处理功能，广大学子要树立团队结构优化意识，积极培养领导能力和组织能力。

6.1 概述

Python 的组合数据类型就是容器，可以把多个相同或不同类型的数据组织为一个整体。使用组合数据类型定义和记录数据，不仅能更清晰地表达数据，也极大地简化了程序员的开发工作，提升了程序的开发效率。根据数据组织方式的不同，可以分为三大类：序列类型、集合类型和映射类型。

6.1.1 序列类型

序列类型来源于数学概念中的数列。数列是按一定顺序排成一列的一组数，每个数称为这个数列的项，每项不是在其他项之前，就是在其他项之后。存储 n 项元素的数列 $\{a_n\}$ 的定义如下。

$\{a_n\}=a_0, a_1, a_2...a_{n-1}$

数列的索引从 0 开始，通过索引 n 可以访问数列中的第 $n-1$ 项。

序列类型在数列的基础上进行了扩展，Python 中的序列支持双向索引，即正向递增索引和反向递减索引。

正向递增索引从左向右依次递增，第 1 个元素的索引为 0，第 2 个元素的索引为 1，以此类推；反向递减索引从右向左依次递减，从右数第 1 个元素的索引为-1，第 2 个元素的索引为-2，以此类推。

Python 的序列类型非常丰富，包括字符串(str)、列表(list)、元组(tuple)和字节组(bytes)等。序列类型常用操作的内置函数如表 6-1 所示。

表 6-1　序列类型常用操作的内置函数

函数名	功能描述
统计	
len()	计算序列的长度，即返回序列中包含的元素的个数
sum()	计算元素和。对序列使用 sum()函数时，操作的必须都是数字，不能是字符或字符串，否则该函数将抛出异常
max()	找出序列中的最大元素
min()	找出序列中的最小元素
排序	
sorted()	对元素进行排序
reversed()	反转序列中的元素
enumerate()	将序列组合为一个索引序列，多用在 for 循环中

序列数据操作的示例代码如程序段 P6.1 所示。

```
P6.1 序列类型内置函数
tp=(10,25,16,8,32)                              # 定义元组，也可定义其他序列数据类型
print(max(tp),min(tp),sum(tp))                  # 序列最大、最小、求和
print(sorted(tp))
temp1 = reversed(tp)                            # 反向排序，返回新对象
print(temp1)
print(list(temp1))
temp2 = enumerate(tp)                           # 组合为一个新对象
print(temp2)
print(list(temp2))
```

运行代码，输出结果如下。

```
32  8  91
[8, 10, 16, 25, 32]
<reversed object at 0x0000021C21D93520>
[32, 8, 16, 25, 10]
<enumerate object at 0x0000021C1FD96240>
[(0, 10), (1, 25), (2, 16), (3, 8), (4, 32)]
```

6.1.2　集合类型

数学中的集合是指具有某种特定性质的对象汇总而成的集体，其中，组成集合的对象称为该集合的元素。例如，成年人集合的每个元素都是已满 18 周岁的人。

通常用大写字母表示集合，用小写字母表示集合中的元素。集合中的元素具有以下 3 个特征。

(1) 确定性：集合中的每个元素都是确定的。

(2) 互异性：集合中的元素互不相同。

(3) 无序性：集合中的元素没有顺序，若多个集合中的元素仅顺序不同，那么这些集合本质上是同一集合。

集合(set)是 Python 内置的集合类型，也具备以上 3 个特征。Python 要求放入集合中的元素必须是不可变类型(Python 中的整型、浮点型、字符串类型和元组属于不可变类型；列表、字典和集合本身都属于可变的数据类型)。

6.1.3 映射类型

映射类型以键值对的形式存储元素，键值对中的键与值之间存在映射关系。在数学中，设 A、B 是两个非空集合，若按某个确定的对应法则 f，使集合 A 中的任意一个元素 x 在集合 B 中都有唯一确定的对应元素 y，则 f 称为从集合 A 到集合 B 的一个映射。

字典(dict)是 Python 唯一的内置映射类型，字典的键必须遵循以下两个原则。

(1) 每个键只能对应一个值，不允许同一个键在字典中重复出现。

(2) 字典中的键是不可变类型。

6.1.4 可迭代对象与迭代器

容器(container)是一种把多个数据元素组织在一起的数据结构，可以用关键字 in 或 not in 判断元素是否包含在容器中，并且可以逐个地迭代获取容器中的元素。尽管绝大多数容器都提供了某种方式来获取其中的每个元素，但这并不是容器本身具有的能力，而是可迭代对象赋予了容器这种能力。在 Python 中，字符串、列表、元组、集合与字典等组合数据类型都是常见的容器，这些容器可以通过 for 循环来遍历，这种遍历称为迭代(iteration)。因此，这些容器就是可迭代对象(iterable)。此外，打开的文件也是可迭代对象。简单来说，一个具有 iter 方法的对象就可以称为可迭代对象。

迭代器(iterator)是一个可以记住遍历位置的对象，因此不会像列表那样一次性全部生成，而是可以等到需要的时候再生成，从而节省了大量的内存空间。迭代器对象从容器中的第一个元素开始访问，直到所有的元素被访问完。Python 迭代器对象必须实现两个特殊的方法：__iter__() 和 __next__()方法。

内置函数 iter()可以把可迭代对象转换为迭代器对象，它是一个带状态的对象，该状态用于记录当前迭代所在的位置，以便在下次迭代时获取正确的元素。当调用 next()方法时，迭代器将返回容器中的下一个值。常见的迭代器类型包括 list_iterator、set_iterator、tuple_iterator、str_iterator 等。示例代码如程序段 P6.2 所示。

```
P6.2 iter()从可迭代对象创建迭代器
l=[1,2,3]
x=iter(l)
print(type(x))
print(next(x))
print(next(x))
print(next(x))
print(next(x))
```

运行代码，输出结果如下。

```
<class 'list_iterator'>
1
2
3
Traceback (most recent call last):
    File "D:/x.py", line 6, in <module>
        print(next(x))
StopIteration
```

在 Python 中，for 循环实际上是通过迭代器工作的，每次迭代就是调用迭代器的 next()方法来获取下一个元素。当容器中的所有元素全部被访问完后，迭代器会发出一个 StopIteration 异常，for 语句只要捕获这个异常，就知道迭代何时结束。知道了 for 循环的工作原理后，就可以用程序模拟 for 循环，示例代码如程序段 P6.3 所示。

```
P6.3  模拟 for 循环
l=[1,2,3]
d=iter(l)
while True:
    try:
        e=next(d)
        print(e)
    except StopIteration:
        break
```

运行代码，输出结果如下。

```
1
2
3
```

在 Python 中，我们可以很容易地自定义可迭代对象和迭代器，只需要实现__iter__()和__next__()方法即可。__iter__()方法返回迭代器对象本身，并且可以在需要时执行一些初始化操作。__next__()方法必须返回序列中的下一项，在到达终点时及在随后的调用中，它必须引发 StopIteration 异常。示例代码如程序段 P6.4 所示。

```
P6.4  自定义迭代器
class MyIterable:
    def __init__(self, max=0):
        self.max = max
    def __iter__(self):
        self.n = 0
        return self
    def __next__(self):
        if self.n <= self.max:
            result = self.n*self.n
            self.n += 1
            return result
        else:
            raise StopIteration
```

```
n = MyIterable(2)
myIterator=iter(n)
print(next(myIterator))
print(next(myIterator))
print(next(myIterator))
print(next(myIterator))
```

运行代码，输出结果如下。

```
0
1
4
Traceback (most recent call last):
    File "D:/x.py", line 20, in <module>
        print(next(myIterator))
    File "D:/x.py", line 14, in __next__
        raise StopIteration
StopIteration
```

下面通过 for 循环来访问自定义可迭代对象，示例代码如程序段 P6.5 所示。

```
P6.5  for 循环访问 MyIterable 可迭代对象
numbers = MyIterable(2)
for i in numbers:
    print(i)
```

运行代码，输出结果如下。

```
0
1
4
```

结果说明，通过前面自定义的可迭代类，我们成功创建了可迭代对象，并且在使用 for 循环时能够成功遍历可迭代对象。

当使用 Python 迭代器操作组合数据类型时，具有节省资源、减少代码冗余、降低代码复杂度和提高编码稳定性等优点。

6.2　字符串

6.2.1　字符串概述

字符串的操作在实际应用中非常常见。Python 内置了很多字符串方法，使用这些方法可以轻松实现字符串的查找、替换、拼接、大小写转换等操作。但需要注意的是，字符串一旦创建便不可修改；若对字符串进行修改，就会生成新的字符串。字符串的常用操作方法如表 6-2 所示。

表6-2　字符串的常用操作方法

方法名	功能描述
查找	
find()	用于查找字符串中是否包含指定的子字符串。若包含，则返回子字符串首次出现的索引位置；否则返回-1
index()	同样用于检索是否包含指定的子字符串，与find()方法的区别在于，当指定的子字符串不存在时，index()方法会抛出异常
count()	用于检索指定的字符串在另一字符串中出现的次数
rfind()	和find()功能相同，但查找方向从右侧开始
rindex()	和index()功能相同，但查找方向从右侧开始
修改	
replace()	replace(旧子串,新子串 [,替换次数])，将旧子串替换成新子串，若替换次数超过子串出现次数，则替换子串出现次数
split()	用于将一个字符串按照指定的分隔符切分成多个子串
join()	用一个字符或子串合并字符串，即将多个字符串合并为一个新的字符串
capitalize()	将字符串的第一个字母转换成大写，将其他字母转换成小写
title()	将字符串中每个单词的首字母都转换成大写，将其他字母转换成小写
lower()	将字符串中的大写字母都转换成小写字母
upper()	将字符串中的小写字母都转换成大写字母
删除空白	
strip()	删除字符串两侧的空白符
lstrip()	删除字符串左侧的空白符
rstrip()	删除字符串右侧的指定字符，默认删除字符串右侧的空白符
对齐	
ijust()	返回一个原字符串左对齐，并使用指定字符(默认空格)填充至对应长度的新字符串
rjust()	返回一个原字符串右对齐，并使用指定字符(默认空格)填充至对应长度的新字符串
center()	返回一个原字符串居中对齐，并使用指定字符(默认空格)填充至对应长度的新字符串
判断	
startswith()	检查字符串是否以指定子字符串开头。若是，则返回 True；否则返回 False。如果设置开始和结束位置下标，则在指定范围内检查
isalpha()	如果字符串中至少有一个字符并且所有字符都是字母，则返回 True；否则返回 False
isdigit()	如果字符串只包含数字字符，则返回 True；否则返回 False
isalnum()	如果字符串至少有一个字符并且所有字符都是字母或数字，则返回 True ；否则返回 False
isspace()	如果字符串中只包含空白字符，则返回 True；否则返回 False

6.2.2　字符串的操作方法

1. 字符串的查找

1) find()与 rfind()

find()方法用于查找字符串中是否包含指定的子字符串。若包含，则返回子字符串首次出现的索引位置；否则返回-1。find()方法的语法格式如下。

```
string.find(sub[,start[,end]])
```

参数说明如下。

- sub：指定要查找的子字符串。
- start：开始索引，默认为 0。
- cnd：结束索引，默认为字符串的长度。

示例代码如程序段 P6.6 所示。

```
P6.6 字符串查找
string = "python.apollo.cn"
n1 = string.find('.')                    # 首次出现 "." 的位置
n2 = string.find('.',7)                  # 起始索引 7
n3 = string.find('.',7,-3)               # 起始索引 7，结束索引-3
n4 = string.rfind('.')                   # 从字符串右侧开始检索
print(n1,n2,n3,n4)
```

运行代码，输出结果如下。

```
6    13    -1    13
```

2) index()与 rindex()

index()方法也可以用于检索是否包含指定的子字符串，与 find()方法的区别在于，当指定的子字符串不存在时，index()方法会抛出异常。index()方法的语法格式如下。

```
string.index(sub[,start[,end]])
```

参数说明如下。

- sub：表示要检索的子字符串。
- start：表示检索的起始位置，如果不指定，默认从头开始检索。
- end：表示检索的结束位置，如果不指定，默认一直检索到结尾。

示例代码如程序段 P6.7 所示。

```
P6.7 字符串索引
string = "python.apollo.cn"
n1 = string.index('.')                   # 首次出现 "." 的位置
n2 = string.index('.',7)                 # 起始索引 7
n3 = string.index('.',7,-1)              # 起始索引 7，结束索引-3
n4 = string.rindex('.')                  # 从字符串右侧开始检索
print(n1,n2,n3,n4)
```

运行代码，输出结果如下。

```
6   13   13   13
```

3）count()

count()方法用于检索指定的字符串在另一字符串中出现的次数。如果检索的字符串不存在，则返回 0；否则返回出现的次数。count()方法的语法格式如下。

```
string.count(sub[,start[,end]])
```

参数说明如下。

- sub：表示要检索的字符串。
- start：指定检索的起始位置，如果不指定，默认从头开始检索。
- end：指定检索的结束位置，如果不指定，默认一直检索到结尾。

示例代码如程序段 P6.8 所示。

```
P6.8 字符统计
string = "python.apollo.cn"
n1 = string.count('o')        # 出现 "o" 的次数
n2 = string.count('o',5)      # 起始索引 5
n3 = string.count('o',5,-4)   # 起始索引 5，结束索引-4
print(n1,n2,n3)
```

运行代码，输出结果如下。

```
3   2   1
```

2. 字符串的修改

1）replace()

replace()方法用于将当前字符串中的指定子串替换成新的子串，并返回替换后的新字符串。replace()方法的语法格式如下。

```
string.replace(old, new[, count])
```

参数说明如下。

- old：被替换的旧子串。
- new：替换旧子串的新子串。
- count：表示替换旧字符串的次数，默认全部替换。

2）split()

split()方法用于将一个字符串按照指定的分隔符切分成多个子串，这些子串会被保存到列表中(不包含分隔符)，作为方法的返回值反馈回来。split()方法的语法格式如下。

```
string.split(sep,maxsplit)
```

参数说明如下。

- sep：分隔符，默认为空格符。
- maxsplit：分隔次数，默认值为-1，表示不限制分隔次数。

3) join()

join()方法用于将列表(或元组)中包含的多个字符串连接成一个字符串。它是 split()方法的逆方法。join()方法的语法格式如下。

new string = string.join(iterable)

参数说明如下。

- string：用于指定合并时的分隔符。
- iterable：做合并操作的源字符串数据，允许以列表、元组等形式提供。

4) capitalize()

capitalize()方法用于将字符串的第一个字母转换为大写，将其他字母转换为小写，该方法返回一个首字母大写的字符串，语法格式如下。

string.capitalize()

5) title()

title()方法返回"标题化"的字符串，即所有单词的首字母都大写，其余字母均为小写，语法格式如下。

string.title()

6) upper()

upper()方法用于将字符串中的小写字母转换为大写字母，返回小写字母转换为大写字母的字符串，语法格式如下。

string.upper()

7) lower()

lower()方法用于将字符串中的小写字母转换为大写字母，返回小写字母转换为大写字母的字符串，语法格式如下。

string.lower()

字符串修改的示例代码如程序段 P6.9 所示。

```
P6.9 字符串修改
sr = 'hello ahu code,hello python'
sr1 = sr.replace('hello','HELLO',1)
print(sr1)
sr2 = sr1.split()
print(sr2)
sr3 = ' '.join(sr2)
print(sr3)
sr4 = sr3.lower()
print(sr4)
sr5 = sr4.capitalize()
print(sr5)
sr6 = sr5.title()
print(sr6)
sr7 = sr6.upper()
print(sr7)
```

运行代码，输出结果如下。

```
HELLO ahu code,hello python
['HELLO', 'ahu', 'code,hello', 'python']
HELLO ahu code,hello python
hello ahu code,hello python
Hello ahu code,hello python
Hello Ahu Code,Hello Python
HELLO AHU CODE,HELLO PYTHON
```

3. 删除字符串的空白

1) strip()

strip()方法用于删除字符串首尾指定的字符，语法格式如下。

```
string.strip([chars])
```

参数说明如下。

chars：删除字符串首尾指定的字符(默认为空格)。

2) lstrip()

lstrip()方法用于删除字符串左侧指定的字符，返回的是一个新字符串，语法格式如下。

```
string.lstrip([chars])
```

参数说明如下。

chars：指定删除的字符(默认为空格)。

3) rstrip()

rstrip()方法用于删除字符串右侧的指定字符，默认删除字符串右侧的空白字符，返回的是一个新的字符串，语法格式如下。

```
str.rstrip([chars])
```

参数说明如下。

chars：指定删除的字符(默认为空格)。

删除指定字符的示例代码如程序段 P6.10 所示。

```
P6.10  字符串的删除
sr ='xxxyyy hello ahu code,hello python zzxx'
sr1 = sr.strip('x')
print(sr1)
sr2 = sr1.lstrip('y')
print(sr2)
sr3 = sr2.rstrip('z')
print(sr3)
sr4 = sr3.strip()
print(sr4)
```

运行代码，输出结果如下。

```
yyy hello ahu code,hello python zz
hello ahu code,hello python zz
```

hello ahu code,hello python
hello ahu code,hello python

4. 字符串的对齐

1) ljust()

ljust()方法用于返回一个原字符串左对齐，并使用空格填充至指定长度的新字符串。如果指定的长度小于原字符串的长度，则返回原字符串。ljust()方法的语法格式如下。

```
string.ljust(width[,fillchar])
```

参数说明如下。
- width：指定字符串长度。
- fillchar：填充字符，默认为空格。

2) rjust()

rjust()方法用于返回一个原字符串右对齐，并使用空格填充至指定长度的新字符串。如果指定的长度小于字符串的长度，则返回原字符串。rjust()方法的语法格式如下。

```
string.rjust(width[,fillchar])
```

3) center()

center()方法用于返回一个宽度为 width，原字符串居中，并以 fillchar(默认为空格)填充左右两边的字符串。center()方法的语法格式如下。

```
string.center(width[,fillchar])
```

字符串对齐的示例代码如程序段 P6.11 所示。

```
P6.11  字符串对齐
sr ='ahu code,hello python'
print(sr.ljust(40,'*'))
print(sr.rjust(40,'$'))
print(sr.center(40,'%'))
```

运行代码，输出结果如下。

```
ahu code,hello python******************
$$$$$$$$$$$$$$$$$$$ahu code,hello python
%%%%%%%%%ahu code,hello python%%%%%%%%%%
```

5. 字符串的判断

1) startswith()与 endswith()

startswith()方法用于检查字符串是否以指定子字符串开头。如果是，则返回 True；否则返回 False。如果参数 start 和 end 为指定值，则在指定范围内检查。startswith()方法的语法格式如下。

```
string.startswith(prefix[,start[,end]])
```

参数说明如下。
- prefix：检测的字符串。
- start：可选参数，用于设置字符串检测的起始位置。
- end：可选参数，用于设置字符串检测的结束位置。

endswith()方法与 startswith()方法的语法格式一样，只是检测结尾字符串。

2) isalpha()

如果字符串中至少有一个字符并且所有字符都是字母，则返回 True；否则返回 False。isalpha()
方法的语法格式如下。

```
string.isalpha()
```

3) isdigit()

isdigit()方法用于检查字符串中是否只包含数字字符。若字符串中只包含数字字符，则返回
True；否则返回 False。isdigit()方法的语法格式如下。

```
string.isdigit()
```

4) isalnum()

如果字符串中至少有一个字符并且所有字符都是字母或数字，则返回 True；否则返回 False。
isalnum()方法的语法格式如下。

```
string.isalnum()
```

5) isspace()

isspace()方法用于检查字符串是否只包含空白字符，语法格式如下。

```
string.isspace()
```

字符串判断的示例代码如程序段 P6.12 所示。

```
P6.12 字符串判断
sr ='ahu code,hello python'
print(sr.startswith('ahu'),sr.endswith('python'))
print(sr.isalpha(),sr.isdigit(),sr.isalnum(),sr.isspace())
```

运行代码，输出结果如下。

```
True True
False False False False
```

6.3 列表

Python 利用内存中的一段连续空间存储列表。列表是 Python 中最灵活的序列类型，它没有
长度的限制，可以包含任意元素。开发人员可以自由地对列表中的元素进行各种操作，包括访
问、添加、排序、删除。列表的常用操作方法如表 6-3 所示。

表6-3 列表的常用操作方法

方法名	功能描述
添加	
insert()	按照索引将新元素插入列表的指定位置
append()	在列表的末尾添加一个元素
extend()	在列表末尾一次性添加另一个列表中的所有元素

(续表)

方法名	功能描述
排序	
sort()	列表中索引元素默认按照从小到大的顺序进行排列，可以指定 reverse=Ture，进行降序排列
reverse()	用于逆置列表，即把原列表中的元素从右至左依次排列存放
删除	
remove()	一次删除一个元素，若元素重复则只删除第一个，若元素不存在则抛出 ValueError
pop()	删除一个指定索引位置上的元素。若指定索引不存在，则抛出 IndexError；若不指定索引，则删除列表中最后一个元素
clear()	清空列表

6.3.1　列表推导式

1. 一般列表推导式

列表推导式是符合 Python 语法规则的复合表达式，它能以快捷的方式根据已有的可迭代对象构建满足特定需求的列表。由于列表使用[ ]创建，列表推导式用于生成列表，因此列表推导式被放在[ ]中。一般列表推导式的语法格式如下。

```
[expression for item in iterable if condition ]
```

或：

```
[expression1 if condition else expression2 for item in iterable]
```

参数说明如下。

- iterable：可迭代对象。
- item：迭代变量，可迭代对象中的数据。
- condition：条件表达式。
- expression：依据条件选择迭代变量数据，根据迭代变量数据计算列表元素数值的表达式。
- expression1：依据条件选择的表达式 1，根据迭代变量数据计算列表元素数值的表达式 1。
- expression2：依据条件选择的表达式 2，根据迭代变量数据计算列表元素数值的表达式 2。

示例代码如程序段 P6.13 所示。

```
P6.13 列表推导式
ls1 = [x for x in range(1,5)]                    # 基本列表推导式
print(ls1)
ls2 = [i*2 for i in range(1,10) if i%2==0]       # 带 if，选择迭代变量
print(ls2)
ls3 = [i+1 if i%2==0 else i*2 for i in (1,2,3,4)] # 带 if，选择表达式
print(ls3)
```

运行代码，输出结果如下。

```
[1, 2, 3, 4]
[4, 8, 12, 16]
[2, 3, 6, 5]
```

以上代码演示了基本列表推导式和带 if 条件语句的列表推导式。还可以结合 if 条件语句或嵌套 for 循环语句生成更灵活的列表。

2. for 循环嵌套列表推导式

在基本列表推导式的 for 语句之后添加一个 for 语句，就实现了列表推导式的循环嵌套，嵌套 for 循环语句的列表推导式的语法格式如下。

```
[expression for item1 in iterable1 for item2 in iterable2]
```

上式中，for 语句按从左至右的顺序分别是外层循环和内层循环。利用此格式可以根据两个列表快速生成一个新的列表。示例代码如程序段 P6.14 所示。

```
P6.14  for 循环嵌套列表推导式
ls1 = [1,2,3]
ls2 = [3,4,5]
ls3 = [x+y for x in ls1 for y in ls2]
print(ls3)
```

运行代码，输出结果如下。

```
[4, 5, 6, 5, 6, 7, 6, 7, 8]
```

3. if 语句和 for 循环嵌套列表推导式

列表推导式中嵌套的 for 循环可以有多个，每个循环也都可以与 if 语句连用，其语法格式如下。

```
[expression for n1 in iterable1 [if condition1]
            for n2 in iterable2 [if condition2]
            ...
            for nn in iterablen [if conditionn]]
```

此种格式比较复杂，应用不多，本书中仅进行简单介绍，有兴趣的读者可自行研究。

6.3.2 列表的操作方法

1. 列表的添加

1) append()

append()方法用于在列表末尾添加新的元素，语法格式如下。

```
list.append(obj)
```

其中，list 表示列表，obj 表示添加到列表末尾的对象。

2) extend()

extend()方法用于在列表末尾一次性添加另一个列表中的所有元素，即使用新列表扩展原来的列表，语法格式如下。

```
list.extend(seq)
```

其中，list 表示列表，seq 表示添加到列表末尾的序列。

3) insert()

insert()方法用于按照索引将新元素插入列表的指定位置,语法格式如下。

list.insert(index,obj)

其中, llst 表示列表,index 表示插入的索引位置,obj 表示插入列表中的对象。示例代码如程序段 P6.15 所示。

```
P6.15  添加列表
ls = [1,2,3]
ls.append(5)
print(ls)
ls.extend([7,8])
print(ls)
ls.insert(3,4)
print(ls)
```

运行代码,输出结果如下。

```
[1, 2, 3, 5]
[1, 2, 3, 5, 7, 8]
[1, 2, 3, 4, 5, 7, 8]
```

2. 列表的排序

1) sort()

sort()方法用于将列表中的元素进行排序(默认为升序),语法格式如下。

list.sort([key=None])[,reverse=False])

其中,list 表示列表;key 为可选参数,用于指定排序规则,该参数可以是列表支持的函数,默认值为 None,如果指定了该参数,则会使用该参数的方法进行排序;reverse 也是一个可选参数,表示是否降序排序,缺省时为 False,表示升序排列。使用 sort()方法对列表元素排序后,有序的元素会覆盖原来的列表元素,不产生新列表。

2) reverse()

reverse()方法用于逆置列表,将列表中的元素反向存放,即把原列表中的元素从右至左依次排列存放。reverse()方法的语法格式如下。

list.reverse()

示例代码如程序段 P6.16 所示。

```
P6.16  列表排序
ls = [9,6,3,12,15]
ls.sort()
print(ls)
ls.reverse()
print(ls)
```

运行代码,输出结果如下。

```
[3, 6, 9, 12, 15]
[15, 12, 9, 6, 3]
```

3. 列表的删除

1) remove()

remove()方法用于删除列表中的某个元素，若列表中有多个匹配的元素，则remove()只删除匹配到的第一个元素，语法格式如下。

```
list.remove(obj)
```

remove()方法只能删除列表中某个值的第一个匹配项，如果要删除所有匹配的元素就需要搭配循环语句实现。

2) pop()

pop()方法用于根据索引删除列表中的元素，并返回该元素的值，语法格式如下。

```
list.pop([index])
```

其中，list 表示列表；index 表示删除列表元素的索引值，为可选参数，缺省时为-1，表示删除列表中的最后一个元素。

3) clear()

clear()方法用于清空列表，语法格式如下。

```
list.clear()
```

示例代码如程序段 P6.17 所示。

```
P6.17 列表的删除
ls = [9,6,3,12,15]
ls.remove(6)
print(ls)
ls.pop(1)
print(ls)
ls.pop()
print(ls)
ls.clear()
print(ls)
```

运行代码，输出结果如下。

```
[9, 3, 12, 15]
[9, 12, 15]
[9, 12]
[]
```

6.4 元组

6.4.1 元组概述

元组是不可变数据类型，元组中的元素不能被修改。元组不支持添加元素、删除元素和排序操作。因此，它只能使用序列数据类型通用的统计函数进行操作。

6.4.2　元组推导式

元组推导式可以利用区间、元组、列表、字典和集合等数据类型，快速生成一个满足指定需求的元组，语法格式如下。

> (expression for item in iterable if condition)

或：

> (expression1 if condition else expression2 for item in iterable)

参数说明如下。

- iterable：可迭代对象。
- item：迭代变量，可迭代对象中的数据。
- condition：条件表达式。
- expression：依据条件选择迭代变量数据，根据迭代变量数据计算列表元素数值的表达式。
- expression1：依据条件选择的表达式 1，根据迭代变量数据计算列表元素数值的表达式 1。
- expression2：依据条件选择的表达式 2，根据迭代变量数据计算列表元素数值的表达式 2。

示例代码如程序段 P6.18 所示。

```
P6.18 元组推导式生成元组
tp1 = (i*2 for i in range(1,10) if i%2==0)
print(tp1)
print(tuple(tp1))
tp2 = (i+1 if i%2==0 else i*2 for i in [1,2,3,4])
print(tp2)
print(tuple(tp2))
```

运行代码，输出结果如下。

```
<generator object <genexpr> at 0x000001437E20EAC0>
(4, 8, 12, 16)
<generator object <genexpr> at 0x000001437E2315F0>
(2, 3, 6, 5)
```

由输出结果可知，元组推导式返回的结果是一个生成器对象。

6.5　集合

Python 的集合(set)本身是可变类型，但 Python 要求放入集合中的元素必须是不可变类型。集合类型与列表和元组的区别在于：集合中的元素无序但必须唯一。集合的常用操作方法如表 6-4 所示。

表 6-4　集合的常用操作方法

方法名	功能描述
添加	
add()	向集合末尾添加元素
update()	将可迭代的元素添加到集合中

(续表)

方法名	功能描述
访问	
pop()	取出最上面的元素赋值给变量
复制	
copy()	复制一个集合
运算	
intersection()	集合交集
intersection_update()	集合交集并更新第一个集合
union()	集合并集
difference()	集合差集
difference_update()	集合差集并更新第一个集合
symmetric_difference()	集合余集
symmetric_difference_update()	集合余集并更新第一个集合
判断	
isdisjoint()	判断两个集合是否没有交集
issubset()	判断一个集合是否为另一个集合的子集
issuperset()	判断一个集合是否为另一个集合的父集
删除	
remove()	删除指定元素
discard()	删除指定元素
clear()	清空集合

6.5.1 集合推导式

集合也可以利用推导式创建，集合推导式的格式与列表推导式相似，区别在于集合推导式外侧为花括号，语法格式如下。

{expression for item in iterable if condition}

或：

{expression1 if condition else expression2 for item in iterable}

参数说明如下。

- iterable：可迭代对象。
- item：迭代变量，可迭代对象中的数据。
- condition：条件表达式。
- expression：依据条件选择迭代变量数据，根据迭代变量数据计算列表元素数值的表达式。
- expression1：依据条件选择的表达式1，根据迭代变量数据计算列表元素数值的表达式1。
- expression2：依据条件选择的表达式2，根据迭代变量数据计算列表元素数值的表达式2。

示例代码如程序段 P6.19 所示。

```
P6.19 集合推导式
st1 = {i*2 for i in range(1,10) if i%2==0}
print(st1)
st2 = {i+1 if i%2==0 else i*2 for i in [1,2,3,4]}
print(st2)
```

运行代码，输出结果如下。

```
{8, 16, 4, 12}
{2, 3, 5, 6}
```

集合推导式的更多格式可通过列表推导式类比，此处不再赘述。

6.5.2　集合的操作方法

1. 集合的添加、访问与复制

1) add()

add()方法用于向集合末尾添加元素，语法格式如下。

```
set.add()
```

通过 add()方法可以向集合中添加数字、字符串、元组或布尔类型的值等。

2) update()

update()方法用于将可迭代的元素添加到集合中，语法格式如下。

```
set.update(element)
```

通过 update()方法可以将列表或集合中的元素添加到 set 集合中。

3) pop()

pop()方法用于取出最上面的元素赋值给变量，语法格式如下。

```
a = set.pop()
```

上式表示从 set 中取出一个元素并赋值给 a。

4) copy()

copy()方法用于复制生成一个新集合，语法格式如下。

```
set2 = set1.copy()
```

上式表示拷贝 set1 集合赋值给 set2。

示例代码如程序段 P6.20 所示。

```
P6.20 集合的添加、访问与复制
st = {1,2,3}
st.add(4)
print(st)
st.update([5,6])
print(st)
a=st.pop()
```

```
print(a,st)
st1=st.copy()
print(st1)
```

运行代码，输出结果如下。

```
{1, 2, 3, 4}
{1, 2, 3, 4, 5, 6}
1 {2, 3, 4, 5, 6}
{2, 3, 4, 5, 6}
```

2. 集合的运算

1) intersection()与 intersection_update()

两个方法都用于计算集合的交集，语法格式如下。

```
set3 = set1.intersection(set2)  与  set1.intersection_update(set2)
```

第一个方法表示取 set1 与 set2 的交集赋给 set3，原集合不变；第二个方法表示取 set1 与 set2 的交集赋给 set1。

2) union()

union()方法用于计算集合并集，语法格式如下。

```
set3 = set1.union(set2)
```

上式表示取 set1 和 set2 的并集，赋给 set3。

3) difference()与 difference_update()

两个方法都用于计算集合的差集，语法格式如下。

```
set3 = set1.difference(set2)  与  set1.difference_update(set2)
```

第一个方法表示将 set1 中有而 set2 中没有的元素赋给 set3；第二个方法表示从 set1 中删除与 set2 相同的元素。

4) symmetric_difference()与 symmetric_difference_update()

两个方法都用于计算集合的对称差，语法格式如下。

```
set3 = set1.symmetric_difference(set2)  与  set1.symmetric_difference_update(set2)
```

第一个方法表示取 set1 和 set2 中互不相同的元素赋给 set3；第二个方法表示取 set1 和 set2 中互不相同的元素赋给 set1。

示例代码如程序段 P6.21 所示。

```
P6.21 集合的运算
set1 = {1,2,3,4}
set2 = {3,4,5,6}
set3 = set1.intersection(set2)              # 交集
print(set3)
set4 = set1.union(set2)                     # 并集
print(set4)
set5 = set1.symmetric_difference(set2)      # 对称差集 set1 和 set2 互不相同的元素
print(set5)
```

```
set6 = set1.difference(set2)              # 差集 set1 中有而 set2 中没有
print(set6)
set1.intersection_update(set2)           # 交集赋值给 set1
print(set1)
set1.symmetric_difference_update(set2)   # 对称差集赋值给 set1
print(set1)
```

运行代码，输出结果如下。

```
{3, 4}
{1, 2, 3, 4, 5, 6}
{1, 2, 5, 6}
{1, 2}
{3, 4}
{5, 6}
```

3. 集合的判断

1) isdisjoint()

isdisjoint()方法用于判断两个集合是否没有交集，语法格式如下。

```
set1.isdisjoint(set2)
```

上式用于判断 set1 和 set2 是否没有交集，若有交集则返回 False，否则返回 True。

2) issubset()

issubset()方法用于判断一个集合是否为另一个集合的子集，语法格式如下。

```
set1.issubset(set2)
```

上式用于判断 set1 是否为 set2 的子集，若是则返回 True，否则返回 False。

3) issuperset()

issuperset()方法用于判断一个集合是否为另一个集合的父集，语法格式如下。

```
set1.issuperset(set2)
```

上式用于判断 set1 是否为 set2 的父集，若是则返回 True，否则返回 False。

示例代码如程序段 P6.22 所示。

```
P6.22 集合的判断
set1 = {1,2,3,4}
set2 = {3,4,5,6}
print(set1.isdisjoint(set2))
print(set1.issubset(set2))
print(set1.issuperset(set2))
set3 = {1,2,3,4,5,6}
print(set1.issubset(set3))
print(set3.issuperset(set2))
```

运行代码，输出结果如下。

```
False
False
False
```

```
True
True
```

4. 集合的删除

1) remove()

remove()方法用于删除指定的元素，语法格式如下。

```
set.remove(element)
```

上式表示删除 set 集合中的 element 元素。

2) discard()

discard()方法也用于删除指定的元素，语法格式如下。

```
set.discard(element)
```

上式表示删除 set 集合中的 element 元素。

3) clear()

clear()方法用于清空整个集合，语法格式如下。

```
set.clear()
```

上式表示清空 set 集合中的所有元素。

示例代码如程序段 P6.23 所示。

```
P6.23  集合的删除
st = {1,2,3,4,5}
st.remove(4)
print(st)
st.discard(2)
print(st)
st.clear()
print(st)
```

运行代码，输出结果如下。

```
{1, 2, 3, 5}
{1, 3, 5}
set()
```

6.5.3 frozenset 集合

frozenset 集合是不可变序列，程序不能改变序列中的元素。set 集合是可变序列，程序可以改变序列中的元素。set 集合中所有能改变集合本身的方法，如 remove()、discard()、add() 等，frozenset 都不支持；set 集合中不改变集合本身的方法，frozenset 都支持。

可以在交互式编程环境中输入 dir(frozenset)查看 frozenset 集合支持的方法，frozenset 集合的方法和 set 集合中同名方法的功能是一样的。

fronzenset 集合主要在以下两种情况下使用。

(1) 当集合的元素不需要改变时，可以使用 fronzenset 替代 set，这样更加安全。

(2) 有时候程序要求必须是不可变对象，此时也要使用 fronzenset 替代 set。例如，字典(dict)

的键(key)就要求是不可变对象。

示例代码如程序段 P6.24 所示。

```
P6.24  frozenset 集合
st = {1,2,3}
fst = frozenset([5,6])
st.add(fst)
print(st)
st1={7,8}
st.add(st1)
print(st)
```

运行代码，输出结果如下。

```
{frozenset({5, 6}), 1, 2, 3}
Traceback (most recent call last):
    File "D:/x.py", line 6, in <module>
        st.add(st1)
TypeError: unhashable type: 'set'
```

set 集合本身的元素必须是不可变的，因此，set 的元素不能是 set，只能是 frozenset。第 3
行代码向 set 中添加 frozenset 是可以的，因为 frozenset 是不可变的；但是，第 6 行代码中尝试
向 set 中添加 set，这是不允许的，因为 set 是可变的，程序会报错。

6.6　字典

Python 中的字典是典型的映射类型。Python 字典是一种可变容器模型，且可存储任意类型
对象，如字符串、数字、元组等其他容器模型。字典的常用操作方法如表 6-5 所示。

表 6-5　字典的常用操作方法

方法名	功能描述
创建	
fromkeys()	创建一个新字典，以序列的元素做字典的键，value 为字典所有键对应的初始值
访问	
get()	获取指定键对应的值。当指定的键不存在时，get()返回空值 None
keys()	用于返回字典中的所有键(key)
values()	用于返回字典中所有键对应的值(value)
items()	用于返回字典中所有的键值对(key-value)
修改	
setdefault()	如果键不存在于字典中，将会添加键并将值设为默认值。如果存在，则返回该键的值
update()	将作为参数的字典中的元素添加到另一个字典中
复制	
copy()	返回一个字典浅拷贝的副本

(续表)

方法名	功能描述
删除	
pop()	删除字典中的某个键对应的项
popitem()	删除字典中的最后一对键和值
clear()	清除字典中的所有元素，得到的是空的字典

6.6.1 字典推导式

字典推导式是一种用于创建字典的快捷方式，其语法结构是用花括号包围两部分内容：第一部分内容为所需要提取和赋值的键值对；第二部分内容是循环语句和逻辑分支语句(没有可不写)。字典推导式的语法格式如下。

```
{key_exp:value_exp for key[,value] in iterable if condition}
```

或：

```
{key_exp:value_exp1 if condition else value_exp2 for key[,value] in iterable}
```

参数说明如下。

- iterable：可迭代对象。
- key：迭代变量，可迭代对象中的数据。
- value：迭代变量，可迭代对象中的数据。
- condition：条件表达式。
- key_exp：根据 condition 选择 for 循环遍历的迭代变量 key 计算字典键的表达式。
- value_exp：根据 condition 选择 for 循环遍历的迭代变量 value 计算字典值的表达式。
- value_exp1：根据 condition 选择的利用 for 循环遍历数据计算字典值的表达式一。
- value_exp2：根据 condition 选择的利用 for 循环遍历数据计算字典值的表达式二。

示例代码如程序段 P6.25 所示。

```
P6.25  字典推导式
dc1 = {i:i**2 for i in range(1,10) if i%2==1}        #  i 为奇数
print(dc1)
dc2 = {i:i**2 if i%2==1 else i*2 for i in range(1,6)}  #  i 为奇数选择 i**2，否则选择 i*2
print(dc2)
l1 = [1,2,3,4,5]
l2 = [10,20,30,40,50]
iterable = zip(l1,l2)                                 #  zip()打包
dc3 = {k*2:v*2 for k,v in iterable}
print(dc3)
dc4 = {k*2:v*2 for k,v in iterable if k%2==0}         #  zip()打包只能遍历一次
print(dc4)                                            #  所以，输出空字典
dc5 = {k*2:v*2 for k,v in zip(l1,l2) if k%2==0}       #  zip()重新打包。k 为偶数
print(dc5)
```

运行代码，输出结果如下。

```
{1: 1, 3: 9, 5: 25, 7: 49, 9: 81}
{1: 1, 2: 4, 3: 9, 4: 8, 5: 25}
{2: 20, 4: 40, 6: 60, 8: 80, 10: 100}
{}
{4: 40, 8: 80}
```

字典推导式在很多场景下都非常有用。例如，从字符串提取数据构建字典，示例代码如程序段 P6.26 所示。

```
P6.26 从字符串提取字典
strings = "k1=1/k2=2/k3=3/k4=4/k5=5"
dc1 = {string.split("=")[0]:string.split("=")[1] for string in strings.split("/")}
print(dc1)
```

运行代码，输出结果如下。

```
{'k1': '1', 'k2': '2', 'k3': '3', 'k4': '4', 'k5': '5'}
```

字典推导式也支持 if 语句和 for 循环嵌套语句，应用时再深入学习即可。

6.6.2 字典的操作方法

1. 字典的创建

在 Python 中，可以使用字典类型提供的 fromkeys()方法创建带有默认值的字典，语法格式如下。

```
dictname = dict.fromkeys(list, value=None)
```

其中，list 表示字典中所有键的列表；value 表示默认值，如果不写，则为空值 None。示例代码如程序段 P6.27 所示。

```
P6.27 用 fromkeys()创建字典
course = ['语文', '数学', '英语']
scores = dict.fromkeys(course, 60)
print(scores)
```

运行代码，输出结果如下。

```
{'语文': 60, '英语': 60, '数学': 60}
```

可以看到，course 列表中的元素全部作为了 scores 字典的键，而各个键对应的值都是 60。这种创建方式通常用于初始化字典，设置 value 的默认值。

2. 字典的访问

1) get()
get()方法用于访问字典的值，语法格式如下。

```
dict.get(key[,default=None])
```

通过查找 key 键，返回其值；参数 default 用于设定返回的默认值，当访问的 key 不在字典中时，就返回 default 的值，默认返回 None。

2) keys()

keys()方法的语法格式如下。

dict.keys()

返回字典的所有键组成的一个视图对象，注意不是返回一个列表，该对象不支持下标的索引，如果需要则可以用 list 函数将其转换为列表。

3) values()

values()方法的语法格式如下。

dict.values()

返回字典的所有值组成的一个视图对象，该对象不支持下标的索引，但可以用 for 循环来索引。

4) items()

items()方法的语法格式如下。

dict.items()

返回字典的所有键和值元组组成的集合，也是一个视图对象，可以用 for 循环来索引。

通过字典方法访问字典，示例代码如程序段 P6.28 所示。

```
P6.28 字典的访问
dc={'k1':1,'k2':2,'k3':3,'k4':4}
print(dc.get('k2'))
print(dc.keys())
for key in dc.keys():
    print(key)
print(dc.values())
print(dc.items())
```

运行代码，输出结果如下。

```
2
dict_keys(['k1', 'k2', 'k3', 'k4'])
k1
k2
k3
k4
dict_values([1, 2, 3, 4])
dict_items([('k1', 1), ('k2', 2), ('k3', 3), ('k4', 4)])
```

字典涉及的数据分为键、值和元素(键值对)，get()方法用于根据键从字典中获取对应的值，keys()、values()和 items()方法用于访问字典中的所有键、值和元素。内置方法 keys()、values()、items()的返回值都是可迭代对象，利用循环可以遍历这些对象。

3. 字典的修改

1) update()

update()方法用于添加和修改元素，语法格式如下。

```
dict.update(new_dict)
```

一次可添加多个键值对。若 key 值存在则更新 key 对应的 value；若 key 值不存在则添加 key：value 键值对。

2) setdefault()

setdefault()方法用于添加元素，语法格式如下。

```
dict.setdefault(key:default_value)
```

若 key 值存在，则直接返回对应的 value；若 key 值不存在，则将 key: default_value 键值对添加进字典，default_value 值可省略，默认是 None。

示例代码如程序段 P6.29 所示。

```
P6.29  字典的修改
dc = {'语文': 60, '数学': 60}
dc.update({'语文': 90, '数学': 98})          # 修改值
print(dc)
dc.update({'英语':88})                       # 添加元素
print(dc)
dc1 = dc.setdefault('语文',90)               # 已有键，查询值
print(dc1)
dc2 = dc.setdefault('体育',90)               # 添加元素
print(dc)
```

运行代码，输出结果如下。

```
{'语文': 90, '数学': 98}
{'语文': 90, '数学': 98, '英语': 88}
90
{'语文': 90, '数学': 98, '英语': 88, '体育': 90}
```

4. 字典的复制

copy()方法用于复制字典，语法格式如下。

```
dict.copy()
```

copy()方法可以返回一个内容相同的复制的字典。注意，如果将字典直接用赋值号赋值给一个变量，Python 并不会重新建立一个字典的存储空间，而只是将被赋值的字典的指针同时指向该变量。

示例代码如程序段 P6.30 所示。

```
P6.30  字典的复制
dc = {'语文': 60, '数学': 60}
dc1 = dc
print(id(dc1)==id(dc))                       # 变量赋值方式，字典对象 id 相同
dc2 =dc.copy()                               # 字典复制
print(dc2)
print(id(dc2)==id(dc))                       # 字典对象 id 不同
```

运行代码，输出结果如下。

```
True
{'语文': 60, '数学': 60}
False
```

5. 字典的删除

1) pop()

pop()方法可以根据指定键删除字典中的指定元素，若删除成功，该方法返回目标元素的值。pop()方法的语法格式如下。

```
dict.pop(key)
```

key 为指定键。

2) popitem()

popitem()方法用于移出字典中最后的键值对并返回内容为该键和值的一个元组，当字典为空时，抛出 KeyError。popitem()方法的语法格式如下。

```
dict.popitem()
```

3) clear()

clear()方法用于将字典的全部内容清除，语法格式如下。

```
dict.clear()
```

示例代码如程序段 P6.31 所示。

```
P6.31  字典的删除
dc = {'语文': 95, '数学': 98,'体育':90}
dc.pop('体育')
print(dc)
dc.popitem()
print(dc,dc.clear())
```

运行代码，输出结果如下。

```
{'语文': 95, '数学': 98}
{'语文': 95}    {}
```

6.7 用列表实现人机大战猜拳游戏程序案例

用列表数据类型实现的人机大战猜拳游戏示例程序如代码段 P6.32 所示。

```
P6.32   用列表实现人机大战猜拳游戏程序
import random
handList = ['剪刀','石头','布']
personWinList = [['剪刀','布'],['石头','剪刀'],['布','石头']]
personNumber = int(input("请选择:(剪刀-0；石头-1；布-2) 数字: "))
personChoice = handList[personNumber]
computerNumber = random.randint(0,2)
computerChoice = handList[computerNumber]
if personChoice == computerChoice:
```

```
    print("平局！")
elif [personChoice,computerChoice] in personWinList:
    print("人赢了！")
else:
    print("计算机赢了！")
```

实训与习题

实训

(1) 完成本章 P6.1～P6.32 程序上机练习。

(2) 迭代器的创建训练。参考程序 P6.2～P6.4。

(3) 列表推导式训练。参考程序 P6.13～P6.14。

习题

1. 填空题

(1) 使用内置的_____函数可创建一个列表。

(2) 利用切片实现列表 list 反序输出_____。

(3) 在列表中查找元素时可以使用_____和 in 运算符。

(4) Python 中列表的元素可通过_____和_____两种方式访问。

(5) 如果要从小到大地排序列表的元素，则可以使用_____方法实现。

2. 选择题

(1) 下列方法中，可以对列表元素排序的是(   )。

    A. sort()   B. max()   C. reverse()   D. list()

(2) 下列选项中，字典格式正确的是(   )。

    A. b=[key1:value1,key2:value2]   B. a={key1,value1,key2,value2}

    B. c={key1,value1,key2,value2}   D. d={key1:value1,key2:value2}

(3) 下列方法中可计算字典长度的是(   )。

    A. count()   B. len()   C. max()   D. min()

(4) 下列方法中，默认删除列表最后一个元素的是(   )。

    A. remove()   B. de()   C. pop()   D. extend()

(5) 下面程序的执行结果为(   )。

```
a={'name':' wangming','age':'18'}
b={'age':'16','class':'2}
a.update (b)
print (a)
```

    A. {'name': wangming,'age':'18']

    B. {'name': wangming,'age':'18','age':'16','class':'2'])

    C. {'name': wangming,'age':'16','class':'2')

    D. {'name': wangming,'age':'18','class':'2')

3. 判断题

(1) 列表可以作为字典的"键"。   (   )

(2) 列表只能存储同一类型的数据。   (   )

(3) 列表的长度和内容都是可变的。   (   )

(4) 元组支持增加、删除和修改元素的操作。   (   )

(5) 元组是可变数据类型。   (   )

4. 简答题

(1) 列举 Python 中常用的组合数据类型，简单说明它们的异同。

(2) 简单介绍删除字典元素的几种方式。

(3) 什么是字符串？

(4) 请简述 Python 中格式化字符串的几种方式。

(5) 请简述 Python 中字符串对齐的几种内置方法。

5. 编程题

(1) 已知列表 li_num1 = [6, 5, 2, 9]和 li_num2 = [3,8]，请将这两个列表合并为一个列表，并将合并后的列表中的元素按降序排列。

(2) 编写程序，删除列表 arr=[12,3,62,7,91,67,27,45,6,11]中的所有素数。

(3) 已知元组 tu_num1 = ('p', 'y', 't', ['o', 'n'])，请向元组最后一个列表中的第一个位置添加新元素 "h"。

(4) 已知字符串 str= "skdaskerkjsalkj"，请统计该字符串中各字母出现的次数。

(5) 设定字符串 test_str="02 Python World 03"，去掉 test_str 中两侧的数字和空格后输出。

(6) 已知列表 li_one = [1,2,1,2,3,5,4,3,5,7,8,7,8,9]，编写程序实现删除列表 li_one 中重复数据的功能。

(7) 创建一个学生选课字典，用于记录两名学生的选课信息，学生姓名为键，选择的课程用列表表示，创建完成后输出每个学生的姓名及其选课信息。

(8) 编写程序，检查字符串" I am a student. I am studying python"中是否包含字符串"python"，若包含则替换为"Python"后输出新字符串，否则输出原字符串。

❧ 第 7 章 ❧

函　　数

学习目标：
1. 掌握函数定义与调用的方法
2. 了解函数参数传递的方式
3. 熟悉变量作用域
4. 熟悉递归函数与匿名函数
5. 掌握面向过程编程方法

思政内涵：

在程序设计中，函数是实现功能分解的典范。广大学子要通过函数学习任务分解、分工负责的科学管理思维方法。

7.1　函数定义和调用

7.1.1　定义函数

Python 中使用 def 关键字来定义函数，其语法格式如下。

```
def 函数名 ([参数列表]) :
        ['''文档字符串''']
        函数体
        [return 语句]
```

参数说明如下。

- def 关键字：函数的开始标志。
- 函数名：函数的唯一标识，遵循标识符的命名规则。
- 参数列表：负责接收传入函数中的数据，可以包含一个或多个参数，也可以为空。
- 冒号：函数体的开始标志。
- 文档字符串：由一对三引号包裹的字符串，用于说明函数功能，可以省略。
- 函数体：实现函数功能的具体代码。
- return 语句：返回函数的处理结果给调用方，是函数的结束标志。若函数没有返回值，则可以省略 return 语句。如果函数体中不写 return，则默认返回 None。return 可以返回任何对象。

当 Python 解释器遇到 def 时，就会在内存中创建一块内存块来存储代码信息，即函数对象，然后将内存块的首地址赋给函数名称，实现函数名与函数对象的绑定。然而此时并不会执行代码，因为还没有调用。例如，定义一个计算两个数之和的函数，代码如程序段 P7.1 所示。

```
P7.1 定义无参数函数
def add():
sum = 11 + 22
print(sum)
```

以上定义的 add()函数是一个无参函数，它只能计算 11 和 22 的和，具有很大的局限性。可以定义一个带有两个参数的 add_return()函数，使用该函数的参数接收外界传入的数据，计算任意两个数的和，并通过 return 语句由函数名返回计算结果，示例代码如程序段 P7.2 所示。

```
P7.2 定义有参数函数
def add_return(x,y):
sum = x + y
    return sum
```

除用函数名来绑定函数对象外，还可以用其他变量名来绑定函数(将函数对象赋值给变量)，示例代码如程序段 P7.3 所示。

```
P7.3 用变量名绑定函数对象
add_object = add_return
```

7.1.2 调用函数

函数在定义完成后不会立刻执行，直到被程序调用时才会执行。调用函数的方式非常简单，其语法格式如下。

```
函数名([参数列表])
```

例如，调用 7.1.1 节中定义的 add()、add_return()函数和用变量 add_object 绑定的函数对象，示例代码如程序段 P7.4 所示

```
P7.4 调用函数
add()
s1 = add_return(10,20)
print(s1)
s2 = add_object(10,20)
print(s2)
```

运行代码，输出结果如下。

```
33
30
30
```

实际上，程序在执行"add_return(10,20)"和"add_object(10,20)"时经历了以下 5 个步骤。

(1) 程序在调用函数的位置暂停执行。

(2) 将数据 10 和 20 传递给函数参数。

(3) 执行函数体中的语句。

(4) 执行 return 语句，让函数名返回计算结果

(5) 程序回到暂停处继续执行。

函数对象也有 3 个属性，即类型、id 和值。类型就是函数类型(function 类型)；id 就是函数对象的地址；值就是函数封装的各种数据和代码。但是，利用 print 打印时只会显示函数的 id 地址。查看前面定义的 add()函数的属性，示例代码如程序段 P7.5 所示。

```
P7.5 查看函数对象属性
print(type(add))                          # 输出函数类型
print(add)                                # 输出函数对象的内存地址
print(id(add))                            # 输出函数对象的 id
```

运行代码，输出结果如下(随执行环境而变)。

```
<class 'function'>
<function add at 0x000002D611B227A0>
3118443145120
```

7.1.3　return 返回语句

return 语句用于将函数处理结果返回，或者返回一些其他数据。当 return 被执行时，表示函数调用结束，也就是说 return 语句也可用于结束函数的调用。

如果函数体中不写 return，则默认返回 None。示例代码如程序段 P7.6 所示。

```
P7.6 无 return 语句返回 None
def test():
print(666)
print(test())                             # 先调用 test，再打印出返回值
```

运行代码，输出结果如下。

```
666
None
```

return 可以返回任何对象，如列表对象、range 对象及函数对象本身。示例代码如程序段 P7.7 所示。

```
P7.7 return 语句返回不同对象
def test1():
    return [1, 2, 3, 4]                   # 返回一个列表对象
print(test1())
def test2():
    return test2                          # 返回函数对象本身
print(test2())
print(test2()())
def test3():
    return range(5)                       # 返回一个 range 对象
for item in test3():
    print(item)
```

运行代码，输出结果如下。

```
[1, 2, 3, 4]
<function test2 at 0x000002331B4F28E0>
<function test2 at 0x000002331B4F28E0>
0
1
2
3
4
```

return 可以返回多个对象，对象之间用逗号分隔，这些对象被保存在元组对象中。示例代码如程序段 P7.8 所示。

```
P7.8  return 返回多个对象
def add(x,y,z):
sum=x+y
sub=z-y
return sum,sub
s=add(10,20,30)
print(s)
```

运行代码，输出结果如下。

```
(30, 10)
```

7.2　函数参数传递

定义函数时设置的参数称为形式参数(简称为形参)，调用函数时传入的参数称为实际参数(简称为实参)。函数的参数传递是指实际参数传递给形式参数的过程。函数参数的传递可以分为位置参数传递、关键字参数传递、默认参数传递、打包传递，以及混合传递。

7.2.1　位置、关键字和默认参数的传递

1. 位置参数的传递

函数在被调用时会将实参按照相应的位置依次传递给形参，即将第 1 个实参传递给第 1 个形参，将第 2 个实参传递给第 2 个形参，以此类推。

例如，定义一个获取两个数之间最大值的函数 get_max()，并调用 get_max()函数，示例代码如程序段 P7.9 所示。

```
P7.9 位置参数传递
def get_max(x,y):
    if x>y:
        print(x,"是较大的值！")
    else:
        print(y,"是较大的值！")
get_max(10,20)
```

运行代码，输出结果如下。

20 是较大的值！

以上函数在执行时将第 1 个实参 10 传递给第 1 个形参 x，将第 2 个实参 20 传递给第 2 个形参 y。

2. 关键字参数的传递

当函数的参数数量较多时，开发者很难记住每个参数的作用，按照位置传参是不可取的，此时可以使用关键字参数的方式传参。关键字参数的传递是通过"形参=实参"的形式将实参与形参相关联，将实参按照相应的关键字传递给形参。

例如，定义一个连接网络设备的函数 connect()，调用 connect()函数，按关键字参数的方式传递实参，示例代码如程序段 P7.10 所示。

```
P7.10 关键字参数传递
def connect(ip,port):
    print(f"网址：端口{ip}:{port}链接设备！")
connect(ip="192.168.0.1",port=8000)
```

以上代码执行后将"192.168.0.1"传递给关联的形参 ip，将 8000 传递给关联的形参 port。运行代码，输出结果如下。

网址：端口 192.168.0.1:8000 链接设备！

3. 默认参数的传递

函数在定义时可以指定形参的默认值，因此，在被调用时可以选择是否给带有默认值的形参传值，若没有给带有默认值的形参传值，则直接使用该形参的默认值。

例如，定义一个连接具有指定端口号设备的函数，示例代码如程序段 P7.11 所示。

```
P7.11 默认参数传递
def connect(ip,port=8000):
    print(f"网址：端口{ip}:{port}链接设备！")
connect(ip="192.168.0.1")              # 形参 port 默认为 8000
connect(ip="192.168.0.1",port=8080)    # 8080 传递给形参 port
```

运行代码，输出结果如下。

网址：端口 192.168.0.1:8000 链接设备！
网址：端口 192.168.0.1:8080 链接设备！

7.2.2 参数的打包与解包

函数支持将实参以打包和解包的形式传递给形参。打包和解包的具体介绍如下。

1. 打包

如果函数在定义时无法确定需要接收多少个数据，那么可以在定义函数时为形参添加"*"或"**"。如果在形参的前面加上"*"，那么它可以接收以元组形式打包的多个值；如果在形参的前面加上"**"，那么它可以接收以字典形式打包的多个值。

定义一个形参为*args 的函数 test()，示例代码如程序段 P7.12 所示。

P7.12 定义形参为*args 的函数
```
def test(*args):
    print(args)
test(10,20,30)              # 调用 test 时，多个实参以元组形式打包传递给形参
test(11,22,33,44,55)
```

运行代码，输出结果如下。

```
(10, 20, 30)
(11, 22, 33, 44, 55)
```

由以上运行结果可知，Python 解释器将传给 test()函数的所有值打包成元组后传递给了形参*args。

定义一个形参为**kwargs 的函数 test()，示例代码如程序段 P7.13 所示。

P7.13 定义形参为**kwargs 的函数
```
def test(**kwargs):
    print(kwargs)
test(x=10,y=20)                # 调用 test 时，多个绑定关键字的实参以字典形式打包传递给形参
test(a=11,b=22,c=33,d=44,e=55)
```

运行代码，输出结果如下。

```
{'x': 10, 'y': 20}
{'a': 11, 'b': 22, 'c': 33, 'd': 44, 'e': 55}
```

由以上运行结果可知，Python 解释器将传给 test()函数的所有具有关键字的实参打包成字典后传递给了形参**kwargs。

需要说明的是，虽然函数中添加 "*" 或 "**" 的形参可以是符合命名规范的任意名称，但一般建议使用*args 和**kwargs。若函数没有接收到任何数据，则参数*args 和**kwargs 为空，即它们为空元组或空字典。

2. 解包

如果函数在调用时接收的实参是元组类型的数据，那么可以使用 "*" 将元组拆分成多个值，并将每个值按照位置参数传递的方式赋值给形参；如果函数在调用时接收的实参是字典类型的数据，那么可以使用 "**" 将字典拆分成多个键值对，并将每个值按照关键字参数传递的方式赋值给与键名对应的形参。

定义一个带有 4 个形参的函数 test()，示例代码如程序段 P7.14 所示。

P7.14 用 "*" 对元组参数解包
```
def test(a,b,c,d):
    print(a,b,c,d)
l1 = (11,22,33,44)                          # 定义一个元组
test(*l1)                                    # 调用 test 时，用 "*" 对元组解包
```

运行代码，输出结果如下。

```
11 22 33 44
```

由以上运行结果可知，元组被解包成多个值。

在调用 test()函数时传入一个包含 4 个元素的字典，并使用 "**" 对该字典执行解包操作，

示例代码如程序段 P7.15 所示。

```
P7.15 用 "**" 对字典参数解包
def test(a,b,c,d):
    print(a,b,c,d)
d1 = {"a":11,"b":22,"c":33,"d":44}          # 定义一个字典
test(**d1)                                   # 调用 test 时，用 "**" 对字典解包
```

运行代码，输出结果如下。

```
11 22 33 44
```

由以上运行结果可知，字典被解包成多个值。

7.2.3 混合传递

前面介绍的参数传递的方式在定义函数或调用函数时可以混合使用，但是需要遵循一定的优先级规则，这些方式按优先级从高到低依次为按位置参数传递、按关键字参数传递、按默认参数传递、打包传递。

在定义函数时，带有默认值的参数必须位于普通参数(不带默认值或标识的参数)之后；带有 "*" 标识的参数必须位于带有默认值的参数之后；带有 "**" 标识的参数必须位于带有 "*" 标识的参数之后。

例如，定义一个混合了多种形式的参数的函数，示例代码如程序段 P7.16 所示。

```
P7.16 混合参数传递
def test(a,b,c=33,*args,**kwargs):
print(a,b,c,args,kwargs)
test(1,2)                                    # 调用 test，传入 2 个参数
test(1,2,3)                                  # 调用 test，传入 3 个参数
test(1,2,3,4)                                # 调用 test，传入 4 个参数
test(1,2,3,4,e=5)                            # 调用 test，传入 5 个参数
```

运行代码，输出结果如下。

```
1 2 33 () {}
1 2 3 () {}
1 2 3 (4,) {}
1 2 3 (4,) {'e': 5}
```

test()函数共有 5 个参数，以上代码多次调用 test()函数并传入不同数量的参数，下面结合代码运行结果逐个说明函数调用过程中参数的传递情况。

(1) 第一次调用 test()函数时，该函数接收到实参 1 和实参 2，这两个实参被普通参数 a 和 b 接收；剩余三个形参 c、*args、**kwargs 没有接收到实参，都使用默认值 33、()和{}。

(2) 第二次调用 test()函数时，该函数接收到实参 1～实参 3，前三个实参被普通参数 a、b 及带有默认值的参数 c 接收；剩余两个形参*args 和**kwargs 没有接收到实参，都使用默认值，因此打印的结果为()和{}。

(3) 第三次调用 test()函数时，该函数接收到实参 1～实参 4，前四个实参被形参 a、b、c 和 *args 接收；形参**kwargs 没有接收到任何实参，打印的结果为{}。

(4) 第四次调用 test()函数时，该函数接收到实参 1～实参 4，以及形参 e 关联的实参 5，所有的实参被相应的形参接收。

7.3 变量作用域

变量起作用的范围称为变量的作用域，不同作用域内同名变量之间互不影响。例如，函数内部定义的变量就是局部变量，其作用范围只是这个函数内部，在函数内部该变量可以使用，超出这个函数范围，该变量就无效了。

根据作用域的不同，变量可以分为局部变量和全局变量。下面分别对局部变量和全局变量进行介绍。

7.3.1 全局变量

在函数和类之外声明的变量是全局变量。全局变量的缩进为 0，作用域为定义的模块，从定义位置开始直到模块结束。在函数内部也可以使用全局变量，但只能使用，若要修改全局变量的值，则需要进行声明，这就是全局变量在整个.py 文件中都可以被访问、使用的原因。全局变量会降低函数的通用性和可读性，因此应尽量避免过多地使用全局变量。若要在函数内修改全局变量的值，则可以使用关键字 global 声明。

在函数外定义全局变量，并分别在该函数内外访问全局变量，示例代码如程序段 P7.17 所示。

```
P7.17 定义全局变量，并在函数内外访问
number=10
def test():
    print(number)
test()
print(number)
```

运行代码，输出结果如下。

```
10
10
```

由运行结果可知，程序在执行 test()函数时成功地访问了全局变量 number，并打印了 number 的值；程序在执行完 test()函数后再次访问了全局变量 number，并打印了 number 的值。由此可知，全局变量可以在程序的任意位置被访问。

全局变量在函数内部只能被访问，而无法直接修改。下面对 test()函数进行修改，添加一条为 number 重新赋值的语句，修改后的代码如程序段 P7.18 所示。

```
P7.18 函数内未声明变量
number=10
def test():
    print(number)
    number+=1
test()
print(number)
```

运行代码，输出结果如下。

```
Traceback (most recent call last):
  File "D:/w1.py", line 5, in <module>
    test()
  File "D:/w1.py", line 3, in test
    print(number)
UnboundLocalError: cannot access local variable 'number' where it is not associated with a value
```

运行结果报错，说明程序中使用了未声明的变量 number，这是为什么呢？这是因为函数内部的变量 number 为局部变量，而在执行"number+=1"这行代码之前并未声明局部变量 number。由此可知，在函数内部只能访问全局变量，无法直接修改全局变量。

若要在函数内部修改全局变量的值，则可以使用关键字 global 声明。示例代码如程序段P7.19 所示。

```
P7.19  关键字 global 声明变量
number=10
def test():
global number
print(number)
number+=1
test()
print(number)
```

运行代码，输出结果如下。

```
10
11
```

由结果可知代码能正常运行，说明使用 global 关键字可以在函数中修改全局变量。

7.3.2 局部变量

局部变量是指在函数内部声明的变量(形参变量也是局部变量)，它只能在函数内部被使用，函数执行结束之后局部变量会被释放，此时无法进行访问。局部变量的引用比全局变量快，即在函数或类中操作自身的局部变量比操作外部变量要快。如果局部变量和全局变量同名，当对同名变量进行赋值操作时，则在函数内隐藏全局变量，只使用同名的局部变量。

在函数中定义一个局部变量，并在该函数内访问变量，示例代码如程序段 P7.20 所示。

```
P7.20  函数内定义局部变量
def test():
number=10
print(number)
test()
```

运行代码，输出结果如下。

```
10
```

修改程序段，在函数外访问该变量 number，示例代码如程序段 P7.21 所示。

P7.21 函数外访问函数内变量

```
def test():
number=10
print(number)
test()
print(number)
```

运行代码，输出结果如下。

```
Traceback (most recent call last):
  File "D:/w1.py", line 5, in <module>
    print(number)
NameError: name 'number' is not defined
```

运行结果出现了异常信息，说明函数外部无法访问局部变量。

函数可以嵌套定义，内部函数可以使用外部函数声明的变量，示例代码如程序段 P7.22 所示。

P7.22 内部函数使用外部函数定义的变量

```
def test_out():
number=10
def test_in():
        print(number)
test_in()
print(number)
test_out()
```

运行代码，输出结果如下。

```
10
10
```

修改以上程序，在内部函数中对变量赋值，示例代码如程序段 P7.23 所示。

P7.23 内部函数对外部函数定义的变量赋值

```
def test_out():
number=10
def test_in():
            number =20
test_in()
print(number)
test_out()
```

运行代码，输出结果如下。

```
Traceback (most recent call last):
  File "D:/w1.py", line 8, in <module>
    test_out()
  File "D:/w1.py", line 7, in test_out
    test_in()
  File "D:/w1.py", line 4, in test_in
    print(number)
UnboundLocalError: cannot access local variable 'number' where it is not associated with a value
```

运行结果报错，说明在内部函数中不能修改外部函数声明的变量。

如果在内部函数中要修改外部函数声明的变量，那么在内部函数中就必须用 nonlocal 关键字声明变量，示例代码如程序段 P7.24 所示。

```
P7.24  使用 nonlocal 声明变量
def test_out():
number=10
def test_in():
        nonlocal number
        number =20
test_in()
print(number)
test_out()
```

运行代码，输出结果如下。

```
20
```

从程序的运行结果可以看出，程序在执行 test_in()函数时成功地修改了变量 number，并打印了修改后的 number 的值。

在 Python 程序中使用变量遵循 LEGB 原则，即在程序中搜索变量时所遵循的顺序，该原则中的每个字母指代一种作用域，具体如下。

(1) L(local)：局部作用域。例如，局部变量和形参生效的区域。

(2) E(enclosing)：嵌套作用域。例如，嵌套定义的函数中外层函数声明的变量生效的区域。

(3) G(global)：全局作用域。例如，全局变量生效的区域。

(4) B(built-in)：内置作用域。例如，内置变量生效的区域。

Python 在搜索变量时会按照 "L-E-G-B" 的顺序依次在这 4 个作用域中进行查找，若无法找到变量，程序将抛出异常。

7.4 特殊函数

7.4.1 递归函数

递归(recursion)是一种常见的算法思路，在很多算法中都会用到。递归的基本思想就是 "自己调用自己"，其关键在于什么时候停止调用自己并逐次返回。

递归函数是指自己调用自己的函数，在函数体内部直接或间接地调用自己。每个递归函数都必须包含终止条件和递归步骤。终止条件是指结束递归的条件，一般用于返回值，不再调用自己。递归步骤就是把第 n 步的值和第 $n-1$ 步相关联。需要注意的是，递归函数会创建大量的函数对象，对内存和运算能力有较大的消耗，因此，在处理大量数据时需谨慎使用。

递归函数的一般定义格式如下。

```
def 函数名([参数列表]):
    if 边界条件:
        return 结果
    else:
        return 递推公式
```

递归的经典应用便是求阶乘。在数学中，求正整数 n! (n 的阶乘)，根据 n 的取值可以分为以下两种情况。

(1) 当 n=1 时，所得的结果为 1。

(2) 当 n＞1 时，所得的结果为 n×(n-1)!。

当用递归求解阶乘时，n=1 是边界条件，n×(n-1)! 是递归公式。

编写代码实现 n! 的计算，示例代码如程序段 P7.25 所示。

```
P7.25  n!计算程序
def func(num):
if num==1:
            return 1
else:
            return num*func(num-1)
num=int(input("请输入一个整数: "))
result=func(num)
print("%d!=%d"%(num,result))
```

运行代码，按提示输入整数 3，输出结果如下。

```
请输入一个整数: 3
3!=6
```

func(3)的求解过程如图 7.1 所示。

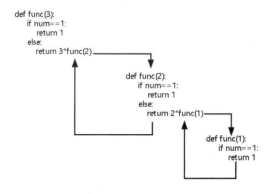

图 7.1　func(3)的求解过程

结合图 7.1 分析 func(3)的求解过程可知：程序将求解 func(3)转换为求解 3^*func(2)，若要得到 func(3)的结果就必须先得到 func(2)的结果；求解 func(2)又会被转换为求解 2^*func(1)，同样地，若要得到 func(2)的结果就必须就先得到 func(1)的结果。以此类推，直到程序开始求解 2^*func(1)，此时触发临界条件，func(1)的值可以直接计算，之后结果开始向上层层传递，直到最终返回 func(3)的位置，求得 3!。

7.4.2　lambda 表达式与匿名函数

lambda 表达式可以用来声明匿名函数。lambda 函数是一种简单的、在同一行中定义函数的方法。lambda 函数实际生成了一个函数对象。lambda 表达式只允许包含一个表达式，不能包含复杂语句，该表达式的计算结果就是函数的返回值。

lambda 表达式的基本语法如下。

```
lambda   args1,args2,args3... : <表达式>
```

其中，args1、args2 和 args3 为函数的参数；<表达式>相当于函数体。运算结果是表达式的运算结果。

定义好的匿名函数不能直接使用，最好使用一个变量保存它，以便后期可以随时使用这个函数。示例代码如程序段 P7.26 所示。

```
P7.26  匿名函数
f = lambda a, b, c: a + b + c
print(f)                                       # 输出变量保存的匿名函数对象
print(f(1, 2, 3))                              # 调用变量保存的匿名函数
```

定义的匿名函数保存在变量 f 中，可以将变量 f 作为匿名函数的临时名称来调用该函数。运行代码，输出结果如下。

```
<function <lambda> at 0x000001F9B4AC27A0>
6
```

lambda 匿名函数适用于简单功能的函数。

7.5 闭包函数

闭包就是嵌套定义的函数在返回的内部函数中，引用了外部函数的局部变量。闭包函数需要满足以下 3 个条件。

(1) 存在于嵌套关系的函数中。

(2) 嵌套的内部函数引用了外部函数的变量。

(3) 嵌套的外部函数会将内部函数名作为返回值返回。

闭包函数的示例代码如程序段 P7.27 所示。

```
P7.27  闭包函数
def fun1():
    local_val = 0
    def fun2():
        nonlocal local_val
        local_val += 1
        return local_val
    return fun2
count=fun1()
for i in range(5):
print("第%s 次调用计数器，记录值为：%s"%(i,count()))
```

运行代码，输出结果如下。

```
第 0 次调用计数器，记录值为：1
第 1 次调用计数器，记录值为：2
```

第 2 次调用计数器，记录值为：3
第 3 次调用计数器，记录值为：4
第 4 次调用计数器，记录值为：5

在该程序段中，内部函数 fun2()引用了外部函数 fun1()的局部变量 local_val，于是 local_val 变量就与 fun2()函数形成了闭包。调用 fun1()函数返回的 count 就是 fun2()函数的引用。在 tor 循环中，在调用 count 时就会触发 fun2()函数的执行，闭包会记住上次执行的结果，因此在循环调用时，local_val 变量会进行累加。

从变量的生命周期的角度来讲，在 fun1()函数执行结束以后，变量 local_val 已经被销毁了。当 fun1()函数执行结束后，会再执行内部的 fun2()函数，由于 fun2()函数中使用了 local_val 变量，因此程序会出现运行错误。然而，程序仍然能正常运行，这是为什么呢？究其原因，是由于函数闭包会记住外层函数的作用域，在 fun2()函数(闭包)中引用了外部函数的 local_val 变量，因此程序是不会释放这个变量的，于是出现了示例程序段的运行结果。

7.6 生成器

生成器(generator)就是生成数据的代码，是一种一边循环一边计算的机制。生成器是一种特殊的迭代器。在 Python 中，有两种类型的生成器：生成器表达式和生成器函数。

7.6.1 生成器表达式

创建生成器表达式的方式很简单，只要把列表生成式的方括号改为圆括号即可。示例代码如下。

```
gen = (x*x for x in range(5))
print(type(gen))
```

输出结果为<class 'generator'>。gen 指向的就是一个生成器对象。

通过 for 循环来迭代生成器，可以输出序列数据，示例代码如程序段 P7.28 所示。

```
P7.28  for 循环遍历生成器
gen = (x*x for x in range(5))
for n in gen:
    print(n)
```

运行代码，输出结果如下。

```
0
1
4
9
16
```

生成器的一个简洁用法是，直接将生成器表达式写到运算表达式的圆括号内。例如，序列数据求和函数 sum()，可以写为 sum(x*x for x in range(10))。运行代码，求和结果为 285。

7.6.2　生成器函数

当生成器表达式无法实现复杂算法时，可以使用生成器函数来实现。如果一个函数内部出现了关键字 yield，那么该函数就是一个生成器函数，调用生成器函数将得到一个生成器，生成器函数的定义和使用的示例代码如程序段 P7.29 所示。

```
P7.29  生成器函数的创建与使用
def gen(n):
    index = 0
    while index < n:
        yield index
        index += 1
generate = gen(5)
print(type(generate))
for i in generate:
    print(i)
```

运行代码，输出结果如下。

```
<class 'generator'>
0
1
2
3
4
```

当运行 generate = gen(5)这行代码时，gen()函数中的代码没有被执行，因为函数中有 yield 关键字，函数已经变成了一个生成器函数，生成器函数在被调用时会返回一个生成器，此时，函数中的代码不会被执行。

for 循环的过程就是执行 next 方法的过程，当生成器的 next 方法被调用时，函数内部的代码才会执行，执行过程中遇到 yield 关键字，就会暂停(挂起)，并将 yield 的参数作为此次 next 方法的返回值。随着 next 方法的执行，函数内的 while 循环终究会有停止的时候，这个时候函数结束了，抛出 StopIteration 异常。生成器每次遇到 yield 暂停执行时，会把函数内的所有变量封存在生成器中，当下一次next方法被执行时，恢复这些变量。生成器函数内部不允许使用return语句返回任何值，因为生成器函数已经默认返回一个生成器了，但是可以写一个 return，后面不带任何值，如果生成器中遇到 return，那么程序会直接抛出 StopIteration 异常，终止迭代。示例代码如程序段 P7.30 所示。

```
P7.30   生成器 while 循环抛出 StopIteration 异常
def gen(n):
    index = 0
    while index < n:
        yield index
        index += 1

g = gen(3)
print(next(g))
print(next(g))
```

```
print(next(g))
print(next(g))
```

运行代码，输出结果如下。

```
0
1
2
Traceback (most recent call last):
    File "D:/x.py", line 11, in <module>
        print(next(g))
StopIteration
```

生成器函数的执行过程就是不断地执行、中断、执行、中断。生成器为延迟计算提供了支持，它只在需要的时候进行计算，从而减少了对内存的使用。

7.7 装饰器

装饰器本质上是一个 Python 函数(其实就是闭包)，装饰器遵守"封闭开放"原则，它可以让其他函数在不需要做任何代码变动的前提下增加额外功能，装饰器的返回值也是一个函数对象。装饰器用于以下场景：插入日志、性能测试、事务处理、缓存、权限校验等。

7.7.1 简单装饰器

装饰器的语法以@开头，一段简单的装饰器代码如程序段 P7.31 所示。

```
P7.31  简单装饰器
def wrapper(fun):                          # 定义装饰器函数
    print('正在装饰')
    def inner():
        print('正在验证权限')
        fun()
    return inner
@wrapper                                   # 函数装饰语句
def test():                                # 被装饰函数
    print('test')
test()
```

运行代码，输出结果如下

```
正在装饰
正在验证权限
test
```

程序结果显示装饰器及函数执行正常，下面分析程序执行过程。

(1) 当程序调用函数 test()时,发现前面有装饰器@wrapper,因此会先执行装饰器。@wrapper 等价于 test=wrapper(test)，分两步执行。

① 执行 wrapper(test)，将函数名 test 作为参数传递给 wrapper()，在调用 wrapper()的过程中，

首先执行 print 语句，输出"正在装饰"，然后将形参指向 test()函数体，最后将 inner 函数对象返回给 wrapper(test)。

② 执行 test=wrapper(test)，把 wrapper(test)返回的函数对象 inner 赋值给 test，此时，test 指向 inner()函数。

(2) 调用 test 指向的函数，因为 test 指向的是 inner()函数，所以此时调用 test 函数对象相当于调用 inner()函数，执行过程如下。

① 指向 print 语句，输出"正在验证权限"。

② 调用 fun 指向的函数体，执行被装饰函数的 print 语句，输出"test"。

7.7.2　多个装饰器

多个装饰器可以应用在一个函数上，它们的调用顺序是自下而上的。示例代码如程序段 P7.32 所示。

```
P7.32 多个装饰器
def wrapper1(fun):
    print('正在装饰 1')
    def inner():
        print('正在验证权限 1')
        fun()
    return inner
def wrapper2(fun):
    print('正在装饰 2')
    def inner():
        print('正在验证权限 2')
        fun()
    return inner
@wrapper1
@wrapper2
def test():
    print('test')
test()
```

运行代码，输出结果如下。

```
正在装饰 2
正在装饰 1
正在验证权限 1
正在验证权限 2
test
```

程序在执行时，首先会执行@wrapper2，再执行@wrapper1。装饰完毕后，先执行 wrapper1(test)返回的函数对象，再执行 wrapper2(test)返回的函数对象。

7.7.3　插入日志

装饰器插入日志是一种面向切面编程(aspect-oriented programming，AOP)的应用。面向切面编程是一种编程思想，是指在运行时、编译时、类和方法加载时，动态地将代码切入类的指定方法、指定位置上。它把横切关注点(cross-cutting concerns)从业务逻辑中抽离出来，并通过切面(aspect)将它们组织起来，从而改善程序的结构和可维护性。

面向切面编程的需求场景较为经典的有插入日志、性能测试、事务处理、缓存、权限校验等。装饰器是解决这类问题的绝佳设计，使用装饰器可以将大量与函数功能本身无关的重复代码提取出来，实现代码的重用。Python 装饰器可以在不改变原来函数功能的前提下，在函数的调用前后添加额外的功能，从而实现面向切面编程的目的。通过装饰器实现插入日志示例代码如程序段 P7.33 所示。

```
P7.33 插入日志功能
from functools import wraps
def logit(logfile='out.log'):                          # 文件名为参数的装饰器
    def logging_decorator(func):
        @wraps(func)
        def wrapped_function(*args, **kwargs):
            log_string = func.__name__ + " was called"
            print(log_string)
            with open(logfile, 'a') as opened_file:    # 打开 logfile，写入内容
                opened_file.write(log_string + '\n')   # 日志写到 logfile
            return func(*args, **kwargs)
        return wrapped_function
    return logging_decorator
@logit()
def myfunc1():
    pass
myfunc1()
```

运行代码，输出 myfunc1 was called，并在当前目录中生成了一个名为 out.log 的日志文件，其中的内容就是上面输出的字符串。面向切面编程实现了插入日志功能。

7.8 内置高阶函数

Python 中的内置高阶函数有 map()、reduce()、filter()、sorted()和 zip()，这些函数可以接收的参数都是函数对象和可迭代对象。下面以 map()和 zip()函数为例进行介绍。

7.8.1 map()函数

map()函数接收一个函数 f 和一个 list，并通过把函数 f 依次作用在 list 的每个元素上，得到一个新的 list 并返回。map()函数的语法格式如下。

map(function, iterable...)

- 参数：function 表示函数；iterable 表示一个或多个序列。
- 返回值：返回迭代器。

示例代码如程序段 P7.34 所示。

P7.34 map()计算
```
def square(x):                           # 平方函数
    return x ** 2
ls = [1,2,3,4,5]
res = map(square,ls)
print(res)                               # 输出可迭代对象
lm = []
for i in res:                            # for 循环提取迭代数据，组成列表
    lm.append(i)
print(lm)
```

运行代码，输出结果如下。

```
<map object at 0x000002534B934040>
[1, 4, 9, 16, 25]
```

7.8.2 zip()函数

zip()函数用于将可迭代的对象作为参数，将对象中对应的元素打包成一个个元组，然后返回由这些元组组成的对象(即对多个序列进行并行迭代)。如果各个迭代器元素个数不一致，zip()函数则在最短序列"用完"时就会停止。zip()函数的语法格式如下。

```
zip([iterable, ...])
```

- 参数：iterable 表示一个或多个可迭代序列，可省略。
- 返回值：返回一个可迭代序列对象。注意，这个可迭代对象只能进行一次迭代遍历，第二次遍历就是空了。

示例代码如程序段 P7.35 所示。

P7.35 zip 打包
```
ls = [1,2,3]
tp = (4,5,6)
zz = zip(ls,tp)                          # 打包
print(zz)                                # 输出可迭代对象
print(list(zz))                          # 转换为列表
dn = {31:2,32:6,33:8}
zzn = zip(ls,dn)                         # 打包
x,y = zip(*zzn)                          # 解包
print(x,y)
dc = {"北京":1000,"纽约":500,"巴黎":200}
zzd = zip(ls,dc)                         # 打包
for i,j in zzd:                          # 遍历迭代
    print(i,j)
```

运行代码，输出结果如下。

```
<zip object at 0x000001D3154B6900>
[(1, 4), (2, 5), (3, 6)]
(1, 2, 3) (31, 32, 33)
1 北京
2 纽约
3 巴黎
```

7.9 面向过程编程案例

7.9.1 面向过程编程思想

程序设计是一个脑力创造过程，程序员在设计程序时只有遵循一定的设计逻辑，才能让程序代码具有可读性和可维护性。从早期的结构化面向过程程序设计逻辑，到现在的面向对象程序设计逻辑，是程序员编写程序的主流方法。

面向过程(procedure oriented)是一种以过程为中心的编程思想，即分析解决问题所需要的步骤，然后用函数把这些步骤一步步实现，在使用时依次调用即可。面向过程实际上是一种非常实用的思考方式，即使是面向对象的方法也包含了面向过程的思想。可以说，面向过程是一种基础的编程方法，它注重实际的实现过程。一般的面向过程是从上往下步步求精，因此，面向过程主要体现了模块化的思想方法。面向对象的方法主要是将事物对象化，对象包括属性与行为，支持丰富的"面向对象"特性(如继承、多态等)，适用于程序规模较大的情况。而当程序规模较小时，面向过程的编程方法会显现优势，因为程序的流程很清楚，按照模块与函数的方法可以很好地进行组织，函数是面向过程编程的基础。

7.9.2 人机大战猜拳游戏面向过程编程

面向过程编程以函数为基础，把各部分功能用函数实现，在主程序中调用各个函数实现整个程序的功能。因此，对于人机大战猜拳游戏，应设计人出拳的函数、计算机出拳的函数、游戏规则判断的函数，以及一个主函数。采用面向过程设计的人机大战猜拳游戏程序如 P7.36 所示。

```
P7.36 采用面向过程设计的人机大战猜拳游戏程序
import random
handList = ['剪刀','石头','布']
personWinList = [['剪刀','布'],['石头','剪刀'],['布','石头']]
def person_choice():
    personNumber = int(input("请选择：(剪刀-0；石头-1；布-2) 数字："))
    personChoice = handList[personNumber]
    return personChoice
def computer_choice():
    computerNumber = random.randint(0,2)
    computerChoice = handList[computerNumber]
    return computerChoice
def hand_game(personChoice,computerChoice):
  if personChoice == computerChoice:
        print("平局！")
  elif [personChoice,computerChoice] in personWinList:
        print("人赢了！")
  else:
        print("计算机赢了！")
def main():
   while True:
      person = person_choice()
      print("人出的拳是：",person)
```

```
        computer = computer_choice()
        print("计算机的拳是：",computer)
        hand_game(person,computer)
main()
```

实训与习题

实训

(1) 完成本章 P7.1～P7.36 程序上机练习。

(2) 求 n!的递归函数编程训练，参考程序 P7.25。

(3) lambda 表达式编程训练，参考程序 P7.26。

习题

1. 填空题

(1) 函数可以有多个参数，参数之间使用＿＿＿＿＿＿分隔。

(2) ＿＿＿＿＿＿是组织好的、实现单一功能或相关联功能的代码段。

(3) 使用＿＿＿＿＿＿语句可以返回函数值并退出函数。

(4) 函数能处理比定义时更多的参数，它们是＿＿＿＿＿＿参数。

(5) 匿名函数是一类无须定义＿＿＿＿＿＿的函数。

2. 选择题

(1) 下面关于函数的说法，错误的是(　　)。

A. 函数可以减少代码的重复，使程序更加模块化

B. 在不同函数中可以使用相同名字的变量

C. 在调用函数时，传入参数的顺序和函数定义时的顺序必须不同

D. 函数体中如果没有 return，则函数返回空值 None

(2) 使用(　　)关键字定义匿名函数。

A. lambda　　　　B. function　　　　C. main　　　　D. def

(3) 在 Python 中，函数(　　)。

A. 不可以递归调用　　　　　　　　B. 不可以嵌套调用

C. 不可以嵌套定义　　　　　　　　D. 以上都不对

(4) 有一个 func()函数，下列选项中属于函数关键字参数传递方式的是(　　)。

```
def func(a,b):
pass
```

A. func(1,2)　　　　B. func(a=1,b=2)　　　C. func(a=b=1)　　　D. func(,2)

(5) 下列说法中正确的是(　　)。

　　A. 局部变量的作用域是整个程序

　　B. 带有默认值的参数一定位于参数列表的末尾

　　C. 函数的名称可以随意命名

　　D. 函数定义后，系统会自动执行其内部的功能

3. 判断题

(1) 函数在定义完成后会立刻执行。　　　　　　　　　　　　　　　　　　　　(　　)

(2) 函数内可以使用 nonlocal 关键字调用全局变量。　　　　　　　　　　　　(　　)

(3) 变量在程序的任意位置都可以被访问。　　　　　　　　　　　　　　　　(　　)

(4) 局部变量的作用域是整个函数内部。　　　　　　　　　　　　　　　　　(　　)

(5) 函数可以提高代码的复用性。　　　　　　　　　　　　　　　　　　　　(　　)

4. 简答题

(1) 简述位置参数传递、关键字参数传递、默认参数传递的区别。

(2) 简述函数参数混合传递的规则。

(3) 简述局部变量和全局变量的区别。

(4) 简述函数参数的打包与解包过程。

(5) 什么是匿名函数？

5. 编程题

(1) 编写函数，输出 1～100 中的偶数之和。

(2) 编写函数，判断用户输入的整数是否为回文数。回文数是一个正向和逆向都相同的整数，如 1234321、9889。

(3) 编写函数，接收两个正整数作为参数，返回一个元组，其中第一个元素为最大公约数，第二个元素为最小公倍数。

(4) 编写函数，判断用户输入的三个数字是否能构成三角形的三条边。

(5) 编写递归函数，猴子第一天摘下若干个桃子，当即吃了一半，还不过瘾就多吃了一个。第二天早上又将剩下的桃子吃了一半，还是不过瘾又吃了一个。以后每天都吃前一天剩下的一半再加一个。到第十天刚好剩一个，求猴子第一天摘了多少个桃子。

第 8 章

类 与 对 象

学习目标：

1. 掌握定义类和创建对象的方法
2. 熟悉对象的属性和方法
3. 熟悉类的封装、继承和多态
4. 掌握面向对象编程方法

思政内涵：

面向对象程序的功能是通过各种对象之间的协同作用实现的。广大学子应通过程序对象的相互作用体悟工作和学习中的合作意识，树立团结协作的精神。

8.1 类的定义和对象创建

8.1.1 类的定义

现实生活中，人们通常会对具有相似特征或行为的事物进行命名以便区别于其他事物。同理，程序中的类也有一个名称，也包含描述类特征的数据成员及描述类行为的成员函数，其中，数据成员称为属性，成员函数称为方法。

Python 使用 class 关键字来定义一个类。类的语法格式如下。

```
class 类名:
    属性名 = 属性值
    def 方法名(self):
        方法体
```

其中，class 关键字标识类的开始；类名代表类的标识符，使用大驼峰命名法，首字母一般为大写字母；冒号是必不可少的；冒号之后是属性和方法，属性类似于前面章节中所介绍的变量，方法类似于前面章节中所介绍的函数，但方法参数列表中的第 1 个参数是一个指代对象的默认参数 self。

下面定义一个表示轿车的 Car 类，该类中包含描述轿车颜色的属性 color 和描述轿车行驶行为的方法 drive()，示例代码如程序段 P8.1 所示。

P8.1 自定义类

```
class Car:
    color="red"
    def drive(self):
        print("行驶")
```

在定义函数时只检测语法，不执行代码，但是在定义类时，类体代码会在类定义阶段就立刻执行，并且会产生一个类的名称空间。也就是说，类的本身其实就是一个容器(名称空间)，用来存放名字，这是类的用途之一。

8.1.2 对象创建与使用

调用类即可产生对象，调用类的过程又称为类的对象化，对象化的结果称为类的对象。创建对象的语法格式如下。

```
对象名 = 类名()
```

根据前面定义的 Car 类创建一个对象，代码如下。

```
car=Car()                                  #  car 是指向调用 Car()创建的对象的变量
```

对象的使用本质上就是对类或对象成员的使用，即访问属性或调用方法。访问属性和调用方法的语法格式如下。

```
对象名.属性名
对象名.方法名()
```

例如，使用 car 对象访问 color 属性，并调用 drive()方法，代码如下。

```
print(car.color)
car.drive()
```

运行代码，输出结果如下。

```
red
行驶
```

8.2 属性

8.2.1 类属性与对象属性

类的成员包括属性和方法，默认它们可以在类的外部被访问或调用，但考虑到数据安全问题，有时需要将其设置为私有成员，限制类外部对其进行访问或调用。

属性按声明的方式可以分为两类：类属性和对象属性。下面结合对象分别介绍类属性和对象属性。

1. 类属性

类属性是声明在类内部、方法外部的属性。例如，示例中 Car 类内部声明的 color 属性就是一个类属性。类属性可以通过类对象进行访问，但只能通过类进行修改。

例如，定义一个只包含类属性的 Car 类，创建 Car 类的对象，并通过类和对象分别访问、修改类属性，示例代码如程序段 P8.2 所示。

```
P8.2 定义类属性
class Car:
        color="red"
car=Car()
print(Car.color)
print(car.color)
Car.color='white'                        # 用类名修改属性值
print(Car.color)
print(car.color)
car.color='black'                        # 用对象名修改属性值
print(Car.color)
print(car.color)
```

运行代码，输出结果如下。

```
red
red
white
white
white
black
```

分析输出结果中的前两个数据可知，Car 类和 car 对象成功地访问了类属性，结果都为"red"；分析中间的两个数据可知，Car 类成功地修改了类属性的值，因此 Car 类和 car 对象访问的结果为"white"；分析最后两个数据可知，Car 类访问的类属性的值仍然是"white"，而 car 对象访问的结果为"black"，说明 car 对象不能修改类属性的值。

为什么通过 car 对象最后一次访问类属性的值为"black"？因为"car.color='black'"语句起到了添加一个与类属性同名的对象属性的作用。

2. 对象属性

对象属性是在方法内部声明的属性，Python 支持动态添加对象属性。下面从访问对象属性、修改对象属性和动态添加对象属性 3 个方面对对象属性进行介绍。

1) 访问对象属性

对象属性只能通过对象进行访问。例如，定义一个包含方法和对象属性的类 Car，创建 Car 类的对象，并访问对象属性，示例代码如程序段 P8.3 所示。

```
P8.3 定义对象属性
class Car:
    def drive(self):
        self.color='white'
car=Car()
car.drive()
print(car.color)
```

运行代码，输出结果如下。

```
white
```

以上代码在 drive()方法中使用 self 关键字定义了一个颜色属性；通过对象 car 成功地访问了对象属性。在代码段 P8.3 后面添加以下代码。

```
print(Car.color)
```

运行代码，输出结果如下。

```
white
Traceback (most recent call last):
    File "D:/w1.py", line 8, in <module>
        print(Car.color)
AttributeError: type object 'Car' has no attribute 'color'
```

由运行结果可知，程序通过对象 car 成功地访问了对象属性，当通过类 Car 访问对象属性时出现了错误，说明对象属性只能通过对象访问，不能通过类访问。

2) 修改对象属性

对象属性通过对象进行修改。例如，在以上示例中修改对象属性的代码如程序段 P8.4 所示。

```
P8.4 修改对象属性
class Car:
    def drive(self):
        self.color='white'
car=Car()
car.drive()
print(car.color)
car.color='red'
print(car.color)
```

运行代码，输出结果如下。

```
white
red
```

3) 动态添加对象属性

Python 支持在类的外部使用对象动态地添加对象属性。例如，在以上示例的末尾动态添加对象属性 wheels，示例代码如程序段 P8.5 所示。

```
P8.5 添加对象属性
class Car:
    def drive(self):
        self.color='white'
car=Car()
car.drive()
print(car.color)
car.wheels=4
print(car.wheels)
```

运行代码，输出结果如下。

```
white
4
```

程序成功地添加了对象属性，并通过对象访问了新增加的对象属性。

8.2.2　公有属性与私有属性

Python 语言类的属性的可见度有两种：公有属性和私有属性，默认是公有属性，可以在类的外部通过类或对象随意访问。使用双下画线 "__" 开头的是私有属性，仅允许类内部访问，类对象和派生类均不能访问此属性。使用单下画线 "_" 是一种约定的成员保护，它表示该属性是受保护的，只有类和子类的对象能访问。

私有属性定义与使用的示例代码如程序段 P8.6 所示。

```
P8.6  定义私有属性
class Car:
    __color='white'
car=Car()
print(car.__color)
```

运行代码，输出结果如下。

```
Traceback (most recent call last):
  File "D:/w1.py", line 7, in <module>
    print(car.__color)
AttributeError: 'Car' object has no attribute '__color'
```

输出结果是异常信息，说明类的外面不能访问类的私有属性。如果要访问类的私有属性，可以通过类的公有方法来访问。示例代码如程序段 P8.7 所示。

```
P8.7  通过公有方法访问私有属性
class Car:
    __color='white'
    def test(self):
        print(f"车的颜色是{self.__color}")
car=Car()
car.test()
```

运行代码，输出结果如下。

```
车的颜色是 white
```

由输出结果可知，通过公有方法 test 成功地访问了类的私有属性。

8.2.3　特殊属性

Python 通过在属性名称前面和后面添加双下画线(__)的方式来表示特殊属性，示例代码如程序段 P8.8 所示。

```
P8.8  定义特殊属性
class Car:
    __color__='white'
car=Car()
print(car.__color__)
```

运行代码，输出结果如下。

white

从运行结果可知，在类的外面可以访问特殊属性。在编程时可以定义特殊属性来设计特殊功能。Python 语言已经定义了一些特殊属性。例如，obj.__dict__表示对象的属性字典、obj.__class__表示对象所属的类等。

8.3 方法

8.3.1 对象方法、类方法、静态方法与 property 方法

Python 中的方法按定义方式可以分为对象方法、类方法、静态方法和 property 方法 4 类。

1. 对象方法

对象方法形似函数，但它定义在类内部，以 self 为第一个形参。例如，前面声明的 drive() 就是一个对象方法。对象方法中的 self 参数代表对象本身，它会在对象方法被调用时自动接收由系统传递的调用该方法的对象。

对象方法只能通过对象调用。例如，定义一个包含对象方法 drive() 的类 Car，创建 Car 类的对象，分别通过对象和类调用对象方法，示例代码如程序段 P8.9 所示。

```
P8.9 定义对象方法
class Car:
    def drive(self):
        print('这是对象方法')
car=Car()
car.drive()
Car.drive()
```

运行代码，输出结果如下。

```
这是对象方法
Traceback (most recent call last):
    File "D:/w1.py", line 7, in <module>
        Car.drive()
TypeError: Car.drive() missing 1 required positional argument: 'self'
```

从以上结果可以看出，程序通过对象成功地调用了对象方法，通过类则无法调用对象方法。

2. 类方法

类方法是定义在类内部，使用装饰器@classmethod 修饰的方法。类方法的语法格式如下。

```
@classmethod
def 类方法名(cls):
    方法体
```

类方法中参数列表的第一个参数为 cls，代表类本身，它会在类方法被调用时自动接收由系统传递的调用该方法的类。例如，定义一个包含类方法 stop() 的 Car 类，示例代码如程序段 P8.10

所示。

```
P8.10  定义类方法
class Car:
    @classmethod
    def stop(cls).
        print('这是类方法')
car=Car()
car.stop()
Car.stop()
```

运行代码，输出结果如下。

```
这是类方法
这是类方法
```

从以上结果可以看出，程序通过对象和类成功地调用了类方法。

在类方法中，可以使用 cls 访问和修改类属性的值。示例代码如程序段 P8.11 所示。

```
P8.11  在类方法中修改类属性的值
class Car:
    color='black'
    @classmethod
    def stop(cls):
        print(cls.color)
        cls.color='red'
        print(cls.color)
car=Car()
car.stop()
```

运行代码，输出结果如下。

```
black
red
```

从以上结果可以看出，程序在类方法 stop()中成功地访问和修改了类属性 color 的值。

3. 静态方法

静态方法是定义在类内部，使用装饰器@staticmethod 修饰的方法。静态方法的语法格式如下。

```
@staticmethod
def 静态方法名():
    方法体
```

静态方法没有任何默认参数，它适用于与类无关的操作，或者无须使用类成员的操作，常见于一些工具类中。例如，定义一个包含静态方法的 Car 类，示例代码如程序段 P8.12 所示。

```
P8.12  定义静态方法
class Car:
    @staticmethod
    def test():
        print("这是静态方法")
car=Car()
```

```
car.test()
Car.test()
```

运行代码，输出结果如下。

```
这是静态方法
这是静态方法
```

由运行结果可知，静态方法可以通过类和对象调用。

静态方法内部不能直接访问属性或方法，但可以使用类名访问类属性或调用类方法，示例代码如程序段 P8.13 所示。

```
P8.13 通过类名访问类属性、调用类方法
class Car:
    color='black'
    @staticmethod
    def test():
        print("这是静态方法")
        print(f"类属性 color 的值为{Car.color}")
car=Car()
car.test()
```

运行代码，输出结果如下。

```
这是静态方法
类属性 color 的值为 black
```

由运行结果可知，在静态方法 test()中，通过类名成功地访问了类属性。

4. property 方法

@property 装饰器用来装饰类的方法，通过@property 装饰的方法，可以直接通过方法名调用方法，不需要在方法名后面添加圆括号。@property 装饰器常用来装饰访问私有属性的方法，以保护类的封装特性。语法格式如下。

```
@property
def 方法名():
    方法体
```

例如，定义一个带有年龄私有属性的人类，并定义一个@property 装饰的方法访问年龄私有属性。示例代码如程序段 P8.14 所示。

```
P8.14  @property 装饰的方法
class Person:
    def __init__(self):
        self.__age = 18
    @property
    def age(self):
        return self.__age
person = Person()
print(person.age)
```

运行代码，输出结果为 18。通过不带括号的 age 成功地访问了私有属性。@property 装饰

age()方法，使得该方法变成了 age 属性的 getter()方法。但是，此时 age 属性只具有只读属性，不能修改其值。若要将其变成可写属性，则需要为 age 属性添加 setter()方法，这时就要用到 setter 装饰器。示例代码如程序段 P8.15 所示。

```
P8.15 @property 装饰的方法变成了属性
class Person:
    def __init__(self):
        self.__age = 18
    @property
    def age(self):
        return self.__age
    @age.setter
    def age(self,age):
        self.__age = age
person = Person()
print(person.age)
person.age = 25
print(person.age)
```

运行代码，输出结果为 18，25。通过 age 属性正确地修改了年龄私有属性的值。

8.3.2 公有方法与私有方法

Python 语言类的方法的可见度有两种：公有方法和私有方法。默认是公有方法，可以在类的外部通过类或对象随意调用。使用双下画线"__"开头的是私有方法，仅允许类内部调用，类对象和派生类均不能调用此方法。

私有方法定义与使用的示例代码如程序段 P8.16 所示。

```
P8.16 定义私有方法
class Car:
    def __drive(self):
        print("行驶")
car=Car()
car.__drive()
```

运行代码，输出结果如下。

```
Traceback (most recent call last):
    File "D:/w1.py", line 8, in <module>
        car.__drive()
AttributeError: 'Car' object has no attribute '__drive'
```

输出结果是异常信息，说明类的外面不能调用类的私有方法。如果要调用类的私有方法，可以通过类的公有方法来调用。示例代码如程序段 P8.17 所示。

```
P8.17 通过公有方法调用私有方法
class Car:
    def __drive(self):
        print("行驶")
    def test(self):
        self.__drive()
```

```
car=Car()
car.test()
```

运行代码，输出结果如下。

行驶

由运行结果可知，通过公有方法 test 成功地调用了类的私有方法。

8.3.3 特殊方法

Python 通过在方法名称前面和后面添加双下画线(__)的方式来表示特殊方法，示例代码如程序段 P8.18 所示。

```
P8.18 定义特殊方法
class Car:
    def __drive__(self):
        print("行驶")
car=Car()
car.__drive__()
```

运行代码，输出结果如下。

行驶

从运行结果可知，在类的外面可以调用特殊方法。在编程时可以定义特殊方法来设计特殊功能。Python 语言已经定义了一些特殊方法，这些方法是基类 object 自带的，如__init__()构造方法用来初始化对象、__del__()析构方法用来销毁对象、__repr__()与 __str__()方法用来打印对象等。下面对构造方法和析构方法进行详细介绍。

1. 构造方法

构造方法(即__init__()方法)是类中定义的特殊方法，该方法负责在创建对象时对对象进行初始化。每个类都默认有一个__init__()方法，如果一个类中显式地定义了__init__()方法，那么在创建对象时调用显式定义的__init__()方法；否则调用默认的__init__()方法。__init__()方法可以分为无参构造方法和有参构造方法。

下面定义一个包含无参构造方法和对象方法 test()的 Car 类，示例代码如程序段 P8.19 所示。

```
P8.19 无参构造方法
class Car:
    def __init__(self):
        self.color="red"
    def test(self):
        print(f"车的颜色：{self.color}")
car=Car()
car.test()
```

运行代码，输出结果如下。

车的颜色：red

从运行结果可以看出，对象 car 在调用 test()方法时成功地访问了 color 属性，说明系统在创建这个对象的同时也调用__init__()方法对其进行了初始化。

下面定义一个包含有参构造方法和对象方法 test()的 Car 类,示例代码如程序段 P8.20 所示。

```
P8.20 有参构造方法
class Car:
    def __init__(self,color):
        self.color=color
    def test(self):
        print(f"车的颜色：{self.color}")
car=Car("white")
car.test()
```

运行代码,输出结果如下。

```
车的颜色：white
```

从运行结果可以看出,当通过带有参构造方法的类 Car 创建对象 car 时,传入的对应参数 white 成功地对类属性 color 进行了初始化,对象 car 在调用 test()方法时成功地输出了 color 属性的值。

2. 析构方法

析构方法(即__del__()方法)是销毁对象时系统自动调用的特殊方法。每个类都默认有一个__del__()方法。如果一个类中显式地定义了__del__()方法,那么在销毁该类对象时会调用显式定义的__del__()方法;否则调用默认的__del__()方法。

下面定义一个包含构造方法和析构方法的 Car 类,然后创建 Car 类的对象,之后分别在 del 语句执行前后访问 Car 类的对象的属性,示例代码如程序段 P8.21 所示。

```
P8.21 析构方法
class Car:
    def __init__(self):
        self.color="blue"
        print("对象被创建")
    def __del__(self):
        print("对象被销毁")
car=Car()
print(car.color)
del car
print(car.color)
```

运行代码,输出结果如下。

```
对象被创建
blue
对象被销毁
Traceback (most recent call last):
  File "D:/w1.py", line 10, in <module>
    print(car.color)
NameError: name 'car' is not defined. Did you mean: 'Car'?
```

从运行结果可以看出,程序在删除 Car 类的对象 car 之前成功地访问了 color 属性;在删除

Car 类的对象 car 后调用了析构方法，打印"对象被销毁"语句；在销毁 Car 类的对象 car 后因无法使用 Car 类的对象访问属性而出现错误信息。

与文件类似，每个对象都会占用系统的一部分内存，使用之后若不及时销毁，就会浪费系统资源。那么对象什么时候销毁呢？Python 通过引用计数器记录所有对象的引用数量(可以理解为对象所占内存的别名)，一旦某个对象的引用计数器的值为 0，系统就会销毁这个对象，并收回对象所占用的内存空间。

8.4　Python 的对象体系

在 Python 中，对象可以分为元类对象(metaclass)、类对象(class)和实例对象(instance)。元类创建类，类创建实例。Python 是一种面向对象语言，所有的对象都有所属的类型。另外，在 Python 中，一切皆对象，类型也是对象，因此，Python 的实例对象有各自所属的类型，而类型对象给定的所属类型就是 type。type 本身也是对象，如果它属于其他类型，那么其他类型又是对象，又需要所属的类型，这样下去就会是无穷了，因此，type 对象的类型只能是它本身。type 的二象性是指 type 是所有类对象的类型，同时 type 也是一个类对象。所有的类对象都继承 object 类对象，type 是类对象所以它继承 object；所有的类对象的类型都是 type 类型，object 是类对象所以它的类型是 type。因此，type 是元类，是创建所有类型的类；object 是基类，是所有类都要继承的类。通过继承 type 还可以自定义元类。元类可以动态创建类。面向对象体系中有两种关系：一种是类型关系，即对象所属的类型，或者说对象是由哪个类型创建的；另一种是继承关系。若把 Python 中的内置类和用户创建的类(如 int、float、str、bool、tuple、dict、set 等)纳入其中，就可以得到 Python 的对象体系图(见图 8.1)，图中显示了所有类型关系和继承关系。

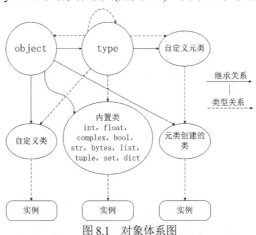

图 8.1　对象体系图

object 基类和 type 元类是构成 Python 对象体系的基石。所有的对象都有一个生命周期，即创建、初始化、运行和销毁。Python 语言中元类的出现打破了很多其他面向对象语言编码时需要静态声明类的限制，Python 的对象模型结合了传统类结构语言的简单性和其他模型语言的强大功能。

8.4.1　object 基类

每一个 Python 类都隐含继承了基类 object。基类自带的属性和方法如表 8-1 所示。

表 8-1　基类自带的属性和方法

属性名与方法名	功能描述
__class__	object.__class__，返回生成该对象的类
__bases__	object.__bases__，返回该对象的所有父类列表
__dict__	object.__dict__，返回该对象的所有属性组成的字典
__doc__	object.__doc__，返回类的注释说明
__module__	object.__module__，返回该对象所处的模块
__new__()	在调用该类时自动触发，内部会通过__new__产生一个新的对象
__init__()	在调用类时自动触发，由__new__产生的对象调用__init__()，初始化对象
__getattr__()	当通过"对象.属性"获取属性时，在"没有该属性"时触发
__getattribute__()	当通过"对象.属性"获取属性时，"无论有没有该属性"都会触发
__setattr__()	当"对象.属性=属性值"时，在"添加或修改属性"时触发
__call__()	在调用对象"对象 + ( )"时触发
__str__()	在"打印对象"时触发
__getitem__()	在对象通过"对象[key]"获取属性时触发
__setitem__()	在对象通过"对象[key]=value 值"获取属性时触发
__dir__()	查看属性和方法列表
__delattr__()	删除属性
__eq__()	等于
__gt__()	大于
__lt__()	小于
__ge__()	大于等于
__le__()	小于等于

1. 基类的__new__()方法

在使用类名()创建对象时，Python 解释器会自动调用__new__()方法和__init__()方法。Python 解释器首先会调用__new__()方法在内存中为对象分配内存空间，然后返回对象的引用。Python 解释器获得对象的引用后，将引用作为第一个参数传递给__init__()方法，对对象进行初始化。__new__()方法可以重写，重写__new__()方法一定要返回 super().__new__(cls)，否则 Python 解释器得不到分配了空间的对象引用，就不会调用对象的初始化方法。示例代码如程序段 P8.22 所示。

```
P8.22　__new__()方法无返回语句
class Demo(object):
    def __init__(self):
        print("此处是__init__()方法的执行...")
    def __new__(cls, *args, **kwargs):
```

```
                print("此处是__new__()方法的执行...")
Demo()
```

运行代码，输出结果如下。

此处是__new__()方法的执行...

由于__new__()方法未返回对象，所有初始化方法__init__()都没有执行。为__new__()方法
增加返回语句，修改代码如程序段 P8.23 所示。

```
P8.23  __new__()方法有返回语句
class Demo(object):
        def __init__(self):
                print("此处是__init__()方法的执行...")
        def __new__(cls, *args, **kwargs):
                print("此处是__new__()方法的执行...")
                return super().__new__(cls, *args, **kwargs)
Demo()
```

运行代码，输出结果如下。

此处是__new__()方法的执行...
此处是__init__()方法的执行...

　　__new__()方法增加返回语句后，调用了初始化方法__init__()。__new__()是一个静态方法，
在调用时需要主动传递 cls 参数。

2. 基类的__init__()方法

　　__init__()方法在对象生命周期中起初始化作用，每个对象必须正确初始化后才能正常工
作。基类 object 有一个默认包含 pass 的__init__()实现，创建对象后调用该方法初始化对象。子
类可以不重写__init__()方法，在实例化子类时，会自动调用基类中已定义的__init__()方法，如
果没有对它进行重写，则在对象创建后就不会创建实例变量。示例代码如程序段 P8.24 所示。

```
P8.24 不重写__init__()方法创建对象
class Rectangle(object):
        def area(self):
                return self.length * self.width
r = Rectangle()
r.length, r.width = 13, 8
print(r.area())
```

运行代码，输出结果如下。

104

　　此代码在创建类时，没有重写__init__()方法，Rectangle 类有一个使用两个属性来返回一个
值的方法，这些属性没有初始化，不是实例变量。但这是合法的 Python 代码，它可以有效地避
免专门设置属性，增加了灵活性。虽然未初始化的属性可能是有用的，但很有可能会带来一些
问题。"Python 之禅"中的建议是显式比隐式更好。重写__init__()方法实例化子类的情况就是
上一章学习的内容。示例代码如程序段 P8.25 所示。

P8.25 重写__init__()方法
```python
class Demo(object):
    def __init__(self):
        print("__init__()方法的执行..")
Demo()
```

运行代码,输出结果如下。

__init__()方法的执行..

说明在创建对象时自动触发调用了重写的__init__()方法。

3. 单例设计模式

设计模式是前人工作的总结和提炼,是对相关代码进行高层次的抽象,是针对某一特定问题的成熟的解决方案。使用设计模式可以让代码更容易被他人理解、保证代码的可靠性和可重用性。如果不学习设计模式,抽象能力肯定会受到限制。因此,若要提高编程能力,就必须学习设计模式。目前,Python 主要有 23 种设计模式,单例模式是其中之一。

单例设计模式确保类创建的对象在系统中只有唯一的一个实例,每次执行类名()返回的对象,内存地址是相同的。单例设计模式的应用场景有音乐播放对象、回收站对象、打印机对象等。

由于 Python 创建对象都是在__new__()方法中实现的,因此要重写__new__()方法,定义一个类属性,初始值是 None,用于记录单例对象的引用。如果类属性为 None,则调用父类方法分配空间(即创建对象),并在类属性中记录结果,返回类属性中记录的对象引用。下面以设计一个单例音乐播放器为例,示例代码如程序段 P8.26 所示。

P8.26 单例设计模式
```python
class MusicPlayer(object):
    instance = None
    init_flag = False
    def __new__(cls, *args, **kwargs):
        if cls.instance is None:
            cls.instance = super().__new__(cls)
        return cls.instance
    def __init__(self):
        if not self.init_flag:
            print("初始化音乐播放器")
            self.init_flag = True
player1 = MusicPlayer()
print(player1)
player2 = MusicPlayer()
print(player2)
```

运行代码,输出结果如下。

```
初始化音乐播放器
<__main__.MusicPlayer object at 0x00000238D77972D0>
<__main__.MusicPlayer object at 0x00000238D77972D0>
```

代码中对__new__()方法进行改造之后,每次都会得到第一次被创建对象的引用。在__init__()方法中定义一个类属性 init_flag,标记是否执行过初始化动作,初始值为 False。在__init__()方法中，判断 init_flag，如果为 False 就执行初始化动作，然后将 init_flag 设置为 True，再次自动调用__init__()方法时，初始化动作就不会被再次执行了。这样，在程序运行期间，就只有一个音乐播放器对象，实现了单例模式设计。

8.4.2 type 元类

type 是 Python 的一个内建元类，它是一个比较特殊的类，所有数据类型都是它的实例。type 不仅可以用来查看所有对象的类型，还可以用来创建类，其语法格式有以下两种。

```
type(obj)
type(name, bases, dict)
```

第一种语法格式用来查看某个变量(类对象)的具体类型。其中，obj 表示某个变量或类对象。第二种语法格式用来创建类。其中，name 表示类的名称；bases 表示一个元组，其中存储的是该类的父类；dict 表示一个字典，用于表示类内定义的属性或方法。示例代码如程序段 P8.27所示。

```
P8.27  type 创建类
def say(self):
    print("我爱 Python！")
MyClass = type("MyClass",(object,),dict(say = say, name = "Python 官方文档"))
myobj = MyClass()
myobj.say()
print(myobj.name)
```

运行代码，输出结果如下。

```
我爱 Python！
Python 官方文档
```

可以看到，此程序中通过 type()创建了类，其类名为 MyClass，继承自 object 类，而且该类中还包含一个 say()方法和一个 name 属性。使用 type()函数创建的类和直接使用 class 定义的类并无差别。事实上，我们在使用 class 定义类时，Python 解释器底层依然是调用 type()来创建这个类的。

type 最高级的用法是创建元类，然后用新建的元类创建类。使用元类就是为了在创建类时能够动态地改变类中定义的属性或方法，或者当需要根据应用场景为多个类添加某个属性和方法时，就可以先创建元类，然后用元类去创建类，最后使用该类的实例化对象实现功能。

在创建新的元类时，必须符合以下条件：必须显式继承自 type 类；类中需要定义并实现__new__()方法，该方法一定要返回该类的一个实例对象，因为在使用元类创建类时，该__new__()方法会被自动执行，用来修改新建的类。在用元类创建新的类时，可以在标注父类(或不标，默认继承自 object)的同时指定元类(格式为 metaclass=元类名)，这样，当 Python 解释器在创建该类时，元类中的__new__()方法就会被调用，从而实现动态修改类属性或类方法的目的。示例代码如程序段 P8.28 所示。

```
P8.28  创建元类，再创建类
class MyMetaclass(type):
    def __new__(cls,name,bases,attrs):
```

```
                attrs['name']='李红'
                attrs['say']=lambda self:print('元类的 say()方法')
                return super().__new__(cls,name,bases,attrs)
class MyClass(object,metaclass=MyMetaclass):
        pass
myobj=MyClass()
print(myobj.name)
myobj.say()
```

运行代码，输出结果如下。

```
李红
元类的 say()方法
```

显然，MyMetaclass 元类的__new__()方法动态地为 MyClass 类添加了 name 属性和 say()方法，因此，即便该类在定义时是空类，它也依然有 name 属性和 say()方法。

metaclass 元类主要用于开发应用编程接口(API)、开发框架层面的 Python 库等中间件，而在应用开发层面，元类的使用范围较小。

type 自带的属性和方法如表 8-2 所示。

表 8-2　type 自带的属性和方法

属性名与方法名	功能描述
__base__	返回直接父类
__bases__	返回所有父类列表
__basicsize__	返回分配的内存空间大小
__flags__	返回类型标识
__mro__	返回类型方法解析顺序元组
__name__	返回类型名称
mro()	class.mro()，返回类型的方法解析顺序
__instancecheck__()	检查对象是否为实例
__prepare__()	用于为类语句创建命名空间
__sizeof__()	返回类型对象占用的内存字节数
__subclasscheck__()	检查类是否为子类

1. 元类的 mro()方法

对于支持继承的编程语言来说，其方法(属性)可能定义在当前类，也可能来自于基类，因此，在调用方法时就需要对当前类和基类进行搜索以确定方法所在的位置。搜索的顺序即方法解析顺序(method resolution order，MRO)。对于 Python 这种支持多继承的语言来说，MRO 比较复杂。通过__mro__属性和 mro()方法可以查看方法解析顺序，示例代码如程序段 P8.29 所示。

```
P8.29 查看方法解析顺序
class A(object):
        def show(self):
                print ("A.show()")
class B(A): pass
```

```
class C(A):
    def show(self):
        print( "C.show()")
class D(B, C): pass
print(D.__mro__)
print(D.mro())
x=D()
x.show()
```

运行代码，输出结果如下。

```
(<class '__main__.D'>, <class '__main__.B'>, <class '__main__.C'>, <class '__main__.A'>, <class 'object'>)
[<class '__main__.D'>, <class '__main__.B'>, <class '__main__.C'>, <class '__main__.A'>, <class 'object'>]
C.show()
```

2. 元类的__instancecheck__()方法

__instancecheck__()是专门用于 isinstance()内置函数，检测一个实例是否属于某个类的实例。这个方法一定要定义在元类中。示例代码如程序段 P8.30 所示。

```
P8.30  检测是否为类的实例
class MyMetaclass(type):
    def __instancecheck__(cls, instance):
        print("__instancecheck__ call")
        return hasattr(instance, "__len__")
class Demo(metaclass=MyMetaclass):
    pass
demo = Demo()
print(isinstance(demo,Demo))
```

运行代码，输出结果如下。

```
True
```

8.5 抽象类

8.5.1 抽象类的使用方式

抽象类是具有抽象方法的类。抽象方法是只有方法名而没有实现的方法。抽象类是一种特殊的类，只能被继承不能被实例化，子类需要实现基类指定的抽象方法。类是从现实对象抽象而来的，抽象类是基于类抽象而来的。

抽象类的编程使得每个人都可以关注当前抽象类的方法和描述，而不需要考虑过多的实现细节，这对于协同开发具有重要意义，同时也提高了代码的可读性。在不同的模块中通过抽象基类来调用，可以用最精简的方式展示代码之间的逻辑关系，使模块之间的依赖关系清晰、简单。一个抽象类可以有多个实现，从而使得系统的运转更加灵活。

抽象类的使用方式有两种：一是通过直接继承创建子类，直接继承抽象基类的子类必须完全覆写(实现)抽象基类中的"抽象"内容后，才能被实例化，抽象基类中可以声明"抽象方法"

和"抽象属性"；二是注册虚拟子类，即将其他类"注册"为抽象类的虚拟子类(调用 register 方法)，这些虚拟子类不需要直接继承自基类，它们可以选择实现抽象基类中的部分 API 接口，也可以选择不做任何实现，但是，在使用 issubclass()和 issubinstance()进行判断时仍然会返回真值。

8.5.2　abc 模块定义抽象类

Python 本身不提供抽象类和接口机制，若想实现抽象类，则可以借助 abc 模块。

abc 模块在 Python 中定义了抽象基类 的组件，提供了一个特殊的 metaclass(元类)——ABCMeta，还定义了一些装饰器，如@abstractmethod 和 @abstractproperty。ABCMeta 用于在 Python 程序中创建抽象基类。抽象基类如果想要声明"抽象方法"，则可以使用@abstractmethod，如果想要声明 "抽象属性"，则可以使用@abstractproperty。

下面定义一个 File 文件抽象类，然后创建 Txt 文本文件了类继承文件 File 类。示例代码如程序段 P8.31 所示。

```
P8.31    abc 模块实现抽象类
from abc import ABCMeta
from abc import abstractmethod
class File(metaclass = ABCMeta):              # ABCMeta 元类实现抽象类
        @abstractmethod                       # 定义抽象方法，无须实现功能
        def read(self):
                pass
class Txt(File):                              # 子类继承抽象类，必须实现抽象类中的 read()方法
        def read(self):
                print('文本数据的读取方法')
txt = Txt()
txt.read()
```

运行代码，输出结果如下。

文本数据的读取方法

子类 Txt 继承抽象基类 File，并实现了抽象方法 read()。

8.6　封装、继承和多态

8.6.1　封装

封装是类和对象的基本特性，它的基本思想是对外隐藏类的细节，提供用于访问类成员的公开接口。类的外部无须知道类的细节，只需要使用公开接口便可访问类的内容，因此，在一定程度上保证了类内数据的安全。

为了符合封装思想，在定义类时需要满足以下两点要求。

(1) 将属性声明为私有属性。

(2) 添加两个供外界调用的公有方法，分别用于设置和获取私有属性的值。

下面结合以上两点要求定义一个 Person 类，示例代码如程序段 P8.32 所示。

```
P8.32 类的封装特性
class Person:
    def __init__(self,name):
        self.name=name
        self.__age=18
    def set_age(self,new_age):
        if 0<new_age<=150:
            self.__age=new_age
    def get_age(self):
        return self.__age
person=Person("小李")
print(person.get_age())
person.set_age(25)
print(person.get_age())
```

运行代码，输出结果如下。

```
18
25
```

由运行结果可知，程序获取的私有属性__age的值为25，说明属性值设置成功。由此可知，程序只能通过类提供的两个公有方法访问私有属性，这既保证了类属性的安全，又避免了随意给属性赋值的现象。

8.6.2 继承

继承是类和对象的重要特性之一，它主要用于描述类与类之间的关系，在不改变原有类的基础上扩展原有类的功能。若类与类之间具有继承关系，则被继承的类称为父类或基类，继承其他类的类称为子类或派生类，子类会自动拥有父类的公有成员。

1. 单继承

单继承即子类只继承一个父类。Python中单继承的语法格式如下。

```
class 子类名(父类)
```

子类在继承父类的同时会自动拥有父类的公有成员。若在定义类时不指明该类的父类，那么该类默认继承基类object。

下面定义一个狗类Dog和一个继承Dog类的狼狗类WolfDog，示例代码如程序段P8.33所示。

```
P8.33 类的单继承
class Dog(object):
    def __init__(self,color):
        self.color=color
    def walk(self):
        print("狗跳")
class WolfDog(Dog):
    pass
wolfdog=WolfDog("gray")
print(wolfdog.color)
wolfdog.walk()
```

运行代码，输出结果如下。

```
gray
狗跳
```

从以上结果可以看出，程序使用子类的对象成功地访问了父类的属性和方法，说明子类继承父类后会自动拥有父类的公有成员。

子类不会拥有父类的私有成员，也不能访问父类的私有成员。在以上示例的 Dog 类中增加一个私有属性__age 和一个私有方法__test()，示例代码如程序段 P8.34 所示。

```
P8.34  子类不会拥有父类的私有成员
class Dog(object):
    def __init__(self,color):
        self.color=color
        self.__age=18
    def walk(self):
        print("狗跳")
    def __test(self):
        print("私有方法")
class WolfDog(Dog):
    pass
wolfdog=WolfDog("gray")
print(wolfdog.__age)
wolfdog.__test()
```

运行代码，会出现如下所示的错误信息。

```
Traceback (most recent call last):
    File "D:/w1.py", line 14, in <module>
        print(wolfdog.__age)
AttributeError: 'WolfDog' object has no attribute '__age'
```

若删除访问私有属性的代码，继续运行调用私有方法代码，则会出现如下所示的错误信息。

```
Traceback (most recent call last):
    File "D:/w1.py", line 15, in <module>
        wolfdog.__test()
AttributeError: 'WolfDog' object has no attribute '__test'
```

由以上两次错误信息可知，子类继承父类后不会拥有父类的私有成员。

2. 多继承

现实生活中很多事物是多个事物的组合，它们同时具有多个事物的特征或行为。例如，沙发床是沙发与床的组合，它既可以折叠成沙发的形状，也可以展开成床的形状；房车是房屋与汽车的组合，它既具有房屋的居住行为，也具有汽车的行驶行为，它们是多继承的关系。

程序中的一个类也可以继承多个类，即子类具有多个父类，也自动拥有所有父类的公有成员。Python 中多继承的语法格式如下。

```
class 子类名(父类名 1, 父类名 2...)
```

下面定义一个表示房屋的类 House 和一个表示汽车的类 Car，以及一个继承 House 和 Car 的子类 TouringCar，示例代码如程序段 P8.35 所示。

```
P8.35 类的多继承
class House(object):
    def live(self):
        print("供人居住")
class Car(object):
    def drive(self):
        print("行驶")
class TouringCar(House,Car):
    pass
tour_car=TouringCar()
tour_car.live()
tour_car.drive()
```

运行代码，输出结果如下。

```
供人居住
行驶
```

从以上结果可以看出，子类继承多个父类后自动拥有了多个父类的公有成员。如果 House 类和 Car 类中有一个同名的方法，那么子类会调用哪个父类的同名方法呢？如果子类继承的多个父类是平行关系的类，那么子类先继承哪个类，便会先调用哪个类的方法。

3. 重写

子类会原封不动地继承父类的方法，但子类有时需要按照自己的需求对继承来的方法进行调整，即在子类中重写从父类继承来的方法。

Python 中实现方法重写的方式非常简单，首先在子类中定义与父类方法同名的方法，然后在方法中按照子类需求重新编写功能代码即可。示例代码如程序段 P8.36 所示。

```
P8.36 子类方法的重写
class Person:
    def say_hello(self):
        print("打招呼")
class Chinese(Person):
    def say_hello(self):
        print("吃了吗")
chinese=Chinese()
chinese.say_hello()
```

运行代码，输出结果如下。

```
吃了吗
```

从以上结果可以看出，chinese 对象调用的是子类 Chinese 重写的 say_hello()方法。

子类重写了父类的方法后，无法直接访问父类的同名方法，但可以使用 super()函数间接调用父类中重写前的方法。对上述示例进行修改，示例代码如程序段 P8.37 所示。

```
P8.37 使用 super()访问父类的方法
class Person:
```

```
        def say_hello(self):
            print("打招呼")
class Chinese(Person):
        def say_hello(self):
            super().say_hello()
            print("吃了吗")
chinese=Chinese()
chinese.say_hello()
```

运行代码，输出结果如下。

```
打招呼
吃了吗
```

从以上结果可以看出，程序调用子类的 say_hello()方法，首选通过 super()函数成功地调用了父类重写前的 say_hello()方法，然后执行子类重写后的方法体。

8.6.3 多态

多态也是类和对象的重要特性，它的直接表现是让不同类的同一功能可以通过同一个接口调用，并表现出不同的行为。例如，定义一个猫类 Cat 和一个狗类 Dog，为这两个类都定义 shout()方法，示例代码如程序段 P8.38 所示。

```
P8.38 对象的多态特性
class Cat:
    def shout(self):
        print("喵喵喵...")
class Dog:
    def shout(self):
        print("汪汪汪...")
def shout(obj):
    obj.shout()
cat=Cat()
dog=Dog()
shout(cat)
shout(dog)
```

运行代码，输出结果如下。

```
喵喵喵...
汪汪汪...
```

以上示例通过同一个接口 shout()调用了 Cat 类和 Dog 类的 shout()方法，同一操作获取不同结果，体现了面向对象中的多态特性。

利用多态特性编写代码不会影响类的内部设计，反而可以提高代码的兼容性，让代码的调度更加灵活。

8.7　面向对象编程案例

8.7.1　面向对象编程思想

面向对象(object oriented)是一种以对象为中心的编程思想，即把构成问题的事物分解成各个对象，研究对象在解决问题中的行为。整个程序由单个能够起到子程序作用的对象组合而成。面向对象程序设计达到了软件工程的 3 个主要目标：重用性、灵活性和扩展性。面向对象技术是对计算机的结构化方法的深入、发展和补充。

面向对象程序设计方法尽可能模拟人类的思维方式，使得软件的开发方法与过程尽可能接近人类认识世界、解决现实问题的方法和过程，即使得描述问题的问题空间与问题的解决方案空间在结构上尽可能一致，把客观世界中的实体抽象为问题域中的对象。核心概念是类和对象，类是对现实世界的抽象，包括表示静态属性的数据和对数据的操作，对象是类的实例化。对象间通过消息传递相互通信，来模拟现实世界中不同实体间的联系。在面向对象的程序设计中，对象是组成程序的基本部件。

8.7.2　人机大战猜拳游戏面向对象编程

面向对象的程序设计，首先把经过问题分解的事物抽象为对象，然后进行类的建模和设计。在人机大战猜拳游戏中，设计的类有玩家人类、玩家计算机类和猜拳规则类。采用面向对象设计的人机大战猜拳游戏程序如 P8.39 所示。

```
P8.39 采用面向对象设计的人机大战猜拳游戏程序
import random
handList = ['剪刀','石头','布']
personWinList = [['剪刀','布'],['石头','剪刀'],['布','石头']]
class Person:
    def __init__(self):
        self.personNumber = int(input("请选择：(剪刀-0；石头-1；布-2) 数字："))
        self.personChoice = handList[self.personNumber]
class Computer:
    def __init__(self):
        self.computerNumber = random.randint(0,2)
        self.computerChoice = handList[self.computerNumber]
class HandGame:
    def __init__(self):
        self.personChoice = Person().personChoice
        self.computerChoice = Computer().computerChoice
    def judge(self):
        if self.personChoice == self.computerChoice:
            print("平局！")
        elif [self.personChoice,self.computerChoice] in personWinList:
            print("人赢了！")
        else:
            print("计算机赢了！")
while True:
```

```
        handGame = HandGame()
handGame.judge()
```

8.7.3 利用对象继承关系的人机大战猜拳游戏编程

对前面的程序增加功能，对类进行扩展抽象，设计两个父类(划拳游戏类和玩家类)和三个子类(人类、计算机类和规则判断类)。利用类的继承关系设计的程序如 P8.40 所示。

```
P8.40 继承类设计的程序
import random
class HandGame:
    def __init__(self):
        self.handList = ['剪刀','石头','布']
        self.winList = [['剪刀','布'],['石头','剪刀'],['布','石头']]
        self.namePerson = "ppp"
        self.nameComputer = "ccc"
        self.personChoice = "xxx"
        self.computerChoice = 'xxx'
    def begin(self):
        self.prompt = "人机大战开始了 !"
        print(self.prompt)
        self.namePerson = input("请输入人类玩家的姓名：")
        self.nameComputer = input("请输入计算机玩家的姓名：")
    def last(self):
        self.prompt = " Game Over !"
        print(self.prompt)
class Player:
     def show(self,name,handChoice):
        print("玩家%s 出的拳是%s"%(name,handChoice))
class Person(Player,HandGame):
    def hand(self):
        self.personNumber = int(input("请选择：(剪刀-0；石头-1；布-2) 数字："))
        self.personChoice = self.handList[self.personNumber]
class Computer(Player,HandGame):
    def hand(self):
        self.computerNumber = random.randint(0,2)
        self.computerChoice = self.handList[self.computerNumber]
class Judge(HandGame):
    def compare(self,personChoice,computerChoice):
        if personChoice == computerChoice:
            print("平局！")
        elif [personChoice,computerChoice] in self.winList:
            print("人赢了！")
        else:
            print("计算机赢了！")
handGame = HandGame()
handGame.begin()
person = Person()
computer = Computer()
judge = Judge()
```

```
while True:
    person.hand()
    person.show(handGame.namePerson,person.personChoice)
    computer.hand()
    computer show(handGame,nameComputer,computer.computerChoice)
    judge.compare(person.personChoice,computer.computerChoice)
```

实训与习题

实训

(1) 完成本章 P8.1～P8.40 程序上机练习。

(2) 设计学生类，并创建实例，不少于 4 个属性和两个方法。

(3) 设计教室类，并创建多个实例，属性与方法自定。

(4) 设计手机类，并创建多个实例，属性与方法自定。

(5) @property 装饰访问私有属性的方法训练。

习题

1. 填空题

(1) 类的对象方法中必须有一个_____参数，位于参数列表的开头。

(2) Python 中使用_____关键字来声明一个类。

(3) 在主程序中(或类的外部)，对象成员属于对象(即对象)，只能通过_____访问，而类成员属于类，可以通过类名或对象名访问。

(4) 类的成员包括_____和_____。

(5) 父类的_____属性和方法是不能被子类继承的，更不能被子类访问。

2. 选择题

(1) 下列选项中，不属于面向对象的特征的是(　　)。

　　A. 多态　　　　　　B. 继承　　　　　　C. 抽象　　　　　　D. 封装

(2) 下列关于类的说法，错误的是(　　)。

　　A. 类方法的第一个参数是 cls　　　　B. 类中可以定义私有方法和属性

　　C. 对象方法的第一个参数是 self　　　D. 类的对象无法访问类属性

(3) 构造方法是类的一个特殊方法，其名称为(　　)。

　　A. 与类同名　　　B. __init__　　　　C. init　　　　　　D. _del_

(4) 下列方法中，只能由对象调用的是(　　)。

　　A. 类方法　　　　B. 对象方法　　　　C. 静态方法　　　　D. 析构方法

(5) 以下表示 C 类继承 A 类和 B 类的格式中，正确的是(　　)。

　　A. class C A,B:　　B. class C(A,B)　　C. class C(A,B):　　D. class C A and B:

3. 判断题

(1) 子类中不能重新实现从父类继承的方法。　　　　　　　　　　　　(　　)

(2) Python 中一个类只能创建一个对象。　　　　　　　　　　　　　　(　　)

(3) Python 通过类可以创建对象，有且只有一个对象。　　　　　　　　(　　)

(4) 在类的方法中可以调用类中定义的其他方法。　　　　　　　　　　(　　)

(5) 对象方法可以由类和对象调用。　　　　　　　　　　　　　　　　(　　)

4. 简答题

(1) 简述对象方法、类方法、静态方法的区别。

(2) 简述构造方法和析构方法的特点。

(3) 简述类方法的装饰器。

(4) 简述私有方法与特殊方法的异同。

(5) 简述面向对象的三大特性。

5. 编程题

(1) 设计一个 Person(人)类，包括姓名、年龄和血型等属性。编写构造方法用于初始化每个人的具体属性值，编写 detail 方法用于输出每个对象具体的值。请编写程序验证类的功能。

(2) 设计一个 Course(课程)类，该类中包括 number(编号)、name(名称)、teacher(任课教师)、location(上课地点)4 个属性，其中 location 是私有属性；还包括 __init__() 和 show_info()(显示课程信息)两个方法。设计完成后，创建 Course 类的对象显示课程的信息。

(3) 有 3 个游戏角色，分别如下。

① 小 A，女，18 岁，初始战斗力为 1000。

② 小 B，男，20 岁，初始战斗力为 1800。

③ 小 C，女，19 岁，初始战斗力为 2500。

有 3 个游戏场景，分别如下。

① 草丛战斗，消耗 200 战斗力。

② 自我修炼，增长 100 战斗力。

③ 多人游戏，消耗 500 战斗力。

请编写程序模拟游戏场景。

(4) 设计一个 Circle(圆)类,该类中包括属性radius(半径),还包括__init__()、get_perimeter()(求周长)和 get_area()(求面积)3 个方法。设计完成后，创建 Circle 类的对象求圆的周长和面积。

(5) 设计一个 Animal(动物)类，包括颜色属性和发声方法；再设计一个 Fish(鱼)类，包括尾巴和颜色两个属性，以及发声方法。要求：Fish 类要继承自 Animal 类，重写构造方法、发声方法和__str__()方法，并返回对象的属性描述。

❧ 第 9 章 ❧
异常、调试与测试

学习目标：
1. 熟悉异常类型
2. 掌握异常捕获与处理的方法
3. 掌握程序调试方法
4. 掌握程序单元测试方法

思政内涵：
广大学子应该在程序调试和测试中学习严谨、专注、协作和精益求精的精神。

9.1 异常

9.1.1 异常与错误

　　无论是程序编写过程中，还是后续的程序运行过程中，都可能出现一些错误，包括语法和逻辑两方面的错误。对于语法方面的错误，解释器会自动检测发现，然后终止程序运行，并且给出错误提示，这类错误称为异常。而逻辑方面的错误解释器不能检测，程序可能会一直执行下去，但结果却是错误的。因此，在软件开发过程中，没有一次性写好的代码，也没有不用修改、优化、测试、扩展的代码，在代码编写过程中或后期维护升级过程中，需要不断地对程序进行调试和测试。

　　在高级编程语言中，有时会出现程序故障，故障一般分为错误和异常，其定义如下。

　　异常：解释器能自动检测发现的程序故障就是异常，异常是可以被捕获的，也可以被处理。

　　错误：解释器无法自动检测发现的程序故障称为错误。

　　一个稳健的程序，应尽可能地避免错误，并且要能够捕获、处理各种异常。Python 内置了很多异常类型，具有强大的异常处理机制。

　　在运行 Python 程序时，常常会报出一些异常，这些异常可能是程序编写时的疏忽或考虑不周所导致的，这时就需要根据异常 Traceback 回溯到异常点进行分析、改正。例如，我们知道在四则运算中 0 不能作为除数进行计算，同样地，若程序中以 0 作为除数，那么程序在运行时相关代码便会引发异常。若执行 print(1/0)语句，那么因除数为 0 而产生异常的相关信息如下。

```
Traceback (most recent call last):
    File "<pyshell#0>", line 1, in <module>
        print(1/0)
ZeroDivisionError: division by zero
```

在以上信息中，第 2 行和第 3 行指出了异常所在的行号与此行的代码；第 4 行说明了本次异常的类型和异常描述。根据异常描述和异常位置，我们很快便能判断出此次异常是"print(1/0)"这行代码中将 0 作为除数所导致的。修改除数为零的情况，就可以防止异常的发生。

有时，一些意外情况也会导致程序出现异常。例如，在访问一个网络文件时突然断网了，程序无法正常执行下去，这就是一个异常情况。总之，异常是不能避免的，但我们可以对异常进行捕获处理，防止程序终止。程序异常行为的捕获是代码设计中的重要问题。Python 中使用异常类来描述这些异常行为，向代码中注入了个性化设计和强大的调试力量。

有时候，虽然程序可以执行，但是结果却是错误的，这种错误就需要开发人员通过测试、调试程序来发现错误、处理错误。

9.1.2 异常类型

Python 程序运行出错时产生的每个异常类型都对应一个类，程序运行时出现的异常大多继承自 Exception 类，Exception 类又继承自异常类的基类 BaseException。Python 中异常类的继承关系如图 9.1 所示。

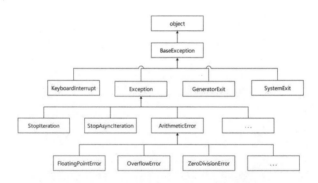

图 9.1 异常类的继承关系

由图 9.1 可知，BaseException 是所有异常类型的基类，它派生了 4 个子类：Exception、KeyboardInterrupt、GeneratorExit 和 SystemExit。其中，Exception 是所有内置的、非系统退出的异常的基类；KeyboardInterrupt 是用户中断执行时产生的异常；GeneratorExit 表示生成器退出异常；SystemExit 表示 Python 解释器退出异常。

Exception 类内置了很多常见的异常，下面通过示例对其进行具体介绍。

1. NameError

NameError 是程序中使用了未定义的变量引发的异常。例如，访问一个未定义过的变量 name，代码如下。

```
print(name)
```

运行代码，输出结果如下。

```
Traceback (most recent call last):
    File "<pyshell#1>", line 1, in <module>
        print(name)
NameError: name 'name' is not defined
```

2. IndexError

IndexError 是程序越界访问引发的异常。例如，超范围访问列表的数据，代码如下。

```
ls=[1,2,3]
print(ls[4])
```

运行代码，输出结果如下

```
Traceback (most recent call last):
    File "<pyshell#3>", line 1, in <module>
        print(ls[4])
IndexError: list index out of range
```

3. AttributError

AttributError 是使用对象访问不存在的属性引发的异常。例如，Car 类中动态添加了属性 color，使用 Car 类的对象依次访问 color 属性和不存在的 logo 属性，代码如下。

```
class Car:
        color='red'
car=Car()
print(car.color)
print(car.logo)
```

运行代码，输出结果如下。

```
red
Traceback (most recent call last):
    File "D:/w1.py", line 5, in <module>
        print(car.logo)
AttributeError: 'Car' object has no attribute 'logo'
```

9.1.3　异常捕获与处理

捕捉异常可以使用 try-except 语句。try-except 语句用来检测 try 语句块中的错误，从而使 except 语句捕获异常信息并处理。异常捕获与处理的 3 种语句格式如下。

```
try-except
try-except-else
try-except-else-finally
```

1. tryexcept 异常捕获与处理

try-except 语句的语法格式如下。

```
try:
    可能出错的代码
except [异常类型 [as error]]:
    捕获异常后的处理代码
```

其中，try 子句之后是可能出错的代码，即需要被监控的代码；except 子句中可以指定异常类型，若指定了异常类型，则该子句只对与指定异常类型相匹配的异常进行处理，否则处理 try 语句捕获的所有异常；except 子句中的 as 关键字用于把捕获到的异常对象赋给 error；except 子句后的代码是处理异常时执行的代码。

try-except 语句的执行过程如下：优先执行 try 子句中可能出错的代码；若 try 子句中没有出现异常，则忽略 except 子句继续向下执行；若 try 子句中出现了异常，则忽略 try 子句的剩余代码，转而执行 except 子句：若程序出现的异常类型与 except 子句中指定的异常类型匹配，则使用 error 记录异常信息，并执行 except 子句中的代码，否则按系统默认的方式终止程序。

try-except 语句可以捕获并处理程序的单个、多个或全部异常，下面逐一进行介绍。

1) 捕获单个异常

捕获单个异常的方式比较简单，在 except 之后指定捕获的单个异常类型即可，示例代码如程序段 P9.1 所示。

```
P9.1 捕获单个异常
num1=int(input("请输入被除数："))
num2=int(input("请输入除数："))
try:
    print("结果为",num1/num2)
except ZeroDivisionError:
    print("出错了")
```

执行程序，输入被除数 8 和除数 0，输出结果如下。

```
请输入被除数：8
请输入除数：0
出错了
```

输出结果表示捕获到了异常，但没有明确地说明该异常产生的具体原因，此时，可以在异常类型之后使用 as 关键字来获取异常的具体信息，修改后的代码如程序段 P9.2 所示。

```
P9.2 捕获异常信息
num1=int(input("请输入被除数："))
num2=int(input("请输入除数："))
try:
    print("结果为",num1/num2)
except ZeroDivisionError as error:
    print("出错了,原因是：",error)
```

运行代码，输入数据，输出结果如下。

```
请输入被除数：8
请输入除数：0
出错了,原因是：  division by zero
```

结果中说明了异常产生的原因。

2) 捕获多个异常

若要捕获多个异常，则需要在 except 之后以元组的形式指定多个异常类型，示例代码如程序段 P9.3 所示。

```
P9.3 捕获多个异常
num1=int(input("请输入被除数: "))
num2=int(input("请输入除数: "))
try:
    print("结果为",num1/num2)
except (ZeroDivisionError,ValueError) as error:
    print("出错了,原因是: ",error)
```

以上程序可能会因除数为 0 使程序出现 ZeroDivisionError 异常，也可能会因除数为非数值使程序出现 ValueError 异常。except 子句中明确指定了捕获 ZeroDivisionError 或 ValueError 异常，因此程序在检测到 ZeroDivisionError 异常或 ValueError 异常后会执行 except 子句的打印语句。

运行代码，输入数据，输出结果如下。

```
请输入被除数: 8
请输入除数: 0
出错了,原因是:   division by zero
```

再次运行代码，输入数据，输出结果如下。

```
请输入被除数: 8
请输入除数: b
出错了,原因是:   invalid literal for int() with base 10: 'b'
```

由两次输出结果可知，程序可以成功捕获 ZeroDivisionError 或 ValueError 异常。

3) 捕获全部异常

如果要捕获程序中的所有异常，那么可以将 except 之后的异常类型设置为 Exception，或者省略不写。需要注意的是，若省略异常类型，except 子句中就无法获取异常的具体信息。示例代码如程序段 P9.4 所示。

```
P9.4 捕获全部异常
try:
    num1=int(input("请输入被除数: "))
    num2=int(input("请输入除数: "))
    print("结果为",num1/num2)
except Exception as error:
    print("出错了,原因是: ",error)
```

运行代码，输入数据，输出结果如下

```
请输入被除数: 8
请输入除数: a
出错了,原因是:   invalid literal for int() with base 10: 'a'
```

再次运行代码，输入不同的数据，输出结果如下

```
请输入被除数: 8
请输入除数: 0
出错了,原因是:   division by zero
```

2. try-except-else-finally 异常处理方式

1) try-except-else 异常捕获与处理

try-except-else 语句的语法格式如下。

```
try:
    可能出错的代码
except [异常类型 [as error]]:
    捕获异常后的处理代码
else:
    没有异常的处理代码
```

例如，在执行除法运算时，分别使用 try-except 语句和 else 子句，处理除数为 0 和非 0 的情况，示例代码如程序段 P9.5 所示。

```
P9.5  else 处理无异常的情况
num1=int(input("请输入被除数： "))
num2=int(input("请输入除数： "))
try:
    result=num1/num2
except Exception as error:
    print("出错了,原因是： ",error)
else:
    print(result)
```

运行代码，输入数据，输出结果如下。

```
请输入被除数： 8
请输入除数： 2
4.0
```

由以上输出结果可知，程序没有出现异常，执行了 else 后面的打印语句。

2) try-except-[else]-finally 异常捕获与处理

try-except-[else]-finally 语句的语法格式如下。

```
try:
    可能出错的代码
except [异常类型 [as error]]:
    捕获异常后的处理代码
[else:
    没有异常的处理代码]
finally:
    一定要执行的代码
```

无论 try 子句监控的代码是否产生异常，finally 子句都会被执行。基于此特性，在实际应用程序中，finally 子句多用于资源的清理操作，如关闭文件、关闭网络连接、关闭数据库连接等。使用 finally 子句的示例代码如程序段 P9.6 所示。

```
P9.6  finally 一定要处理的情况
num1=int(input("请输入被除数： "))
num2=int(input("请输入除数： "))
try:
```

```
        result=num1/num2
except Exception as error:
        print("出错了,原因是：",error)
else:
        print(result)
finally:
        print("这是一定要执行的代码")
```

运行代码，输入数据，输出结果如下。

```
请输入被除数：8
请输入除数：0
出错了,原因是：  division by zero
这是一定要执行的代码
```

再次运行代码，输入数据，输出结果如下。

```
请输入被除数：8
请输入除数：2
4.0
这是一定要执行的代码
```

从结果可知，无论是否发生异常，finally 后面的代码都会被执行。

9.1.4　raise 与 assert 抛出异常

1. 使用 raise 语句抛出异常

在 Python 中使用 raise 语句可以显式地抛出异常，raise 语句的语法格式如下。

```
raise 异常类
raise 异常对象
raise
```

以上 3 种格式都是通过 raise 语句抛出异常。第 1 种格式和第 2 种格式是对等的，都会引发指定类型的异常。第 1 种格式会隐式创建一个该异常类型的对象；第 2 种格式是比较常见的形式，它会直接提供一个该异常类型的对象；第 3 种格式用于重新引发刚刚发生的异常。下面对上述的 3 种格式进行介绍。

1) 使用异常类引发异常

使用 "raise 异常类" 语句可以引发该语句中异常类对应的异常，示例代码如下。

```
raise IndexError
```

运行代码，输出结果如下。

```
Traceback (most recent call last):
    File "<pyshell#4>", line 1, in <module>
        raise IndexError
IndexError
```

"raise 异常类" 语句在执行时会先隐式地创建该语句中异常类的实例，然后引发异常。

2) 使用异常类对象引发异常

使用"raise 异常类对象"语句可以引发该语句中异常类对象对应的异常，示例代码如下。

```
raise IndexError()
```

运行代码，输出结果如下。

```
Traceback (most recent call last):
    File "<pyshell#5>", line 1, in <module>
        raise IndexError()
IndexError
```

以上代码中 raise 之后的"IndexError()"用于创建异常类对象。在创建异常类对象时，还可以通过字符串指定异常的具体信息，示例代码如下。

```
raise IndexError("索引超出范围")
```

运行代码，输出结果如下。

```
Traceback (most recent call last):
    File "<pyshell#7>", line 1, in <module>
        raise IndexError("索引超出范围")
IndexError: 索引超出范围
```

3) 重新引发异常

使用不带任何参数的"raise"语句可以引发刚刚发生的异常，示例代码如下。

```
try:
        raise IndexError('索引超出范围')
except:
        raise
```

运行代码，输出结果如下。

```
Traceback (most recent call last):
    File "D:/x1.py", line 2, in <module>
        raise IndexError('索引超出范围')
IndexError: 索引超出范围
```

由结果可知，try 语句检测到异常，except 语句捕获异常后又重新抛出了异常。

2. 使用 assert 语句抛出异常

assert 语句又称为断言语句，其语法格式如下。

```
assert 表达式[,异常信息]
```

assert 后面紧跟一个表达式，当表达式的值为 False 时触发 AssertionError 异常，当表达式的值为 True 时不做任何操作，表达式之后可以使用字符串来描述异常信息。

assert 语句可以帮助程序开发者在开发阶段调试程序，以保证程序能够正确运行。下面使用断言语句判断用户输入的除数是否为 0，示例代码如程序段 P9.7 所示。

```
P9.7 assert 抛出异常
num1=int(input("请输入被除数："))
num2=int(input("请输入除数："))
```

```
assert num2 !=0,'除数不能为 0'
print(num1/num2)
```

运行代码，输入数据，输出结果如下。

```
请输入被除数: 8
请输入除数: 2
4.0
```

再次运行代码，输入数据，输出结果如下。

```
请输入被除数: 8
请输入除数: 0
Traceback (most recent call last):
    File "D:/y.py", line 3, in <module>
        assert num2 !=0,'除数不能为 0'
AssertionError: 除数不能为 0
```

结果显示，当除数不为 0 时输出了运算结果，当除数为 0 时抛出了异常。

9.1.5 自定义异常类

虽然 Python 提供了许多内置的异常类，但是在实际开发过程中可能出现的问题难以预料，因此，开发人员有时需要自定义异常类，以满足当前程序的需要。例如，在设计用户注册账户功能时需要限定用户名或密码等信息的类型和长度。自定义异常类的方法比较简单，只需要创建一个继承 Exception 类或 Exception 子类的类(类名一般以 Error 结尾)即可。

下面通过一个用户注册密码的长度限制的示例来演示自定义异常类，示例代码如程序段 P9.8 所示。

```
P9.8 自定义异常类
class ShortInputError(Exception):
    def __init__(self,length,atleast):
            self.length=length
            self.atleast=atleast
try:
    text=input("请输入密码: ")
    if len(text)<6:
        raise ShortInputError(len(text),6)
except Exception as error:
    print("ShortInputError:输入密码的长度是%d,长度至少应是%d"%(error.length,error.atleast))
else:
    print("密码设置成功")
```

运行代码，输入数据，输出结果如下。

```
请输入密码: 123456
密码设置成功
```

再次运行代码，输入数据，输出结果如下。

```
请输入密码: 123
ShortInputError:输入密码的长度是 3,长度至少应是 6
```

9.1.6 异常的传递

如果程序中的异常没有被处理，那么默认情况下会将该异常传递到上一级，如果上一级仍然没有处理异常，那么会继续向上传递，直至异常被处理或程序终止运行。示例代码如程序段 P9.9 所示。

```
P9.9 异常的传递
def div():
print("div()开始执行")
num1=int(input("请输入被除数："))
num2=int(input("请输入除数："))
res1=num1/num2
return res1
def mul():
print("mul()开始执行")
num3=int(input("请输入乘数："))
res2=num3*div()
return res2
def test():
try:
        res3=mul()
        print(res3)
except Exception as error:
        print(f"捕获到异常信息{error}")
test()
```

运行代码，输入数据，输出结果如下。

```
mul()开始执行
请输入乘数：5
div()开始执行
请输入被除数：8
请输入除数：2
20.0
```

结果显示无异常，输出正确结果。

再次运行代码，输入数据，输出结果如下。

```
mul()开始执行
请输入乘数：5
div()开始执行
请输入被除数：8
请输入除数：0
捕获到异常信息 division by zero
```

结果显示，在函数 div()中出现的除数为零的异常没有被处理，在中间调用函数 mul()中也没有被处理，最后传递到外层调用函数 test()中才进行了处理。

9.2　调试

9.2.1　程序调试策略

作为一个程序开发者，掌握一定的程序调试策略是非常有必要的。

调试是排除故障的过程，即定位故障并修复故障。调试的目的是找到问题并解决问题。调试没有计划，进度不可以度量；调试条件未知，结果不可预知；调试在编码阶段进行，由开发人员完成。

程序调试策略主要有以下 5 种。

1. 试探法

调试人员分析故障的特征，猜测故障所在的位置，利用在程序中设置输出语句、分析输出内容等手段来获得故障线索，一步步地进行试探分析。这种方法效率很低，适合于结构比较简单的程序。

2. 回溯法

调试人员从发现问题的位置开始，沿着程序的控制流程跟踪代码，直到找出错误根源为止。这种方法适合于小型程序，对于大规模程序，由于其需要回溯的路径太多而变得不可操作。

3. 对分查找法

对分查找法主要用来缩小错误的范围，如果已经知道程序中的变量在若干位置的正确取值，则可以在这些位置给变量赋正确值，观察程序的输出结果。如果没有发现问题，则说明从赋予变量一个正确值开始到输出结果的程序没有出错，问题可能在除此之外的程序中，否则错误就在所考察的这段程序中。对存在错误的程序段再使用这种方法，直到把故障范围缩小到比较容易诊断为止。

4. 归纳法

归纳法就是从测试所暴露的问题出发，收集所有正确或不正确的数据，分析它们之间的关系，提出假想的错误原因，用这些数据来证明或反驳，从而找到故障所在。

5. 演绎法

根据测试结果，列出所有可能的错误原因。分析已有的数据，排除彼此矛盾的原因。对于余下的原因，选择可能性最大的，利用已有的数据完善该假设，使假设更具体。用假设来解释所有的原始测试结果，如果能解释，则假设得以证实，便可找出错误；否则，要么是假设不完备或不成立，要么就是程序有问题。

9.2.2　Python 调试方法

写好的代码能直接运行的概率非常低，总会出现各种各样的问题。有的问题很简单，根据错误提示就能解决；有的问题很复杂，需要利用一些调试的手段去发现和解决。Python 程序具有多种调试方法，下面介绍在 Python 程序开发中常用的一些调试方法。

1. print 方法

常用的调试方法是使用 print 语句。在代码中合适的地方插入 print 语句，可以输出提示语句或输出变量语句，以便在程序执行时输出提示信息或变量值，以此来判断程序的执行情况。

使用 print 方法最大的缺点是将来还要将它删除，如果程序中到处都是 print，运行结果也会包含很多垃圾信息。这种调试方法比较适合小型程序和简单问题。

2. assert 方法

assert 语句在代码调试中也会被使用，它用来判断紧跟着的代码的正确性，如果满足条件(正确)，程序就会自动向下执行，如果不满足条件(错误)，则会中断当前程序并产生一个 AssertionError 错误，以此来查找故障原因，调试程序。assert 方法的缺点与 print 方法一样需要事后删除，但在启动 Python 解释器时可以用-O 参数来关闭 assert，关闭后则可以把所有的 assert 语句当成 pass 来看。

3. pdb 调试器

Python 的调试器 pdb，可以使程序以单步方式运行，从而随时查看程序的运行状态。以参数-m pdb 启动程序后，pdb 会定位下一步要执行的代码，并显示(Pdb)提示符。输入命令 l 来查看代码，如图 9.2 所示。

```
D:\>python -m pdb test.py
> d:\test.py(1)<module>()
-> import turtle
(Pdb) 1
  1  -> import turtle
  2
  3     def main():
  4         size = int(input("Please input size:(20~200)"))
  5
  6         t = turtle.Turtle()
  7         t.color('red')
  8         t.pensize(3)
  9
 10         for i in range(5):
 11             t.forward(size)
(Pdb)
```

图 9.2 pdb 调试

输入命令 n 可以单步执行代码，如图 9.3 所示。

```
                      t.forward(size)
(Pdb) n
> d:\test.py(3)<module>()
-> def main():
(Pdb) n
> d:\test.py(17)<module>()
-> if __name__ == '__main__':
(Pdb) n
> d:\test.py(19)<module>()
-> main()
(Pdb)
```

图 9.3 单步执行代码

任何时候都可以输入命令 p 查看变量；输入命令 q 结束调试并退出程序。通过 pdb 在命令行进行调试的方法理论上是万能的，但实在是太麻烦了。还有另一种调试方法：导入 pdb 模块，然后在可能出错的地方放一个 pdb.set_trace()来设置断点，程序会自动在 pdb.set_trace()处暂停并进入 pdb 调试环境。此时，可以用命令 p 查看变量，或者用命令 c 使程序继续运行，这种调试方法效率更高。

4. IDE 调试

IDE 集成工具都具有程序调试功能。Python 的 IDLE 也具有程序调试功能。使用 IDLE 进行程序调试的基本步骤如下。

(1) 打开 IDLE(Python Shell)，执行 Debug | Debugger 命令，将打开 Debug Control 窗口(此时该窗口是空白的)，同时 Python 3.8.2 Shell 窗口中将显示 "[DEBUG ON]" (表示已经处于调试状态)，如图 9.4 所示。

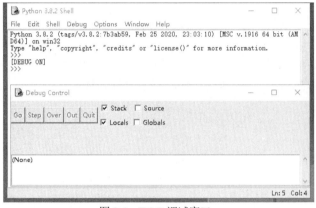

图 9.4　IDLE 调试窗口

(2) 在 Python 3.8.2 Shell 窗口中，执行 File | Open 命令，打开要调试的文件，然后添加需要的断点。设置断点后，当程序执行到断点时就会暂时中断执行。

添加断点的方法如下：在想要添加断点的代码行上右击，在弹出的快捷菜单中选择"Set Breakpoint"。添加断点的行会带有底纹标记，如图 9.5 所示。

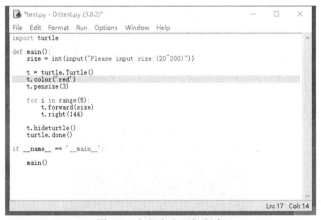

图 9.5　在程序中添加断点

如果想要删除已经添加的断点，则可以选中已经添加断点的行并右击，在弹出的快捷菜单中选择"Clear Breakpoint"即可。

(3) 添加断点后，按下快捷键，执行程序，这时，Debug Control 窗口中将显示程序的执行信息，勾选 Globals 复选框，将显示全局变量，如图 9.6 所示。

图 9.6　查看变量数据

（4）调试工具栏中提供了 5 个工具按钮。单击 Go 按钮执行程序，直到所设置的第一个断点。由于在实例代码 test.py 文件中，需要获取用户的输入，因此需要先在 Python 3.8.2 Shell 窗口中输入五角星大小的 size 参数。输入 100 后，Debug Control 窗口中的数据将发生变化，如图 9.7 所示。

图 9.7　查看程序运行中变量的数据

调试工具栏中的 5 个按钮的作用如下：Go 按钮用于执行跳至断点操作；Step 按钮用于进入要执行的函数；Over 按钮表示单步执行；Out 按钮表示跳出所在函数；Quit 按钮表示结束调试。

在调试过程中，如果所设置的断点处有其他函数调用，则可以单击 Step 按钮进入函数内。当确定该函数没有问题时，则可以单击 Out 按钮跳出该函数。如果在调试的过程中已经发现了问题的原因，需要进行修改，则可以直接单击 Quit 按钮结束调试。另外，如果调试的目的不是很明确(即不确认问题的位置)，也可以直接单击 Setp 按钮进行单步执行，这样可以清晰地看到程序的执行过程和数据的变量，方便找出问题。

(5) 继续单击 Go 按钮，执行到下一个断点，查看变量的变化，直到全部断点都执行完毕。调试工具栏中的按钮将变为不可用状态，如图 9.8 所示。

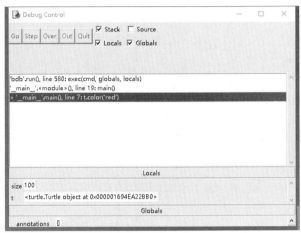

图 9.8　根据程序运行跟踪变量数据

(6) 程序调试完毕后，可以关闭 Debug Control 窗口，此时 Python 3.8.2 Shell 窗口中将显示"[DEBUG OFF]" (表示已经结束调试)。

很多支持 Python 的 IDE 都具有非常强大的调试功能，甚至连轻量级编辑器（如 PyCharm、Visual Studio Code、Spyder、Eclipse + PyDev、Visual Studio 等）也不例外。学习者可以根据自己的使用场景，深入学习其调试功能。

我们通常使用 IDE 自带的调试功能对 Python 代码进行调试，但是 IDE 提供的调试功能存在局限性。例如，在测试服务器上调试代码，但又不可能在测试服务器上安装 IDE 进行调试。这时，我们就可以利用相关工具进行调试。

Python 还提供了一些可以用于调试的标准模块和第三方模块，标准模块有 logging、warnings等，第三方模块有 PySnooper、Better-exceptions 等。

9.3　测试

9.3.1　软件测试分类

测试是在规定的条件下对程序进行操作，以发现程序故障、衡量软件质量，并对其是否能满足设计要求进行评估的过程。测试的目的是寻找问题。测试从已知条件开始，使用预定义的过程，并且有预期结果。测试不仅可以预先计划，还可以制订测试用例和计划，而且进度可以度量。测试贯穿于软件生命周期的整个阶段，由专门的测试人员完成。

软件测试是伴随着软件的产生而产生的。早期的软件开发过程中软件规模都很小、复杂程度低，软件开发的过程混乱无序，测试的定义比较狭窄，开发人员将测试视为"调试"，目的是纠正软件中已知的故障，常常由开发人员自己完成。随着软件和 IT 行业的发展，软件趋向大型化、高复杂度，人们越来越重视软件的质量。软件测试的基础理论和实用技术开始发展，软件测试的定义发生了改变，测试不单单是一个发现错误的过程，还是软件质量保证(SQA)的主要职能。

软件测试已经形成了一个庞大的技术体系，可按照测试阶段和测试方式进行分类。

1. 按照测试阶段分类

按照测试阶段分类，软件测试主要分为以下 4 种。

1) 单元测试

单元测试用于完成最小的软件设计单元的验证工作，确保模块被正确地编码。

2) 集成测试

集成测试用于在单元测试的基础上将多个模块组装起来进行测试，重点关注模块的接口部分。

3) 系统测试

系统测试就是把项目作为一个整体进行测试。

4) 验收测试

验收测试是一项确认产品是否能满足合同或用户需求的测试。

2. 按照测试方式分类

按照测试方式分类，软件测试主要分为以下 6 种。

1) 静态测试

静态测试方式是指软件代码的静态分析测验，主要通过软件的静态性测试(即人工推断或计算机辅助测试)测试程序中运算方式、算法的正确性，进而完成测试过程。静态测试的优点在于能够消耗较短时间、较少资源完成对软件、软件代码的测试，能够较为明显地发现代码中出现的错误。静态测试方法适用范围较大，尤其适用于较大型的软件测试。

2) 动态测试

计算机动态测试的主要目的是检测软件运行中出现的问题，与静态测试方式相比，动态测试主要依赖程序的运行，检测软件中动态行为是否缺失、软件运行效果是否良好。动态测试较为明显的特征是在进行动态测试时软件为运转状态，只有如此才能在使用过程中发现软件缺陷，进而对此类缺陷进行修复。动态测试过程中包括两类因素，即被测试软件与测试所需数据，这两类因素决定了动态测试的正确展开和有效展开。

3) 黑盒测试

黑盒测试，顾名思义，即将软件测试环境模拟为不可见的"黑盒"。通过数据输入观察数据输出，检查软件内部功能是否正常。在进行测试时，将数据输入软件，等待数据输出。输出数据若与预计数据一致，则证明该软件通过了测试。若输出的数据与预计数据有出入，即便出入较小也说明软件程序内部出现了问题，必须尽快解决。

4) 白盒测试

白盒测试是指根据软件内部应用、源代码等对产品内部工作过程进行调试。在测试过程中，通常将白盒测试与软件内部结构协同展开分析。白盒测试最大的优点是它能够有效解决软件内部应用程序出现的问题。当测试软件拥有较多功能时，使用白盒测试法可以更全面地对软件进行测试。白盒测试可以与黑盒测试方式结合使用。

5) 手工测试

手工测试是指由测试人员逐一执行测试用例，通过键盘、鼠标等输入一些参数，并查看返回结果是否符合预期结果。

6) 自动化测试

自动化测试是机器执行测试的一种过程。在设计测试用例并通过评审之后，由机器根据测试用例中描述的规则流程一步步执行测试，并把得到的实际结果与期望结果进行比较。自动化测试节省了人力、时间和硬件资源，提高了测试效率。

9.3.2 Python 测试技术

Python 软件产品经过开发、调试以后，要经过一系列测试才能交给用户使用。专业的测试是一个软件工程项目，依据软件工程流程开发测试软件，利用测试软件对软件产品进行测试，涉及测试需求分析、测试方案规划、测试设计描述、测试用例开发等流程。

如今，软件测试基本上都是使用软件测试框架进行测试。软件测试框架包括 Python 的内置测试框架 unittest，第三方框架 pytest、Selenium 等。测试与开发已经成为软件产品生成的两个职能部门，作为 Python 开发者了解单元测试的基本知识即可。

单元测试又称为模块测试，是针对程序模块(软件设计的最小单位)进行正确性检验的测试工作。程序单元是应用的最小可测试部件。在过程化编程中，一个单元就是单个程序、函数、过程等。对于面向对象编程，最小的单元就是方法，包括基类(超类)、抽象类，以及派生类中的方法。

单元测试在集成测试之前进行，每次修改代码后都需要进行单元测试。单元测试常采用测试驱动开发(test driven development，TDD)模式，测试驱动开发的基本思路如下：先写测试代码—测试用例执行出错—修改业务代码—测试用例通过—继续写测试代码。Python 常用的单元测试框架是 unittest。

unittest 是 Python 内置的自动化单元测试框架。unittest 具备完整的测试结构，支持自动化测试的执行，对测试用例集进行组织，并且提供了丰富的断言方法，最后可生成测试报告。unittest 框架的初衷是用于单元测试，但也不限于此，在实际工作中，由于它的强大功能，可以提供完整的测试流程。

在解释器中导入 unittest 模块，并使用 dir()函数获取 unittest 的所有成员，结果显示 unittest 模块拥有非常多的成员。实际上，一个模块中很大一部分成员的使用频率并不高。对于初学者来说，只需要有重点地去攻克核心部分即可，等到工作中需要使用的时候再去深入学习，这样可以达到事半功倍的效果。

unittest 包含的主要内容如下。

- TestCase(测试用例)
- TestSuite(测试套件，把多个 TestCase 集成到一个测试 TestSuite)
- TestRunner(执行测试用例)
- TestLoader(自动从代码中加载多个测试用例 TestCase)
- Fixture(测试装置)

其中，TestCase 是 unittest 中比较重要的一个类，也是测试用例类的父类，对其进行继承，可以使子类具备执行测试的能力。一个完整的测试流程就是一个测试用例通过一些特定的输入得到响应，并对响应进行校验的过程。通过继承 TestCase 父类创建测试用例，就可以进行代码测试。

下面以一个矢量运算的单元测试为例演示测试过程。首先设计矢量运算单元代码，如程序段 P9.10 所示，文件名为 vector.py。

```
P9.10 矢量运算类
class Vector:
    def __init__(self, x, y):
        self.x = x
        self.y = y
    def add(self, other):
        return Vector(self.x + other.x,self.y + other.y)
    def mul(self, factor):
        return Vector(self.x * factor,self.y * factor)
    def dot(self, other):
        return self.x * other.x + self.y * other.y
    def norm(self):
        return (self.x * self.x +self.y * self.y) ** 0.5
```

然后，设计测试用例类，如程序段 P9.11 所示，文件名为 test_vector.py。

```
P9.11 测试用例类
import unittest
from vector import Vector
class TestVector(unittest.TestCase):
    def test_init(self):
        v = Vector(1, 2)
        self.assertEqual(v.x, 1)
        self.assertEqual(v.y, 2)
    def test_add(self):
        v1 = Vector(1, 2)
        v2 = Vector(2, 3)
        v3 = v1.add(v2)
        self.assertEqual(v3.x, 3)
```

测试用例类必须继承自 unittest.TestCase 类，类中每个方法代表一个测试用例，方法名必须以 test 开头。上述代码中，设计了两个测试用例，一个是 test_init，测试矢量对象的初始化；另一个是 test_add，测试矢量的加法运算。上述代码中，assertEqual(等于)是 unittest 的断言方式，除此之外，还有 assertNotEqual(不等于)、assertTrue (为 True)、assertIn (在……之中)等断言方式可供选择。

在执行测试时，unittest 框架会自动调用测试用例类中的方法，完成对矢量初始化和矢量加法运算的代码测试。在控制台命令行字符界面输入命令，运行结果如图 9.9 所示。

图 9.9　单元测试结果正确情况

两个测试用例很快测试完成，输出结果是 OK。

如果把矢量运算代码中的加法运算符改为“-”，并将返回语句修改为 return Vector(self.x-other.x,self.y + other.y)，那么测试结果如图 9.10 所示。

```
D:\test>python -m unittest test_vector.py
F.
======================================================================
FAIL: test_add (test_vector.TestVector)
----------------------------------------------------------------------
Traceback (most recent call last):
  File "D:\test\test_vector.py", line 16, in test_add
    self.assertEqual(v3.x, 3)
AssertionError: -1 != 3

----------------------------------------------------------------------
Ran 2 tests in 0.001s

FAILED (failures=1)

D:\test>
```

图 9.10　单元测试结果错误情况

测试失败，测试结果与预期结果不符合，此时就需要寻找错误原因并修改代码。

在实际编程中，可以利用 unittest 框架对编写的代码进行单元测试，以提高编程调试效率。

实训与习题

实训

(1) 完成本章 P9.1～P9.11 程序上机练习。

(2) 在使用 input 语句输入数据时，输入错误数据类型的异常捕获处理训练。

(3) 当用户输入姓名、密码时，对输入进行限制的自定义异常类训练。

(4) 采用 pdb 调试方法调试一个案例程序。

(5) 采用 IDLE 调试一个案例程序。

习题

1. 填空题

(1) Python 中所有异常的父类是____________。

(2) 主动抛出异常用____________语句。

(3) 无论 try-except-finally 语句是否捕获到异常，____________子句中的代码一定会执行。

(4) 自定义异常类需要继承____________类。

(5) 若程序中使用了一个未定义变量，则会引发____________异常。

2. 选择题

(1) Python 中有三种使用 raise 抛出异常的方式，其中不正确的是(　　)。

A. raise 异常名　　B. raise 类名　　C. raise 方法名

(2) Python 内置的找不到文件的异常是(　　)。

    A. FileNotFoundError　　　　　　　　　　B. NotFoundFileError

    C. FoundNotFileError

(3) 下列关于异常的说法，正确的是(　　)。

    A. 程序一旦遇到异常便会停止运行

    B. 只要代码语法格式正确，就不会出现异常

    C. try 语句用于捕获异常

    D. 如果 except 子句没指明异常，则可以捕获处理所有的异常。

(4) 当 try 子句中的代码没有错误时，一定不会执行(　　)子句。

    A. try　　　　　　　B. excepy　　　　　　C. else　　　　　　D. finally

(5) 下列代码执行后会引发(　　)异常。

```
num_list = [1,2,3]
Print(num_list)
```

    A. SyntaxError　　　　B. IndexError　　　　C. KeyError　　　　D. NameError

3. 判断题

(1) 测试是为了验证该软件是否已正确地实现了用户的需求。　　　　　　　(　　)

(2) 测试计划是在需求分析阶段制订的。　　　　　　　　　　　　　　　(　　)

(3) 单元测试是在编码阶段完成的。　　　　　　　　　　　　　　　　　(　　)

(4) 软件开发中，一个错误被发现得越晚，为改正它所付出的代价就越大。　(　　)

(5) try-except 语句只能有一个 except 子句。　　　　　　　　　　　　(　　)

4. 简答题

(1) 简述异常的定义及其种类。

(2) 简述 try-except 语句的用法与作用。

(3) 简述 raise 语句与 assert 语句抛出异常的工作原理。

(4) 简述程序调试的方法。

(5) 简述程序测试的方法。

5. 编程题

(1) 编写程序，用户输入半径计算圆的面积，若输入的不是正数则抛出异常并处理。

(2) 编写程序，录入学生成绩，如果成绩分数不合理，则用 assert 抛出异常并处理。

(3) 编写程序，提示用户输入两个整数，然后显示两个整数的和，如果输入的数据不正确，则显示相应的信息。

(4) 创建一个自定义异常类 TriangleError 类，如果输入的三角形的三条边不满足任意两边之和大于第三边的要求，则抛出 TriangleError 类的对象。

(5) 编写程序，提示用户输入 a 和 b 的值，然后求它们的和。如果求的是 a+c 的和，则显示消息 "name 'c' is not defined"。

❀ 第 10 章 ❀

文件与数据格式化

学习目标：

1. 熟悉字符编码
2. 掌握文件操作
3. 熟悉数据存储格式

思政内涵：

通过对字符编码、文件安全的学习，广大学子要增强数据安全、网络安全和国家安全意识。

10.1 文件

10.1.1 文件概述

1. 文件定义

文件在计算机中应用广泛，计算机中的文件是以硬盘等外部介质为载体，存储在计算机中的数据的集合，文本文档、图片、程序、音频等都是文件。

计算机中的每个文件都有唯一确定的标识，以便识别和引用文件。文件标识分为路径、文件名主干和扩展名 3 个部分，Windows 操作系统中一个文件的完整标识如下。

D:\python\chapter11\example.py

操作系统以文件为单位对数据进行管理，若想找到存放在外部介质上的数据，就必须先按照文件标识找到指定的文件，再从文件中读取数据。根据以上文件完整标识，可以找到 Windows 操作系统 D:\python\chapter11 路径下文件名主干为 example、扩展名为.py 的 Python 源代码文件。

根据数据的逻辑存储结构，人们将计算机中的文件分为文本文件和二进制文件。文本文件专门用于存储文本字符数据，若一个文件中没有包含除文本字符外的其他数据，就认为它是一个文本文件。文本文件可以直接使用文字处理程序(如记事本)打开并正常阅读。二进制文件是人们根据计算机中数据的逻辑存储结构为文件划分的类别之一，计算机中存储的图像、音频、视频、可执行文件等都属于二进制文件，这类文件不能直接使用文字处理程序正常读写，必须使用专用程序才能正确获取文件信息。本质上，计算机中的数据在物理层面都是以二进制形式存储的。

Python 与其他编程语言一样，也具有操作文件(I/O)的能力，如打开文件、读取和追加数据、插入和删除数据、关闭文件、删除文件等。

2. 字符编码

字符编码就是将中文、英文等符号映射成数字，然后将数字转换为计算机能存储的二进制数。常见的编码有 ASCII 编码、GB2312 编码、GBK 编码、unicode 编码和 UTF-8 编码。

1) ASCII 编码

由于计算机是美国人发明的，因此最初只有 127 个字符被编码到计算机里，包括大小写英文字母、数字和一些符号，这个编码表被称为 ASCII 编码，用单字节的二进制位表示。例如，大写字母 A 的编码是 65，小写字母 z 的编码是 122。当编程只涉及英文字符或数字，不涉及中文字符时，可以使用 ASCII 编码。

2) GB2312 编码与 GBK 编码

当用计算机处理中文字符时，显然一个字节的编码是不够的，至少需要两个字节，而且还不能和 ASCII 编码冲突，因此，中国制定了 GB2312 编码，用来把中文编进去。GB 为国标，GBK 表示国标扩展。GB2312 兼容 ASCII 编码，对于 ASCII 可以表示的字符(如英文字符 A、B 等)，在 GB2312 中的编码和 ASCII 编码一致，占一个字节；对于 ASCII 不能表示的字符，GB2312 用两个字节表示，且最高位不为 0，避免与 ASCII 字符冲突。例如，字母 A 在 GB2312 中存储的字节十六进制为 41，在 ASCII 中也是 41，中文字符"中"在 GB2312 中存储的两个字节十六进制为 D6D0，最高位为 1 不为 0。

GB2312 只收录了 6763 个汉字，GBK 属于 GB2312 的扩展，增加了很多汉字，支持繁体字，同时兼容 GB2312，同样用两个字节表示非 ASCII 字符。

3) unicode 编码

世界上的语言很多，如果各自采用独立的编码方式，就很容易出现乱码问题。unicode 可以把所有语言都统一到一套编码中，从而解决了乱码问题。unicode 将世界上的所有字符映射为唯一的数字。然而，unicode 数字并不能直接转换为二进制存储。有两种方法可以将 unicode 数字转换为二进制位的映射：一种是将每个 unicode 数字用固定宽度的二进制位表示，如都用两个字节表示，由此产生了 ASCII、GB2312、GBK 编码，例如，字母 A 的 ASCII 编码是十进制的 65，对应的二进制表示为 01000001，而在 unicode 编码中，只需要在前面补 0 就可以，因此，A 的 unicode 编码是 00000000 01000001；另一种是存储的二进制位除了表示数字之外，还表示每个 unicode 数字的长度，由此产生了 UTF-8 编码。

4) UTF-8 编码

UTF(unicode transformation format，统一码转换格式)是为 unicode 编码设计的一种在存储和传输时节省空间的编码方案，主要包括 UTF-32、UTF-16 和 UTF-8。UTF-32 使用 4 个字节表示所有字符；UTF-16 使用 2、4 个字节表示所有字符，优先使用 2 个字节，如果无法表示则使用 4 个字节；UTF-8 使用 1、2、3、4 个字节表示所有字符，优先使用 1 个字节，若无法满足则增加一个字节，最多 4 个字节，英文占 1 个字节、欧洲语系字符占 2 个字节、东亚字符占 3 个字节、其他及特殊字符占 4 个字节。UTF-8 编码把 unicode 编码转换为"可变长编码"，常用的英文字母被编码成 1 个字节，汉字通常是 3 个字节。当传输的文本包含大量英文字符时，用 UTF-8 编码可以有效地节省空间。在计算机内存中，统一使用 unicode 编码，当需要保存到硬盘或进行传输时，就转换为 UTF-8 编码。

字母"A"和中文"中"的编码如表 10-1 所示。

表 10-1　字母"A"和中文"中"的编码

字符	ASCII	unicode	UTF-8
A	01000001	00000000 01000001	01000001
中	x	01001110 00101101	11100100 10111000 10101101

Python 编码及其转换的示例代码如程序段 P10.1 所示。

```
P10.1 字符编码
m=ord('A')                          # ord 获取字符的 unicode 十进制编码
print(m)                            # 输出十进制编码
print(bin(m))                       # 输出二进制编码
n=ord('中')                         # ord 获取字符的 unicode 十进制编码
print(n)                            # 输出十进制编码
print(bin(n))                       # 输出二进制编码
print(chr(65))
print(chr(20013))
```

运行代码，输出结果如下。

```
65
0b1000001
20013
0b100111000101101
A
中
```

10.1.2　文件打开与关闭

1. open 打开文件

在对文件进行操作之前，需要把文件从硬盘读取到内存中，并指定文件放在内存的哪个位置，这就是文件的打开。Python 中通过内置函数 open()打开文件，实际上通过 open()函数创建了文件对象，该函数的语法格式如下。

```
open(file,mode='r',encoding=None)
```

open()函数中的参数 file 用于接收文件名或文件路径；参数 encoding 用于指定文件的编码格式；参数 mode 用于设置文件的打开模式，常用的打开模式有 r、w、a，这些模式的含义分别如下。

- r：以只读的方式打开文件，参数 mode 的默认值。
- w：以只写的方式打开文件。
- a：以追加的方式打开文件。

以上模式可以单独使用，也可以与模式 b、模式+搭配使用。其中，模式 b 表示以二进制方式打开文件，模式+表示以更新的方式打开文件。常用的文件打开模式及其搭配如表 10-2 所示。

表 10-2　常用的文件打开模式及其搭配

打开模式	名称	功能描述
t	文本模式（默认）	以文本文件方式打开文件
b	二进制模式	以二进制文件方式打开文件
r/rb	只读模式（默认）	以只读方式打开文件，文件指针放在文件的开头
w/wb	只写模式	如果该文件已存在则打开文件，并从头开始编辑，原有内容会被删除。如果该文件不存在，则创建新文件
a/ab	追加模式	如果该文件已存在，文件指针放在文件结尾，新的内容会被写入已有内容之后。如果该文件不存在，则创建新文件进行写入
r+/rb+	读取（更新）模式	以读/写方式打开文件，若文件不存在，则打开文件失败
w+/wb+	写入（更新）模式	以读/写方式打开文件，若文件已存在，则重写文件
a+/ab+	追加（更新）模式	以读/写方式打开文件，只允许在末尾追加数据，若文件不存在，则创建新文件

若 open() 函数调用成功，则返回一个文件对象，文件对象具有与该文件相关的属性和方法，可以查看文件对象的属性，并可用文件对象方法操作文件。文件对象的相关属性如表 10-3 所示。

表 10-3　文件对象的相关属性

属性	功能描述
name	打开文件的名称
mode	打开文件的访问模式
closed	文件关闭则返回 True，否则返回 False

2. close 关闭文件

在打开并操作完文件之后，就应该及时将其关闭，否则程序的运行可能会出现问题。文件对象的 close() 方法用于刷新任何未写入的信息并关闭文件对象，之后便不能再进行写入操作。当文件的引用对象重新分配给另一个文件时，Python 也会自动关闭一个文件，但使用 close() 方法关闭文件是良好的编程习惯。通过文件对象的 close() 方法关闭文件的语法格式如下。

```
file_object.close()
```

其中，file_object 是文件对象。打开与关闭文件的示例代码如程序段 P10.2 所示。

```
P10.2 打开与关闭文件
f = open("test.txt", "w")
f.write( "Python is a great language.")
print(f.name)
print(f.mode)
print(f.closed)
f.close()
print(f.closed)
```

运行代码，输出结果如下。

```
test.txt
w
False
True
```

程序执行后，输出了文件的名称、打开方式及是否关闭等信息，在当前文件目录下会创建 test.txt 文件，用记事本打开文件，可以看到以下文件内容。

```
Python is a great language.
```

3. with-as 语句打开/关闭文件

在任何一门编程语言中，文件的输入输出都是很常见的资源管理操作。但资源是有限的，必须保证资源在使用过后得到释放，不然就容易造成资源泄露，轻则使得系统处理缓慢，严重时会使系统崩溃。前面介绍的 close()关闭文件操作，如果在打开文件或文件操作过程中抛出了异常，则无法及时关闭文件。在 Python 中，对应的解决方式是使用 with-as 语句操作上下文管理器(context manager)，它能够自动分配并释放资源。然而，并不是所有的对象都可以使用 with 语句，只有支持上下文管理协议的对象才可以。目前，支持该协议的对象有文件(file)、线程(threading)等。

上下文管理器就是包含__enter__()和__exit__()方法的对象，使用 with-as 打开的文件对象就是一个上下文管理器，无论期间是否抛出异常，都能保证 with-as 语句执行完毕后自动关闭已经打开的文件。with-as 语句的语法格式如下。

```
with 表达式 [as target]：
    代码块
```

其中，target 参数用于指定一个变量，该语句会将表达式指定的结果保存到该变量中，其中的代码块如果不想执行任何语句，则可以直接使用 pass 语句代替。示例代码如程序段 P10.3 所示。

```
P10.3  with-as 语句打开文件
with open("test.txt", "w") as f:
    f.write( "Python is a great language.")
    print(f.name)
    print(f.mode)
    print(f.closed)
print(f.closed)
```

运行代码，输出结果如下。

```
test.txt
w
False
True
```

程序执行后，在 with-as 代码块中输出的文件对象属性显示未关闭，退出代码块后输出的文件对象属性显示文件已关闭。with-as 语句预定义了清理操作，实现了文件的自动关闭。

4. 上下文管理器

前面在介绍 with 语句时，提到了一个非常重要的概念——上下文管理器。使用 with 语句的前提就是要有上下文管理器。上下文管理器用于规定某个对象的使用范围，一旦进入或离开使用范围，就会有特殊的操作被调用。

1) 上下文管理协议

上下文管理协议包含__enter__()和__exit__()方法，支持该协议的对象要实现这两个方法。关于这两个方法的介绍如下。

- __enter__(self)：在进入上下文管理器时调用此方法，其返回值被放入 with-as 语句中 as 说明符指定的变量中。
- __exit__(self,type,value,tb)：在离开上下文管理器时调用此方法。如果出现了异常，则 type、value、tb 分别为异常的类型、值和追踪信息；如果没有出现异常，3 个参数均设为 None。此方法返回值为 True 或 False，分别指示被引发的异常有没有得到处理，如果返回 False，则引发的异常会被传递出上下文。

2) 上下文管理器原理

上下文管理器是指支持上下文管理协议的对象，用于实现__enter__()和__exit__()方法。上下文管理器定义了执行 with 语句时要建立的运行时上下文，负责执行 with 语句块上下文中的进入与退出操作。

3) 运行时上下文

运行时上下文是指代码执行的环境和状态信息。由上下文管理协议的对象通过__enter__()方法进入上下文，通过__exit__()方法退出上下文。

4) 上下文表达式

上下文表达式是指 with 语句中位于关键字 with 之后的表达式，该表达式要返回一个支持上下文管理协议的对象。

在了解了上下文管理器之后，就能很好地理解 with 语句的整个执行过程了，具体如下。

(1) 首先执行上下文表达式，生成一个上下文管理器对象。

(2) 调用上下文管理器的__enter__()方法，如果使用了 as 子句，就把__enter__()方法的返回值赋值给 as 子句中的资源对象。

(3) 执行 with 语句包裹的代码块。

(4) 无论在执行的过程中是否发生异常，都会执行上下文管理器的__exit__()方法，该方法负责执行程序的"清理"工作，如释放资源等。

(5) 如果在执行的过程中没有出现异常，或者代码中执行了 break、continue 或 return 语句，则以 None 作为参数调用__exit__()方法；如果在执行的过程中出现了异常，则会使用 sys.exc_info 得到的异常信息作为参数调用__exit__()方法。

(6) 在出现异常时，如果__exit__()方法返回的结果为 False，则会重新抛出异常，让 with 之外的语句逻辑来处理异常，这是通用做法；如果返回 True，则忽略异常，不再对异常进行处理。

在开发中，也可以自己定义上下文管理器，只需要让它支持上下文管理协议，并实现该协议规定的__enter__()和__exit__()方法即可。示例代码如程序段 P10.4 所示。

```
P10.4 自定义上下文管理器
class MyContext(object):
    def __enter__(self):
        print('__enter__() called')
        return self
    def description(self):
        print('my name is MyContestManager')
    def __exit__(self,e_t,e_v,t_b):
        print('__exit__() called')
with MyContext() as a:
    a.description()
    print('a is called')
```

运行代码，输出结果如下。

```
__enter__() called
my name is MyContestManager
a is called
__exit__() called
```

从输出结果可知，使用 with 语句，在生成上下文管理器之后，先调用了该对象的__enter__()方法，然后执行语句体，最后执行上下文管理器的__exit__()方法。

10.1.3 文件读写

Python 提供了一系列操作文件的方法，表 10-4 列出了文件的常用操作方法。

表 10-4 文件的常用操作方法

方法	功能描述
read()	从文件读取指定的字节数，如果未给定或为负则读取所有
readline()	读取整行，包括 "\n" 字符
readlines()	读取所有行并返回列表
write()	将字符串写入文件，返回的是写入的字符长度
writelines()	向文件写入一个序列字符串列表，如果需要换行则要加入每行的换行符
tell()	返回文件当前位置
seek()	移动文件读取指针到指定位置
flush()	刷新文件内部缓冲，直接把内部缓冲区的数据立刻写入文件
isatty()	如果文件连接到一个终端设备则返回 True，否则返回 False
close()	关闭文件

下面介绍使用有关方法对文件的操作。

1. 写文件

1) write()方法

write()方法用于将指定字符串写入文件，其语法格式如下。

```
write(data)
```

其中，参数 data 表示要写入文件的数据，若数据写入成功，则 write()方法会返回本次写入文件的数据的字节数。示例代码如程序段 P10.5 所示。

```
P10.5 write()方法写文件
string= "Python is a great language.\nYeah its great!!\n"
with open("test.txt", "w") as f:
    size=f.write(string)
    print(size)
```

运行代码，输出结果如下。

```
45
```

字符串数据被成功写入文件，此时打开 test.txt 文件，可在文件中看到该字符串。

2) writelines()方法

writelines()方法用于将行列表写入文件，其语法格式如下。

```
writelines(lines)
```

其中，参数 lines 表示要写入文件中的数据，可以是一个字符串或字符串列表。若写入文件的数据在文件中需要换行，则应显示指定换行符。示例代码如程序段 P10.6 所示。

```
P10.6 writelines()方法写文件
string= "Python is a great language.\nYeah its great!!\n"
with open("test.txt", "w") as f:
    size=f.writelines(string)
    print(size)
```

运行代码，输出信息 None，字符串被成功写入文件。此时打开 test.txt 文件，可在文件中看到写入的字符串。

2. 读文件

1) read()方法

read()方法用于从指定文件中读取指定字节的数据，其语法格式如下。

```
read(n=-1)
```

其中，参数 n 用于设置读取数据的字节数，若未提供或设置为-1，则一次读取并返回文件中的所有数据。

以文件 file.txt 为例，假设文件中的内容如下。

```
Python is a great language.
Yeah its great!!
```

读取该文件中指定长度数据的示例代码如程序段 P10.7 所示。

```
P10.7 read()方法读文件
with open('file.txt',mode='r') as f:
print(f.read(2))
print(f.read())
```

运行代码，输出结果如下。

```
Py
thon is a great language.
Yeah its great!!
```

2) readline()方法

readline()方法用于从指定文件中读取一行数据，其语法格式如下。

```
readline()
```

以 file.txt 文件为例，使用 reading()方法读取该文件，示例代码如程序段 P10.8 所示。

```
P10.8 readline()方法读文件
with open('file.txt',mode='r',encoding='utf-8') as f:
        print(f.readline())
        print(f.readline())
```

运行代码，输出结果如下。

```
Python is a great language.

Yeah its great!!
```

3) readlines()方法

readlines()方法用于一次性读取文件中的所有数据，若读取成功则返回一个列表，文件中的每一行对应列表中的一个元素。readlines()方法的语法格式如下。

```
readlines(hint=-1)
```

其中，参数 hint 的单位为字节，它用于控制要读取的行数，如果行中数据的总大小超出了 hint 字节，那么 readlines()不会读取更多的行。

下面以 file.txt 文件为例，使用 readlines()方法读取该文件，示例代码如程序段 P10.9 所示。

```
P10.9 readlines()方法读取文件
with open('file.txt',mode='r',encoding='utf-8') as f:
    print(f.readlines())
```

运行代码，输出结果如下。

```
['Python is a great language.\n', 'Yeah its great!!\n']
```

在以上介绍的 3 个方法中，read()(参数默认时)和 readlines()方法都可一次读取文件中的全部数据，但由于计算机的内存是有限的，当文件较大时，read()和 readlines()的一次读取可能会耗尽系统内存，因此这两种操作都不够安全。为了保证读取安全，通常多次调用 read()方法，每次读取 n 字节的数据。

3. 文件的定位读写

程序 P10.7 使用 read()方法读取了文件 file.txt，结合代码与程序运行结果进行分析，可以发现 read()方法第一次读取了两个字符，第二次从第三个字符"t"开始读取了剩余字符。之所以出现上述情况，是因为在文件的一次打开与关闭之间进行的读写操作是连续的，程序总是从上次读写的位置继续向下进行读写操作。实际上，每个文件对象都有一个称为"文件读写位置"的属性，该属性会记录当前读写的位置。

　　文件读写位置默认为 0，即读写位置默认在文件首部。Python 提供了一些获取与修改文件读写位置的方法，以实现文件的定位读写，下面对这些方法进行讲解。

　　1) tell()方法

　　tell()方法用于获取文件当前的读写位置。以操作文件 file.txt 为例，tell()的用法如程序段 P10.10 所示。

```
P10.10  tell()方法获取读写位置
with open('file.txt') as f:
    print(f.tell())
    print(f.read(5))
    print(f.tell())
```

运行代码，输出结果如下。

```
0
Pytho
5
```

　　由代码运行结果可知，tell()方法第一次获取的文件读写位置为 0，第二次获取的文件读写位置为 5。

　　2) seek()方法

　　程序一般按顺序读取文件中的内容，但并非每次读写都需从当前位置开始。Python 提供了 seek()方法，使用该方法可控制文件的读写位置，实现文件的随机读取。seek()方法的语法格式如下。

```
seek(offset,from)
```

　　其中，参数 offset 表示偏移量，即读写位置需要移动的字节数；from 用于指定文件的读写位置，该参数的取值为 0、1、2，它们代表的含义分别如下。

- 0：表示文件开头。
- 1：表示使用当前读写位置。
- 2：表示文件末尾。

seek()方法调用成功后会返回当前读写位置。

以操作文件 file.txt 为例，seek()的用法如程序段 P10.11 所示。

```
P10.11  seek()方法读写文件
with open('file.txt') as f:
    print(f.tell())
    local = f.seek(5,0)
    print(local)
```

运行代码，输出结果如下。

```
0
5
```

需要注意的是，在 Python 3 中，若打开的是文本文档，那么 seek()方法只允许相对于文件首部移动文件读写位置；若在参数 from 值为 1 或 2 的情况下移动文本文件的读写位置，程序就会产生错误。具体示例如程序段 P10.12 所示。

```
P10.12  seek()从当前位置读文本文件
with open('file.txt') as f:
    f.seek(5,0)
    f.seek(3,1)
```

运行代码，输出结果如下。

```
Traceback (most recent call last):
    File "D:/x1.py", line 3, in <module>
        f.seek(3,1)
io.UnsupportedOperation: can't do nonzero cur-relative seeks
```

若要相对于当前读写位置或文件末尾进行位移操作，则需要以二进制形式打开文件，示例代码如程序段 P10.13 所示。

```
P10.13  seek()读二进制文件
with open('file.txt','rb') as f:
    f.seek(5,0)
    local = f.seek(3,1)
print(local)
```

运行代码，输出结果如下。

8

10.2 数据格式

10.2.1 数据维度

数据在被计算机处理前需要进行一定的组织，表明数据之间的基本关系和逻辑，进而形成数据的维度。维度是与事物"有联系"的概念的数量。按照"有联系"的概念的数量进行划分，事物可分为不同的维度。例如，与线有联系的概念为长度，因此线为一维事物；与长方形面积有联系的概念为长度和宽度，因此面积为二维事物；与长方形体积有联系的概念为长度、宽度和高度，因此体积为三维事物。

在计算机中，按照与数据"有联系"的参数的数量进行划分，数据可以分为一维数据、二维数据和多维数据。

1. 一维数据

一维数据是具有对等关系的一组线性数据，对应数学中的集合和一维数组，在 Python 语法中，一维列表、一维元组和一维集合都是一维数据，可通过逗号、空格等符号分隔一维数据中的各个元素。

2. 二维数据

二维数据关联参数的数量为 2，此数据对应数学中的矩阵和二维数组，在 Python 语法中，二维列表、二维元组等都是二维数据。表格是日常生活中比较常见的二维数据的组织形式，因此二维数据也称为表格数据。

3. 多维数据

多维数据利用键值对等简单的二元关系展开数据间的复杂结构，Python 中字典类型的数据是多维数据。多维数据在网络应用中非常常见，计算机中常见的多维数据格式有 HTML(hypertext markup language，超文本标记语言)、XML(extensible markup language，可扩展标记语言)、JSON(JavaScript object notation，JS 对象标记)等。

10.2.2　数据的存储格式

通常将数据存储在文件中。为方便后续的读写操作，数据通常需要按照约定的组织方式进行存储。

一维数据呈线性排列，一般用特殊字符分隔，具体示例如下。

(1) 使用空格分隔：成都 杭州 重庆 武汉 苏州 西安 天津。

(2) 使用逗号分隔：成都, 杭州, 重庆, 武汉, 苏州, 西安, 天津。

(3) 使用&分隔：成都&杭州&重庆&武汉&苏州&西安&天津。

在存储一维数据时，可使用不同的特殊字符分隔数据元素，但需要注意以下几点。

(1) 同一文件或同组文件一般使用同一分隔符分隔。

(2) 分隔数据的分隔符不应出现在数据中。

(3) 分隔符为英文半角符号，一般不使用中文符号作为分隔符。

二维数据可视为一维数据的集合，当二维数据只有一个元素时，这个二维数据就是一维数据。国际上通用的一维数据和二维数据存储格式为 CSV(comma-separated value，逗号分隔值)。CSV 文件以纯文本形式存储表格数据，文件的每一行对应表格中的一条数据记录，每条记录由一个或多个字段组成，字段之间使用逗号(英文半角)分隔。由于字段之间可能使用除逗号外的其他分隔符，因此 CSV 也称为字符分隔值。计算机采用 CSV 格式存储的数据其文件后缀一般为.csv，此种文件在 Windows 平台中可通过办公软件 Excle 或记事本打开。

三维数据是二维数据的集合，四维数据是三维数据的集合，如果按照这种层层嵌套的方式组织数据，那么多维数据的表示会非常复杂。为了直观地表示多维数据，也为了方便组织和操作多维数据，三维及以上的多维数据统一采用键值对的形式进行格式化。

网络平台上传递的数据大多是多维数据，网络中常见的多维数据格式 JSON 是一种轻量级的数据交换形式，本质上是一种被格式化的字符串，既易于人们阅读和编写，也易于机器解析和生成。JSON 语法是 JavaScript 语法的子集，JavaScript 语言中的一切都是对象，因此，JSON 也以对象的形式表示数据。

JSON 格式的数据遵循以下语法规则。

(1) 数据存储在键值对(key: value)中，如"姓名": "张华"。

(2) 数据的字段由逗号分隔，如"姓名": "张华","语文": "116"。

(3) 一个花括号保存一个 JSON 对象，如{"姓名": "张华","语文": "116"}。

(4) 一个方括号保存一个数组，如[{"姓名": "张华", "语文": "116"}]。

除 JSON 外，网络平台也会使用 XML、HTML 等格式组织多维数据，XML 和 HTML 格式通过标签组织数据。与 XML、HTML 格式相比，JSON 格式组织的多维数据更直观，且数据属性的 key 只需要存储一次，在网络中进行数据交换时耗费的流量更小。

10.2.3 数据的读写

1. 一维数据的读写

一维数据是最简单的数据组织类型，由于它是线性结构，在 Python 语言中主要采用列表形式表示。一维数据的文件存储有多种方式，其中以逗号作为分隔符的存储格式叫作 CSV 格式，在商业和科学领域得到了广泛应用。大部分编辑器都支持直接读入或保存文件为 CSV 格式，存储的文件一般采用.csv 为扩展名。

在 Python 中，将列表对象输出为 CSV 格式，采用字符串的 join()方法非常方便，示例代码如程序段 P10.14 所示。

```
P10.14 列表数据存储为 CSV 文件
f = open("demo.csv","w")
ls = ["小米","华为","苹果"]
f.write(','.join(ls)+'\n')        # 只能写入字符串
f.close()
```

运行代码，在当前工作目录创建一个文件 demo.csv，用 Excel 打开文件内容，如图 10.1 所示。

图 10.1   CSV 格式文件内容

对一维数据进行处理需要从 CSV 格式文件读入一维数据，并将其表示为 Python 列表对象。示例代码如程序段 P10.15 所示。

```
P10.15 CSV 文件读为列表对象
f = open("demo.csv","r")
ls = f.read().strip('\n').split(',')
f.close()
print(ls)
```

运行代码，输出结果如下。

```
['小米', '华为', '苹果']
```

当将 CSV 文件格式数据读入为列表数据时，CSV 文件内容中最后一个元素后面包含一个换行符，对于数据的表达和使用来说，这个换行符是多余的，因此，需要采用字符串的 strip()方法去掉数据尾部的换行符，进一步使用 split()方法以逗号进行分隔。

2. 二维数据的读写

二维数据由许多一维数据构成，同样使用 CSV 格式的文件存储。若将二维数据存储为 CSV

格式，则需要将二维列表对象写入 CSV 格式文件，示例代码如程序段 P10.16 所示。

```
P10.16 二维列表写为 CSV 文件
f = open("demo.csv","w")
ls = [
    ['1','2','3','4'],
      ['5','6','7','8'],
  ['9','10','11','12']
        ]
for row in ls:
        f.write(",".join(row)+"\n")                    # 只能写入字符串
f.close()
```

运行代码，在当前工作目录创建一个文件 demo.csv，用 Excel 打开文件内容，如图 10.2 所示。

图 10.2　CSV 格式文件内容

从 CSV 格式文件读入二维数据，并将其表示为二维列表对象，示例代码如程序段 P10.17 所示。

```
P10.17 CSV 文件读为二维列表
f = open("demo.csv","r")
ls = []
for line in f:
        ls.append(line.strip('\n').split(','))
f.close()
print(ls)
```

运行代码，输出结果如下。

```
[['1', '2', '3', '4'], ['5', '6', '7', '8'], ['9', '10', '11', '12']]
```

实训与习题

实训

(1) 完成本章 P10.1～P10.17 程序上机练习。

(2) 完成利用 Python 文件对象读写 txt 文本文件的训练。

习题

1. 填空题

(1) 使用_____方法可以读取文件中的所有行。

(2) 使用＿＿＿＿＿＿＿方法可以读取文件指针的位置。

(3) 打开文件对文件进行读写，操作完成后应调用＿＿＿＿＿＿＿方法关闭文件。

(4) ＿＿＿＿＿＿＿方法用于移动文件指针的位置，＿＿＿＿＿＿＿参数表示要偏移的字节数。

(5) 根据组织数据的维度，数据可以分为　　　　　　　　 。

2. 选择题

(1) open()函数默认的编码模式是(   )。

    A. UTF-16　　　　　B. UTF-8　　　　　C. cp936　　　　　D. unicode

(2) 文件处理结束后，关闭文件要用的函数是(   )。

    A. close()　　　　　B. end()　　　　　C. finish()　　　　　D. closed()

(3) 表格对应的数据维度是(   )。

    A. 一维数据　　　　B. 二维数据　　　　C. 高维数据　　　　D. 多维数据

(4) 读取文件中的所有行并返回列表的函数是(   )。

    A. file.tell()　　　　B. file.next()　　　　C. file.readlines()　　　D. file.close()

(5) 关于 CSV 格式文件，下列描述正确的是(   )。

    A. 扩展名只能是.csv　　　　　　　　B. 扩展名只能是.txt

    C. 扩展名只能是.dat　　　　　　　　D. 扩展名任意

3. 判断题

(1) 文件打开的默认方式是只读。　　　　　　　　　　　　　　　　　　　(   )

(2) 使用 write()方法写入文件时，数据会追加到文件末尾。　　　　　　　(   )

(3) w+模式能打开一个文件用于读写，如果文件存在则覆盖，如果不存在则创建文件。

                                                 (   )

(4) wb+模式能打开一个二进制格式文件用于读写，如果文件存在则覆盖，如果不存在则创建新文件。　　　　　　　　　　　　　　　　　　　　　　　　　　　　　　(   )

(5) read()方法只能一次性读取文件中的所有数据。　　　　　　　　　　　(   )

4. 简答题

(1) 简述 Python 字符编码方法。

(2) 简述文件对象的操作方法。

(3) 简述 open()函数的语法及参数的含义。

(4) 简述文本文件和二进制文件的区别。

(5) 简述数据的维度及存储格式。

5. 编程题

(1) 编写程序，读取某个记事本文件中的前 8 个字符并打印出来。

(2) 编写程序，把一个列表数据写入 CSV 格式文件。

(3) 编写程序，从一个文件 word.txt 读入一个带空格的字符串，统计其中有多少个单词。

(4) 设有一个列表['甲骨文', '金文', '魏碑', '小篆', '隶书', '楷书', '行书', '草书']，将列表内容以%分隔符方式写入文本文件中。

(5) 读取文档内容，将性别为"女"的员工名单输出到"女员工名单.txt"中。注意：员工信息表.txt 中，第一列为姓名，第二列为性别，第三列为年龄，第四列为工资，每一列用 Tab 键隔开。员工信息表.txt 内容如下。

张三 男		323500
李四 男		333400
王五 男		353600
赵六 男		363700
田七 女		323800
辛八 女		383400
刘九 女		414000

∞ 第 11 章 ∞
标准库应用编程

学习目标：

1. 了解各个领域的标准库
2. 熟悉标准库 os、sys 模块编程
3. 熟悉标准库 time、datetime、calendar 模块编程
4. 熟悉标准库数学 math、随机数 random 模块编程
5. 熟悉标准库进程 multiprocessing、线程 threading、协程 asyncio 模块编程
6. 熟悉标准库网络通信 socket 模块编程

思政内涵：

标准库是 Python 程序设计的重要工具集。工欲善其事，必先利其器。算力是数字社会、智能社会的基础生产力，广大学子要学好 Python 算力工具，提升核心创造力。

11.1 概述

Python 拥有一个强大的标准库。Python 语言的核心包含数字、字符串、列表、字典、文件等常见类型和函数，而 Python 标准库则提供了系统管理、网络通信、文本处理、数据库接口、图形系统、XML 处理等额外的功能。常用的标准库及功能如表 11-1 所示。

表 11-1　常用的标准库及功能

库名	功能描述
os	与操作系统交互的接口
sys	与解释器交互的相关参数和函数
time、datetime、calendar	与时间处理有关的模块
math、random	数学参数与函数
multiprocessing、threading、asyncio	进程、线程和协程并发执行
socket、urllib、http	网络通信
pickle、sqlite3	数据持久化
tkinter	图形用户界面(GUI)
audioop、wave、ossaudiodev	音频处理

(续表)

库名	功能描述
imageop、colorsys	图像处理
urlparse、HTMLParse	网页数据解析

Python 标准库涵盖各个方面的编程应用，上表中所列库只是冰山一角。下面对常用标准库进行介绍。

11.2 os 操作系统模块

OS(operating system)，即操作系统。OS 标准库是一个操作系统接口模块，提供了一些方便使用操作系统相关功能的函数，具体安装位置可通过导入 os 模块查看 os.__file__ 属性得到。当我们需要在 Python 代码中调用 OS 相关功能实现业务逻辑或无法直接使用命令行工具时，就需要考虑导入此模块。os 模块为 Python 脚本调用各类操作系统(如 Unix、Mac OS、DOS 等)接口提供了统一的封装，使脚本代码与平台无关，从而增强了代码的可移植性。os 模块的常用属性和方法分别如表 11-2 和表 11-3 所示。

表 11-2 os 模块的常用属性

属性名	功能描述
os.name	记录了当前操作系统的名称。Windows：nt，Linux/Unix：posix
os.sep	记录了路径分隔符。Unix：'/'，Windows：'\'
os.expsep	记录了文件名与文件扩展名的分隔符
os.linesep	记录了文本文件的行分隔符。Unix：'\n'，Windows：'\r\n'
os.curdir	记录了当前工作目录
os.pardir	记录了当前工作目录的父目录
os.defpath:	记录了系统默认的查找路径

表 11-3 os 模块的常用方法

方法名	功能描述
os.getcwd	返回当前工作目录
os.mkdir	创建目录，只能创建一级目录
os.rmdir	删除指定的目录，不可以删除非空目录
os.Listdir	返回指定目录下所有文件名、目录名构成的列表
os.rename	对文件或目录进行重命名
os.remove	删除指定的文件
os.chmod	修改指定文件或目录的访问权限
os.getenv	获得指定的环境变量值，如果不存在，则返回 None
os.putenv	设定环境变量

在程序中导入 os 模块后，就可以使用其属性和方法，使用时要加上模块名称，示例代码如程序段 P11.1 所示。

```
P11.1  os 模块的使用
import os
print(os.getcwd())                    # 获取、输出当前的工作路径
path=r'd:\test'                       # 将路径赋值给变量 path
print(os.listdir(path))               # 获取、输出 path 路径下所有文件和目录组成的列表
path1=r'd:\test\example'
os.mkdir(path1)                       # 在 test 文件夹下创建单个文件夹 example
print(os.listdir(path))               # 获取、输出 test 下的文件和文件夹列表
os.rmdir(path1)                       # 删除指定文件夹 example
print(os.listdir(path))               # 获取、输出 test 下的文件和文件夹列表
```

运行代码，输出结果如下。

```
D:\
[]
['example']
[]
```

11.3 sys 解释器系统模块

sys 模块是与 Python 解释器交互的一个接口。sys 模块提供了许多方法和属性，用来与 Python 解释器进行信息交互。sys 模块的常用属性和方法分别如表 11-4 和表 11-5 所示。

表 11-4 sys 模块的常用属性

属性名	功能描述
sys.version	版本信息字符串
sys.platform	操作系统平台名称信息
sys.path	模块搜索路径，path[0]是当前脚本程序的路径名
sys.modules	已加载模块的字典
sys.argv	命令行参数，argv[0]代表当前脚本程序的路径名
sys.builtin_module_names	Python 内建模块的名称(字符串元组)
sys.stdin	标准输入文件对象，也称为标准输入流，input()函数常常会使用它
sys.stdout	标准输出文件对象，也称为标准输出流，print()函数常常会使用它
sys.stderr	标准错误输出文件对象，也称为标准错误流，用于输出错误信息
sys.executable	Python 解释程序路径
sys.exec_prefix	返回平台独立的 Python 文件安装的位置
sys.api_version	解释器的 C 的 API 版本

表 11-5　sys 模块常用方法

方法名	功能描述
sys.exit([arg])	程序中间的退出，arg=0 为正常退出
sys.getdefaultencoding()	获取系统当前编码，一般默认为 ASCII
sys.setdefaultencoding()	设置系统默认编码
sys.getfilesystemencoding()	获取文件系统使用的编码方式，Windows 下返回'mbcs'
sys.getrecursionlimit()	获取递归嵌套层次限制(栈的深度)
sys.setrecursionlimit(n)	获取和修改递归嵌套层次限制(栈的深度)
sys.call_tracing(func, args)	调用 func(*args)，同时启用跟踪
sys._clear_type_cache()	清除内部类型缓存。类型缓存用于加速属性和方法查找
sys._current_frames()	返回一个字典，将每个线程的标识符映射到调用该函数时该线程中当前活动的最顶层堆栈帧
sys.modules.keys()	返回所有已经导入的模块列表
sys.stdin.readline()	从标准输入读取一行数据
sys.stdout.write("xxx")	屏幕输出 xxx

在程序中导入 sys 模块后，就可以使用其属性和方法了。sys 模块功能很多，这里介绍几个常用功能，sys 模块常用属性示例代码如程序段 P11.2 所示。

```
P11.2 sys 模块属性的使用
import sys
print(sys.version)
print(sys.platform)
print(sys.path[0])
print(sys.argv)
print(sys.stdin)
print(sys.executable)
```

运行代码，输出结果如下。

```
3.8.2 (tags/v3.8.2:7b3ab59, Feb 25 2020, 23:03:10) [MSC v.1916 64 bit (AMD64)]
win32
D:/
['D:/x.py']
<idlelib.run.StdInputFile object at 0x00000141E23181F0>
C:\Users\Administrator\AppData\Local\Programs\Python\Python38\pythonw.exe
```

sys 模块常用方法示例代码如程序段 P11.3 所示。

```
P11.3 sys 模块方法的使用
import sys
print(sys.getdefaultencoding())
i = 0
while i<1:
x = sys.stdin.readline()                        # 读入一行，无提示字符串，输入数据多一个'\n'
y = input('请输入：')
```

```
sys.stdout.write(str(len(x)) + '\n')          # 手动在后面添加一个换行符
print(len(y))
i += 1
sys.exit(8)                                     # 中途退出程序，可以调用 sys.exit()函数
```

运行代码，输出结果如下。

```
utf-8
123
请输入：123
4
3
```

11.4 时间与日期模块

在程序开发过程中，根据时间、日期选择不同处理方式的场景非常多，如游戏的防沉迷系统、外卖平台的店铺营业状态管理等。几乎所有的正式代码都需要与时间打交道。在 Python 中，与时间处理有关的模块包括 time、datetime 和 calendar，本节介绍相关模块的使用。

11.4.1 time 模块

1. time 模块概述

time 库是 Python 中处理时间的标准库，是最基础的时间处理库。time 库提供了获取系统时间并格式化输出的方法，它能够表达计算机时间，并提供了系统级精确计时功能，用于程序性能分析。在 Python 中，有 3 种方式可以表示时间，分别是时间戳、格式化时间字符串和结构化时间。

1) 时间戳(timestamp)

时间戳表示从 1970 年 1 月 1 日 00:00:00 开始到现在按秒计算的数值，如 1506388236. 216345。时间戳是一个浮点数，可以进行加减运算，但需要注意不要让结果超出取值范围。time 库只支持到 2038 年。

2) 格式化时间字符串(string_time)

格式化时间字符串就是我们常见的年月日时分秒形式的时间字符串，如 2023-04-04 09:12:48。格式化时间字符串的输出格式由格式化控制字符串控制，如'%Y-%m-%d %H:%M:%S，其中空格、短横线和冒号都是美观修饰符号，真正起控制作用的是百分符。常用的时间格式控制符及其说明如表 11-6 所示(注意大小写的区别)。

表 11-6 常用的时间格式控制符及其说明

时间格式控制符	功能描述
%Y	四位数的年份，取值范围为 0001~9999，如 1900
%m	月份(01~12)，如 10
%d	月中的一天(01~31)，如 25

(续表)

时间格式控制符	功能描述
%B	本地完整的月份名称，如 January
%b	本地简化的月份名称，如 Jan
%a	本地简化的周日期，Mon~Sun，如 Wed
%A	本地完整的周日期，Monday~Sunday，如 Wednesday
%H	24 小时制小时数(00~23)，如 12
%l	12 小时制小时数(01~12)，如 7
%p	上午或下午，取值为 AM 或 PM
%M	分钟数(00~59)，如 26
%S	秒(00~59)，如 26

3) 结构化时间(struct_time)

结构化时间是一个包含了年月日时分秒的多元元组，元组共有 9 种元素(tm_year=2017，tm_mon=9，tm_mday=26，tm_hour=9，tm_min=14，tm_sec=50，tm_wday=1，tm_yday=269，tm_isdst=0)，struct_time 元组中的元素及其说明如表 11-7 所示。

表 11-7　struct-time 元组中的元素及其说明

元素名	功能描述
tm_year	年，4 位数字，如 2022
tm_mon	月，1~12，如 2
tm_mday	日，1~31，如 5
tm_hour	时，0~23，如 7
tm_min	分，0~59，如 50
tm_sec	秒，0~61(60 或 61 是闰秒)
tm_wday	一周的第几日，0~6(0 为周一，以此类推)
tm_yday	一年的第几日，1~365
tm_isdst	夏令时设置，1 表示是夏令时；0 表示非夏令时；-1 表示不确定

time 库包含三类函数：时间获取、时间格式化、程序计时。time 库中常用的时间函数如表 11-8 所示。

表 11-8　time 库中常用的时间函数

函数名	功能描述
time()	获取当前时间戳，即当前系统内表示时间的一个浮点数。例如，1584341528.5690455
ctime()	获取当前时间，并返回一个人类可读的字符串。例如，'Mon Mar 16 14:59:35 2020'
localtime()	将当地时间戳转换为以元组表示的时间对象(struct_time 格式)

(续表)

函数名	功能描述
gmtime()	获取世界统一当前时间，并返回计算机可处理的时间格式。 例如，time.struct_time(tm_year=2020, tm_mon=3, tm_mday=16, tm_hour=7, tm_min=6, tm_sec=2, tm_wday=0, tm_yday=76, tm_isdst=0)
strftime(tpl,ts)	tpl 是格式化模板字符串，用来定义输出效果；ts 是系统内部时间类型变量。例如， t=time.gmtime() time.strftime("%Y-%m-%d %H:%M:%S",t) '2020-03-16 07:22:52'
strptime(str,tpl)	str 是字符串形式的时间值；tpl 是格式化模板字符串，用来定义输入效果。例如， timeStr='2018-01-26 12:55:20' time.strptime(timeStr,"%Y-%m-%d %H:%M:%S") time.struct_time(tm_year=2018, tm_mon=1, tm_mday=26, tm_hour=12, tm_min=55, tm_sec=20, tm_wday=4, tm_yday=26, tm_isdst=-1)
perf_counter()	返回一个 CPU 级别的精确时间计数值，单位为秒。由于这个计数值起点不确定，连续调用求差值才有意义。 startTime=time.perf_counter() ... endTime=time.perf_counter() endTime-startTime
sleep(s)	s 为休眠时间，单位为秒，可以是浮点数。例如，time.sleep(3.3)

2. time 模块的使用

首先我们导入时间模块，然后获取当前时间戳(从世界标准时间的 1970 年 1 月 1 日 00：00：00 开始到当前这一时刻为止的总秒数)，即计算机内部时间值，最后把时间转换为不同的格式输出。示例代码如程序段 P11.4 所示。

```
P11.4 time 模块的使用
import time
startTime=time.perf_counter()                    # 获取时间计算开始值
t1=time.time()                                   # 获取当前时间
print(t1)
print(time.ctime(t1))                            # 转换格式
t2=time.localtime(t1)                            # 转换格式
print(t2)
print(time.gmtime(t1))                           # 转换格式
t3=time.strftime("%Y-%m-%d %H:%M:%S",t2)         # 转换格式
print(t3)
t4=time.strptime(t3,"%Y-%m-%d %H:%M:%S")         # 转换格式
print(t4)
time.sleep(5)                                    # 休眠 5 秒
endTime=time.perf_counter()                      # 获取时间计算结束值
t5=endTime-startTime                             # 计算时间差
print(t5)
```

运行代码，输出结果如下。

```
1680591289.6812797
Tue Apr  4 14:54:49 2023
time.struct_time(tm_year=2023, tm_mon=4, tm_mday=4, tm_hour=14, tm_min=54, tm_sec=49, tm_wday=1,
tm_yday=94, tm_isdst=0)
time.struct_time(tm_year=2023, tm_mon=4, tm_mday=4, tm_hour=6, tm_min=54, tm_sec=49, tm_wday=1,
tm_yday=94, tm_isdst=0)
2023-04-04 14:54:49
time.struct_time(tm_year=2023, tm_mon=4, tm_mday=4, tm_hour=14, tm_min=54, tm_sec=49, tm_wday=1,
tm_yday=94, tm_isdst=-1)
5.188648799999999
```

11.4.2　datatime 模块

datetime 是 Python 中非常强大的日期和时间处理工具，它可以帮助我们识别并处理与时间相关的元素，如日期、小时、分钟、秒、星期、月份、年份等。它还提供了时区、夏令时等很多服务。相比于 time 模块，datetime 模块的接口更加直观、更容易调用。datetime 模块定义了 5 个类，分别如下。

- datetime.date：表示日期的类，常用的属性有 year、month、day。
- datetime.datetime：表示日期时间的类，常用的属性有 hour、minute、second、microsecond。
- datetime.time：表示时间的类。
- datetime.timedelta：表示时间间隔，即两个时间点的间隔。
- datetime.tzinfo：提供与时区相关的信息。

1. data 类

datetime.date 是表示日期的类，date 类的常用属性和方法分别如表 11-9 和表 11-10 所示。

表 11-9　date 类的常用属性

属性名	功能描述
date.year	年
date.month	月
date.day	日

表 11-10　date 类的常用方法

方法名	功能描述
date.today()	返回一个表示当前本地日期的 date 对象
date.fromtimestamp(timestamp)	根据给定的时间戳，返回一个 date 对象
datetime.date(year, month, day)	根据给定值，返回一个 date 对象
date.timetuple()	返回日期对应的 time.struct_time 对象，即一个元组
date.toordinal()	返回日期对应的 Gregorian Calendar 日期
date.isoweekday()	返回 weekday。如果是星期一，则返回 1；如果是星期二，则返回 2；以此类推
date.isocalendar()	返回格式如(year, month, day)的元组
date.isoformat()	返回格式如'YYYY-MM-DD'的字符串

date 类的使用示例代码如程序段 P11.5 所示。

```
P11.5  date 类的使用
import time
t0=time.time()
import datetime
from datetime import date
d1 = datetime.date(2023, 4, 13)
print(d1)
d2 = date.today()
print("当前日期:", d2)
timestamp = date.fromtimestamp(t0)
print("日期:", timestamp)
d3 = date.timetuple(d2)
print(d3)
d4 = date.toordinal(d2)
print(d4)
w1 = date.isoweekday(d2)
print(w1)
print(date.isocalendar(d2))
print(date.isoformat(d2))
```

运行代码，输出结果如下。

```
2023-04-13
当前日期: 2023-04-04
日期: 2023-04-04
time.struct_time(tm_year=2023, tm_mon=4, tm_mday=4, tm_hour=0, tm_min=0, tm_sec=0, tm_wday=1,
tm_yday=94, tm_isdst=-1)
738614
2
(2023, 14, 2)
2023-04-04
```

2. datetime 类

datetime.datetime 是表示日期时间的类，datetime 类的常用属性和方法如表 11-11 所示。

表 11-11　datetime 类的常用属性和方法

属性名和方法名	功能描述
datetime.year	年
datetime.month	月
datetime.day	日
datetime.hour	时
datetime.minute	分
datetime.second	秒
datetime.microsecond	微秒
datetime.date()	获取 date 对象

(续表)

属性名和方法名	功能描述
datetime.time()	获取 time 对象
datetime. timetuple ()	返回日期对应的 datetime.struct_time 对象，即一个元组
datetime. replace ([year[, month[, day[, hour[, minute[, second[, microsecond[, tzinfo]]]]]]]])	生成一个新的日期时间对象，用参数指定的年、月、日、时、分、秒、毫秒、时区代替原有对象中的属性
datetime. toordinal ()	返回日期对应的 Gregorian calendar 日期时间
datetime. weekday ()	返回 weekday。如果是星期一，则返回 0；如果是星期二，则返回 1；以此类推
datetime. isocalendar ()	返回格式如 (year, month, day, hour, minute, second, microsecond, tzinfo)的元组
datetime. strftime (format)	返回自定义格式化字符串

datetime 类的使用示例代码如程序段 P11.6 所示。

```
P11.6  datetime 类的使用
from datetime import datetime
t1 = datetime(2023, 4, 28)
print(t1)
t2 = datetime(2023, 4, 28, 23, 55, 59, 342380)
print(t2)
t3 = datetime.timetuple (t2)
print(t3)
t4 = datetime.weekday(t2)
print(t4)
```

运行代码，输出结果如下。

```
2023-04-28 00:00:00
2023-04-28 23:55:59.342380
time.struct_time(tm_year=2023, tm_mon=4, tm_mday=28, tm_hour=23, tm_min=55, tm_sec=59, tm_wday=4,
tm_yday=118, tm_isdst=-1)
```

3. time 类

datetime.time 是表示时间的类，time 类的常用属性和方法如表 11-12 所示。

表 11-12　time 类的常用属性和方法

属性名和方法名	功能描述
time.hour	时
time.minute	分
time.second	秒
time.microsecond	微秒
time.isoformat()	返回格式如"HH:MM:SS"的字符串

(续表)

属性名和方法名	功能描述
time.replace([hour[, minute[, second[, microsecond[, tzinfo]]]]])	创建一个新的时间对象，用参数指定的时、分、秒、微秒代替原有对象中的属性(原有对象仍保持不变)
time.strftime(fmt)	返回自定义格式化字符串

time 类的使用示例代码如程序段 P11.7 所示。

```
P11.7  time 类的使用
from datetime import time
t1 = time(23 , 46 , 10 )
print( 'hour: %d, minute: %d, second: %d, microsecond: %d'
        % (t1.hour, t1.minute, t1.second, t1.microsecond))
t2 = t1.replace(hour = 20 )
print('t2:' , t2)
t3 = t1.isoformat()
print('isoformat():',t3)
```

运行代码，输出结果如下。

```
hour: 23, minute: 46, second: 10, microsecond: 0
t2: 20:46:10
isoformat(): 23:46:10
```

4. timedelta 类

timedelta 类表示的是一个时间段，即两个日期(date)或日期时间(datetime)之间的差，支持的参数有 weeks、days、hours、minutes、seconds、milliseconds、microseconds，可以在日期上进行天、小时、分钟、秒、毫秒、微秒的时间计算。示例代码如程序段 P11.8 所示。

```
P11.8    timedelta 类的使用
from datetime import timedelta,date,datetime
d1 = date.today()
print(d1)
print(d1 + timedelta(days = 7))              # 加上 7 天
now = datetime.now()
print(now)
print(now + timedelta(hours = 8))            # 加上 4 小时
print(now + timedelta(weeks = 2))            # 加上 2 周
```

运行代码，输出结果如下。

```
2023-04-04
2023-04-11
2023-04-04 17:45:21.005646
2023-04-05 01:45:21.005646
2023-04-18 17:45:21.005646
```

5. tzinfo 类

本地时间是指系统设置时区的当前时间。例如，北京时间处于东八区，即 UTC+8:00 时区。

tzinfo 是一个关于时区信息的抽象类，不能直接被实例化。它的默认值是 None，无法区分具体是哪个时区，需要我们强制指定一个时区之后才能使用。示例代码如程序段 P11.9 所示。

```
P11.9  tzinfo 抽象类的使用
from datetime import timedelta,datetime,date,timezone
utc_now = datetime.utcnow().replace(tzinfo=timezone.utc)        # 获取 UTC 时间
print(utc_now)
beijing = utc_now.astimezone(timezone(timedelta(hours=8)))      # 切换到北京时间
print(beijing)
tokyo = utc_now.astimezone(timezone(timedelta(hours=9)))        # 切换到东京时间
print(tokyo)
tokyo_new = beijing.astimezone(timezone(timedelta(hours=9)))   # 北京到东京时间
print(tokyo_new)
```

运行代码，输出结果如下。

```
2023-04-04 09:58:54.811848+00:00
2023-04-04 17:58:54.811848+08:00
2023-04-04 18:58:54.811848+09:00
2023-04-04 18:58:54.811848+09:00
```

11.4.3　calendar 模块

calendar 模块是 Python 标准库中处理日历的模块，它默认每周第一天是星期一，最后一天是星期日。calendar 模块提供了对日期进行操作的方法和生成日历的方法。

calendar 模块定义了 3 个类，分别如下。

- calendar.Calendar(firstweekday=0)：该类提供了许多生成器，如星期的生成器、某月日历的生成器等。
- calendar.TextCalendar(firstweekday=0)：该类提供了按月、按年生成日历字符串的方法。
- calendar.HTMLCalendar(firstweekday=0)：类似于 TextCalendar，不过生成的是 HTML 格式的日历。

其中，第一个类比较常用。

1. Calendar 类

Calendar 类常用的日历生成与操作方法如表 11-13 所示。

表 11-13　Calendar 类常用的日历生成与操作方法

方法名	功能描述
calendar(year,w=2,l=1,c=6)	返回一个多行字符串格式的年历，3 个月一行，间隔距离为 c。每日宽度间隔为 w 字符。每行的长度为 21×w+18+2×c。l 是每星期行数
calendar.firstweekday( )	返回当前每周起始日期的设置。默认情况下，首次载入 calendar 模块时返回 0，即星期一
calendar.setfirstweekday(weekday)	设置每周的起始日期码。0(星期一)到 6(星期日)
calendar.isleap(year)	是闰年返回 True，否则为 False

(续表)

方法名	功能描述
calendar.month(year,month,w=2,l=1)	返回一个多行字符串格式的指定年份和月份的日历，两行标题，一周一行。每日宽度间隔为 w 字符。每行的长度为 7×w+6。l 是每星期的行数
calendar.monthrange(year,month)	返回两个整数。第一个是该月的星期几的日期码，第二个是该月的日期码。日期码从 0(星期一)到 6(星期日)；月从 1 到 12
calendar.timegm(tupletime)	接收一个时间元组，返回该时刻的时间戳
calendar.weekday(year,month,day)	返回给定日期的日期码。日期码从 0(星期一)到 6(星期日)；月份为 1(1 月)到 12(12 月)
calendar.prevmonth(year, month)	返回 month 的上一个月(year, month-1)
calendar.nextmonth(year, month)	返回 month 的下一个月(year, month+1)
iterweekdays()	返回一个迭代器，内容为一个星期的数字
itermonthdates(year,month)	返回一个迭代器，内容为年、月的日期

Calendar 类的使用示例代码如程序段 P11.10 所示。

```
P11.10 Calendar 类的使用
import calendar
c0 = calendar.firstweekday()              # 每周的起始日期码，周一为 0
print(c0)
calendar.setfirstweekday(1)               # 设置周一为 1
c1 = calendar.firstweekday()
print(c1)
print(calendar.isleap(2022))              # 判断是否为闰年
print(calendar.month(2023, 4, w=2, l=1))  # 输出某年某月日历
```

运行代码，输出结果如下。

```
0
1
False
     April 2023
Mo Tu We Th Fr Sa Su
                1  2
 3  4  5  6  7  8  9
10 11 12 13 14 15 16
17 18 19 20 21 22 23
24 25 26 27 28 29 30
```

2. TextCalendar 类

TextCalendar 为 Calendar 的子类，用来生成纯文本日历。实例方法有：formatmonth(year, month)返回某年某月的日历；formatyear(year)返回某年的日历。示例代码如程序段 P11.11 所示。

```
P11.11 TextCalendar 类的使用
from calendar import TextCalendar
tc = TextCalendar()
print(tc.formatmonth(2023, 4))
```

运行代码，输出结果如下。

```
        April 2023
Mo  Tu  We  Th  Fr  Sa  Su
                     1   2
 3   4   5   6   7   8   9
10  11  12  13  14  15  16
17  18  19  20  21  22  23
24  25  26  27  28  29  30
```

3. HTMLCalendar 类

HTMLCalendar 类可以生成 HTML 日历。实例方法有：formatmonth(year, month,withyear=True)返回一个 HTML 表格作为指定年月的日历；formatyear(year)返回一个 HTML 表格作为指定年的日历。示例代码如程序段 P11.12 所示。

```
P11.12 HTMLCalendar 类的使用
from calendar import HTMLCalendar
hc = HTMLCalendar()
print(hc.formatmonth(2023, 4))
```

运行代码，输出结果如下。

```html
<table border="0" cellpadding="0" cellspacing="0" class="month">
<tr><th colspan="7" class="month">April 2023</th></tr>
<tr><th class="mon">Mon</th><th class="tue">Tue</th><th class="wed">Wed</th><th class="thu">Thu</th><th class="fri">Fri</th><th class="sat">Sat</th><th class="sun">Sun</th></tr>
<tr><td class="noday"> </td><td class="noday"> </td><td class="noday"> </td><td class="noday"> </td><td class="noday"> </td><td class="sat">1</td><td class="sun">2</td></tr>
<tr><td class="mon">3</td><td class="tue">4</td><td class="wed">5</td><td class="thu">6</td><td class="fri">7</td><td class="sat">8</td><td class="sun">9</td></tr>
<tr><td class="mon">10</td><td class="tue">11</td><td class="wed">12</td><td class="thu">13</td><td class="fri">14</td><td class="sat">15</td><td class="sun">16</td></tr>
<tr><td class="mon">17</td><td class="tue">18</td><td class="wed">19</td><td class="thu">20</td><td class="fri">21</td><td class="sat">22</td><td class="sun">23</td></tr>
<tr><td class="mon">24</td><td class="tue">25</td><td class="wed">26</td><td class="thu">27</td><td class="fri">28</td><td class="sat">29</td><td class="sun">30</td></tr>
</table>
```

11.5 math 和 random 库

11.5.1 math 库

math 库是 Python 提供的内置教学类函数库。math 库支持整数和浮点数运算，不支持复数。math 库一共提供了 4 个数学常数和 44 个函数。44 个函数可以分为 4 类，包括 16 个数值表示函数、8 个幂对数函数、16 个三角对数函数和 4 个高等特殊函数。math 库中函数数量较多，记住个别常用函数即可。在实际编程中，如果需要使用 math 库中的某个函数，则可以随时查询 math

库资料。math 库的常量和部分函数如表 11-14 所示。

表 11-14　math 库的常量和部分函数

常量或函数名	功能描述
math.pi	圆周率，值为 3.141 592 653 589 793
math.e	自然对数，值为 2.718 281 828 459 045
math.inf	正无穷大。负无穷大为- math.inf
math.nan	非浮点数标记，nan (not a number)
math.fabs(x)	返回 x 的绝对值
math.fmod(x,y)	返回 x 与 y 的模
math.pow(x,y)	返回 x 的 y 次幂
math.exp(x)	返回 e 的 x 次幂，e 是自然对数
math.sqrt(x)	返回 x 的平方根
math.log(x[,base])	返回 x 的对数值，当只输入 x 时，返回自然对数，即 lnx
math.log2(x)	返回以 2 为底 x 的对数
math.log10(x)	返回 x 的 10 对数值
math.degrees(x)	角度 x 的弧度值转角度值
math.radians(x)	角度 x 的角度值转弧度值
math.sin(x)	返回 x 的正弦函数值，x 是弧度值
math.asin(x)	返回 x 的反正弦函数值，x 是弧度值
math.sinh(x)	返回 x 的双曲正弦函数值
math.asinh(x)	返回 x 的反双曲正弦函数值
math.erf(x)	高斯误差函数，应用于概率论、统计学等领域
math.erfc(x)	余补高斯误差函数，math.erfc(x)=1−math.erf(x)
math.gamma(x)	伽马函数，也叫欧拉第二积分函数
math.lgamma(x)	伽马函数的自然对数

若想使用 math 库中的函数，则需要使用 import 语句导入该库，示例代码如程序段 P11.13 所示。

```
P11.13 math 库的使用
import math
print(math.nan)
print(math.fabs(-10))
print(math.log2(5))
x = math.radians(60)
print(x)
print(math.sin(x))
```

运行代码，输出结果如下。

```
nan
10.0
```

2.321928094887362
1.0471975511965976
0.8660254037844386

11.5.2 random 库

Python 中的 random 库用于生成随机数，它提供了很多函数。random 库的常用函数如表 11-15
所示。

表 11-15 random 库的常用函数

库名	功能描述
random.random()	用于生成一个 0 到 1 的随机浮点数：0 <= n < 1.0
random.seed(n)	用于设定种子值，其中的 n 可以是任意数字。使用 random.seed(n)设定好种子之后，在先调用 seed(n)时，使用 random()生成的随机数将会是同一个
random.uniform(a,b)	返回 a 与 b 之间的随机浮点数，若 a<=b 则范围为[a,b]，若 a>=b 则范围为[b,a]，a 和 b 可以是实数
random.randint(a,b)	返回 a 与 b 之间的整数，范围为[a,b]，注意：传入参数必须是整数，a 一定要比 b 小
random.randrange([start=0], stop[, step=1])	返回前闭后开区间[start,stop)内的整数，可以设置 step。只能传入整数
random.choice(sequence)	从 sequence(序列，列表、元组和字符串)中随机获取一个元素
random.choice(sequence, k)	从 sequence(序列，列表、元组和字符串)中随机获取 k 个元素，可能重复，k 用参数名传值，k 省略则默认取 1 个，返回 list
random. shuffle(x)	用于将列表中的元素顺序打乱，即洗牌
random. sample(sequence,k)	从指定序列中随机获取 k 个不重复的元素作为一个列表返回，sample()函数不会修改原有序列

使用 random 库中的函数生成随机数据，示例代码如程序段 P11.14 所示。

```
P11.14 random 库的使用
import random
print(random.random())                              # 产生一个 0 到 1 的随机浮点数
print( random.randint(1,10) )                        # 产生一个 1 到 10 的整数型随机数
print( random.uniform(1.1,5.4) )                     # 产生 1.1 到 5.4 的随机浮点数
print(random.choice(['剪刀', '石头', '布']))          # 从序列中随机选取一个元素
print( random.randrange(1,100,2) )                   # 生成一个从 1 到 100 的间隔为 2 的随机整数
print(random.sample('zyxwvutsrqponmlkjihgfedcba',5)) # 从多个字符中生成指定数量的随机字符
r=[1,3,5,6,7]                                        # 将序列 a 中的元素顺序打乱
random.shuffle(r)
print(r)
```

运行程序，输出结果如下。

0.7902129162810794
8
3.523236590704961
石头

```
79
['b', 'd', 'x', 'a', 'q']
[6, 7, 1, 5, 3]
```

11.6 Python 并发编程

11.6.1 并发概述

并发是指在同一个处理器上通过时间片轮转的方式执行多个代码，造成同时执行多个不同程序的假象。程序并发运行有如下优点。

- 可以把占据时间较长的任务放到后台去处理。
- 用户界面更加吸引人。例如，当用户单击按钮触发某些事件时，可以弹出一个进度条来显示处理进度。
- 可以加快程序的运行速度。
- 在用户输入、文件读写和网络收发数据等情况下，并发执行程序非常有用，可以释放一些宝贵的资源，如内存占用等。

并发执行程序有多进程、多线程和多协程 3 种方式。进程、线程和协程的概念如下。

1. 进程

进程是具有一定独立功能的程序在某个数据集合上的一次运行活动，它是系统进行资源分配和调度的一个独立单位，更是资源(内存)分配的最小单位。每个进程都有自己独立的内存空间，不同进程通过进程间的通信机制来通信。由于进程占据独立的内存，因此上下文进程间的切换开销(栈、寄存器、虚拟内存、文件句柄等)比较大，但相对而言，这种切换比较稳定、安全。

2. 线程

线程是进程的一个实体，是 CPU 调度和分配的基本单位，它是比进程更小的能独立运行的基本单位。线程本身基本上不拥有系统资源，只拥有一些在运行中必不可少的资源(如程序计数器、一组寄存器和栈)，但是它可与同属一个进程的其他线程共享进程所拥有的全部资源。线程间通信主要通过共享内存实现，上下文切换速度快，资源开销较少，但与进程相比，线程不够稳定，容易丢失数据。

3. 协程

协程是一种用户态的轻量级线程，其调度完全由用户控制。协程拥有自己的寄存器上下文和栈。协程调度切换时，会将寄存器上下文和栈保存到其他地方，在切回来的时候，再恢复先前保存的寄存器上下文和栈。直接操作栈基本上没有内核切换的开销，可以不加锁地访问全局变量，因此，上下文的切换非常快。

在选择并发方式时，首先要确定编写的程序属于 CPU 密集型还是 I/O 密集型。

CPU 密集型：程序比较偏重于计算，需要经常使用 CPU 来运算。例如，科学计算的程序、机器学习的程序等。

I/O 密集型：顾名思义就是程序需要频繁地进行输入输出操作。爬虫程序就是典型的 I/O 密集型程序。

因此，如果程序属于 CPU 密集型，则选择使用多进程。而对于 I/O 密集型程序，则选择多线程或多协程。

11.6.2　多进程编程

1. 概述

进程是操作系统进行资源分配和调度的基本单位，进程之间是通过轮流占用 CPU 来执行的。在 Python 中，多进程是通过 multiprocessing 模块来实现的，利用 multiprocessing.Process 类可以创建一个进程对象。Process 类的属性和方法如表 11-16 所示。

表 11-16　Process 类的属性和方法

属性和方法名	功能描述
name	进程的名称
pid	进程的 pid
daemon	默认值为 False，如果设为 True，则代表 p 为后台运行的守护进程
start()	启动进程，并调用该子进程中的 run()
run()	进程启动时运行的方法，正是它去调用 target 指定的函数，可以在自定义类中实现该方法
terminate()	强制终止进程，不会进行任何清理操作
is_alive()	判断进程是否在运行，如果仍然运行，则返回 True
join([timeout])	主进程等待子进程终止，主进程处于等待状态，而子进程处于运行状态

2. 进程的创建

Process 类创建进程有两种方法：一是创建一个 Process 类的实例，并制定目标任务函数；二是自定义一个类并继承 Process 类，重写其__init__()方法和 run()方法。这两种方式都需要实例化 Process 类，其语法格式如下。

```
Process = Process([group [, target [, name [, args [, kwargs]]]]])
```

参数说明如下。

- group：这一参数值始终为 None，尚未启用，是为以后的 Python 版本准备的。
- target：表示调用对象，即子进程要执行的任务。
- args：表示调用对象的位置参数元组，即 target 的位置参数，必须是元组。
- kwargs：表示调用对象的字典参数，kwargs={'name':'egon','age':18}。
- name：子进程的名称。

1) 通过定义函数的方式创建进程

示例代码如程序段 P11.15 所示。

```
P11.15 通过定义函数创建进程
from multiprocessing import Process
import os
```

```
import time
def task_process():                              # 任务函数
    for i in range(2):                           # 任务执行两次
        time.sleep(1)
        print(f"子进程 pid 为 {os.getpid()},执行")  # os.getpid()获取进程 pid
if __name__ == '__main__':
    process = Process(target=task_process)        # 创建子进程
    process.start()
    for i in range(2):                            # 主程序执行两次
        time.sleep(1)
        print('父进程 pid 为 %s.执行' % os.getpid())
```

多进程需要在 CMD 命令行执行，运行代码，执行结果如图 11.1 所示。

图 11.1　函数多进程执行

2) 通过定义类的方式创建进程

示例代码如程序段 P11.16 所示。

```
P11.16 通过定义类创建进程
from multiprocessing import Process
import os
import time
class MyProcess(Process):                         # 定义进程类
    def __init__(self):
        super().__init__()
    def run(self):                                # 重写 run()方法
        for i in range(2):                        # 任务执行两次
            time.sleep(1)
            print(f"子进程 pid 为 {os.getpid()},执行")
if __name__ == "__main__":
    process = MyProcess()                         # 创建子进程
    process.start()
    for i in range(2):                            # 主程序执行两次
        time.sleep(1)
        print(f"父进程 pid 为 {os.getpid()},执行")
```

多进程需要在 CMD 命令行执行，运行代码，执行结果如图 11.2 所示。

图 11.2　类多进程执行

若要在软件开发中应用多进程编程，应初步了解进程信号量 Semaphore、进程锁 Lock、进程事件 Event、进程优先队列 Queue、进程池 Pool 和多进程数据交换 Pipe 等方面的编程知识。必要时再深入学习相关内容。

11.6.3 多线程编程

1. 概述

线程也是轻量级进程，是操作系统能够进行运算调度的最小单位。它被包含在进程中，是进程的实际运作单位，一个线程可以创建和撤销另一个线程，同一进程的多个线程之间可以并发执行。Python 提供两个模块进行多线程的操作，分别是 thread 和 threading，前者是比较低级的模块，用于更底层的操作，在应用级别的开发中并不常用。一般情况下会利用 threading.Thread 类来创建一个线程对象。Thread 类的属性和方法如表 11-17 所示。

表 11-17　Thread 类的属性和方法

属性和方法名	功能描述
name	线程名，默认是 Thread-x，x 是序号，第一个创建的线程名字就是 Thread-1
ident	线程的标识符
daemon	布尔标志，表示该线程是否为守护线程
start()	启动线程
run()	表示线程的方法，在线程被 CPU 调度后，就会自动执行这个方法。但是如果在自定义的类中想要使方法 run()和父类不同，则可以重写
join (timeout)	直至启动的线程终止之前一直挂起；除非给出了 timeout(秒)，否则会一直阻塞
setName()	给线程设置名字
getName()	获取线程名字
is_alive()	返回线程是否存活(True 或 False)
setDaemon()	设置守护线程(True 或 False)，必须在 start()之前设置，不然会报错
isDaemon()	是否为守护线程，默认是 False

2. 线程的创建

在 Python 中，主要通过两种方式来创建线程：一种是使用 threading 模块中 Thread 类的构造器创建线程，即直接对类 threading.Thread 进行实例化创建线程，并调用实例化对象的 start() 方法启动线程；另一种是继承 threading 模块中的 Thread 类创建线程类，即用 threading.Thread 派生出一个新的子类，将新建类实例化创建线程，并调用其 start()方法启动线程。

1) 通过实例化 threading.Thread 类创建线程

直接对类 threading.Thread 进行实例化创建线程，其语法格式如下。

```
thread=Thread(group=None,target=None,name=None, args=(), kwargs={},daemon=None)
```

参数说明如下。

- group：这一参数值始终为 None，尚未启用，是为以后的 Python 版本准备的。
- target：用于指定子线程要执行的任务。
- name：线程的名字。
- args：函数的参数，类型是元组。
- kwargs：函数的参数，类型是字典。

示例代码如程序段 P11.17 所示。

```
P11.17 Thread 类实例化创建线程
import threading
from threading import Thread
import time
def task_thread():                                          # 任务函数
    for i in range(2):                                      # 任务执行两次
        time.sleep(1)
        print(f"子线程为 {threading.currentThread().name},执行")   # 获取线程
if __name__ == '__main__':
    thread = Thread(target=task_thread)                     # 创建子线程
    thread.start()
    for i in range(2):                                      # 主程序执行两次
        time.sleep(1)
        print('父线程为 %s.执行' %threading.currentThread().name)
```

运行代码，输出结果如下。

```
父线程为 MainThread.执行
子线程为 Thread-1,执行
父线程为 MainThread.执行
子线程为 Thread-1,执行
```

代码中用到了 threading 模块的方法 currentThread()，获取当前线程对象，再通过属性 name 获取线程名。

2) 通过继承 Thread 类创建线程

示例代码如程序段 P11.18 所示。

```
P11.18 继承 Thread 类创建线程
from threading import Thread
import threading
import time
class MyProcess(Thread):                     # 定义线程类
    def __init__(self):
        super().__init__()
    def run(self):                           # 重写 run()方法
        for i in range(2):                   # 任务执行两次
            time.sleep(1)
            print(f"子线程 {threading.currentThread().name}执行")
if __name__ == "__main__":
    thread = MyProcess()                     # 创建子线程
    thread.start()
    for i in range(2):                       # 主程序执行两次
        time.sleep(1)
        print(f"父线程 {threading.currentThread().name}执行")
```

运行代码，输出结果如下。

```
父线程 MainThread 执行
子线程 Thread-1 执行
父线程 MainThread 执行
子线程 Thread-1 执行
```

若要在软件开发中应用多线程编程，还需要使用 threading 模块提供的类，如 Lock、Rlock、Condition、[Bounded]Semaphore、Event、Timer、local 等。必要时应深入学习相关内容。

11.6.4　多协程编程

1. 概述

当线程或进程足够多时，实际上并不能解决性能的瓶颈问题。也就是说，多线程和多进程可以提高小规模请求的效率，但过多的请求实际上会降低服务资源的响应效率，因此，协程是更好的解决方案。当一个程序遇到阻塞时，可以将这个程序挂起，然后将它的 CPU 权限拿出来去执行其他程序，执行完后再来执行这些挂起的程序。此时所有非阻塞操作都已经执行完毕，最后再执行阻塞程序，这就相当于做了异步。协程的作用就是检测阻塞的程序，在单进程和单线程的情况下实现异步，比多线程和多进程效率更高。

Python 中，协程执行过程类似于 Python 函数调用，Python 的 asyncio 模块实现的异步 IO 编程框架中，协程是对使用 async 关键字定义的异步函数的调用。asyncio 模块主要由以下 5 部分构成。

(1) event_loop 事件循环：程序开启一个事件的循环，程序员会把一些函数(协程)注册到事件循环上。当满足事件发生的时候，调用相应的协程函数。

(2) coroutine 协程：协程对象，指一个使用 async 关键字定义的函数，它的调用不会立即执行函数，而是会返回一个协程对象。协程对象需要注册到事件循环，由事件循环调用。

(3) future 对象：代表将来执行或没有执行的任务的结果。它和 task 本质上没有区别。

(4) task 任务：一个协程对象就是一个原生可以挂起的函数，任务则是对协程进一步封装，其中包含任务的各种状态。task 对象是 future 的子类，它将 coroutine 和 future 联系在一起，将 coroutine 封装成一个 future 对象。

(5) async/await 关键字：定义协程的关键字，async 用于定义一个协程，await 用于挂起阻塞的异步调用接口，await 表示紧跟的过程将阻塞，暂时执行其他协程。await 关键字添加了一个新的协程到循环中，而不需要明确地添加协程到该事件循环中。

2. 协程的创建

示例代码如程序段 P11.19 所示。

```
P11.19 协程的创建
import asyncio
async def firstCorouctine(n):                        # 定义协程
        for i in range(2):                           # 任务执行两次
                await asyncio.sleep(1)
                print(f'协程{n}执行……')
coroutine1 = firstCorouctine(1)                      # 将协程赋值给 coroutine
coroutine2 = firstCorouctine(2)
loop = asyncio.get_event_loop()                      # 获取事件循环
task1 = loop.create_task(coroutine1)                 # 封装为 task
task2 = loop.create_task(coroutine2)
loop.run_until_complete(task1)                       # 执行
loop.run_until_complete(task2)
```

运行代码，输出结果如下。

```
协程 1 执行……
协程 2 执行……
协程 1 执行……
协程 2 执行……
```

11.7 网络编程

11.7.1 TCP/IP 概述

网络编程主要的工作就是在发送端将信息通过指定的协议进行组装包，在接收端按照规定好的协议对包进行解析并提取对应的信息，最终达到通信的目的。现在的互联网通信协议广泛使用 TCP/IP 协议族。TCP/IP(transmission control protocol/internet protocol，传输控制协议/互联网协议)定义了计算机如何连入因特网及数据如何在它们之间传输的标准。Python 的 socket 模块主要由 socket(套接字)通过 TCP/IP 协议族中的 TCP 和 UDP 实现计算机之间的通信。

TCP 是流协议，而 UDP 是数据报协议。换句话说，TCP 在客户机和服务器之间建立持续的开放连接，在该连接的生命期内，字节可以通过该连接写出(并且保证顺序正确)。然而，通过 TCP 写出的字节没有内置的结构，因此需要高层协议在被传输的字节流内部分隔数据记录和字段。

UDP 是数据报协议，不需要在客户机和服务器之间建立连接，它只在地址之间传输报文。UDP 的一个很好的特性在于它的包是自分隔的(self-delimiting)，即每个数据报都准确地指明了它的开始和结束位置。然而，UDP 的缺点在于：它不保证包将会按顺序到达，甚至根本就不保证数据包能够到达。不过，UDP 有一个很大的优点就是效率高。

socket(套接字)是操作系统内核中的一个数据结构，它几乎是所有网络通信的基础。网络通信最终实现的是计算机进程间的通信。在网络中，每个节点(计算机或路由)都有一个网络地址，即 IP 地址。当两个进程通信时，首先要确定各自所在的网络节点的网络地址。但是，网络地址只能确定进程所在的计算机，而一台计算机上很可能同时运行着多个进程，所以仅凭网络地址还不能确定到底是和网络中的哪一个进程进行通信，因此套接字中还需要包括其他信息，也就是端口号(port)。在一台计算机中，一个端口号一次只能分配给一个进程，也就是说，在一台计算机中，端口号和进程之间是一一对应的关系。socket 使用 IP 地址、协议、端口号来标识一个进程。所以，使用端口号和网络地址的组合可以唯一地确定整个网络进程。端口号的范围是 0～65535，分为两类：一类是指定分配给一些固定用途的端口，其值一般为 0～1023；另一类是用户自定义端口，一般大于等于 1024。

网络上的两个程序通过一个双向的通信连接实现数据的交换，这个连接的一端称为一个 socket 对象。通过 socket 对象的相关方法可以实现通信连接和数据传输。socket 对象的方法及其功能如表 11-18 所示。

表 11-18　socket 对象的方法及其功能

方法名	功能描述
服务器端套接字方法	
bind()	绑定地址(host,port)到套接字，在 AF_INET 下，以元组(host,port)的形式表示地址
listen()	开始 TCP 监听。backlog 指定在拒绝连接之前，操作系统可以挂起的最大连接数量，该值至少为 1，大部分应用程序设为 5 即可
accept()	被动接收 TCP 客户端连接，(阻塞式)等待连接的到来
客户端套接字方法	
connect()	主动初始化 TCP 服务器连接。一般 address 的格式为元组(hostname,port)，如果连接出错，则返回 socket.error 错误
connect_ex()	connect()函数的扩展版本，出错时返回出错码，而不是抛出异常
公共用途的套接字方法	
recv()	接收 TCP 数据，数据以字符串形式返回，bufsize 指定要接收的最大数据量。flag 提供有关消息的其他信息，通常可以忽略
send()	发送 TCP 数据，将 string 中的数据发送到连接的套接字。返回值是要发送的字节数量，该数量可能小于 string 的字节大小
sendall()	完整发送 TCP 数据。将 string 中的数据发送到连接的套接字，但在返回之前会尝试发送所有数据。若成功则返回 None，若失败则抛出异常
recvfrom()	接收 UDP 数据，与 recv()类似，但返回值是(data,address)。其中 data 是包含接收数据的字符串，address 是发送数据的套接字地址
sendto()	发送 UDP 数据，将数据发送到套接字，address 是格式为(ipaddr, port)的元组，指定远程地址。返回值是发送的字节数
close()	关闭套接字
getpeername()	返回连接套接字的远程地址。返回值通常是元组(ipaddr,port)
getsockname()	返回套接字自己的地址。通常是一个元组(ipaddr,port)
setsockopt(level,optname,value)	设置给定套接字选项的值
getsockopt(level,optname[.buflen])	返回套接字选项的值
settimeout(timeout)	设置套接字操作的超时期，timeout 是一个浮点数，单位是秒。值为 None 表示没有超时期。一般超时期应该在刚创建套接字时设置，因为它们可能用于连接操作
gettimeout()	返回当前超时期的值，单位是秒，如果没有设置超时期，则返回 None
fileno()	返回套接字的文件描述符
setblocking(flag)	如果 flag 为 0,则将套接字设为非阻塞模式,否则将套接字设为阻塞模式(默认值)。非阻塞模式下，如果调用 recv()没有发现任何数据，或者 send()调用无法立即发送数据，那么将引起 socket.error 异常
makefile()	创建一个与该套接字相关联的文件

应用程序通常通过 socket 向网络发出请求或应答网络请求，使主机间或一台计算机上的进程间可以通信。在 Python 中，通过 socket()函数来创建套接字对象，语法格式如下。

```
socket.socket(family=AF_INET, type=SOCK_STREAM, protocol=0, fileno=None)
```

参数说明如下。

- family：协议参数，可以使用 AF_INET (默认 IPv4)、AF_INET6(IPv6)、AF_UNIX(Unix 系统进程间通信)。
- type：套接字类型，可以使用 SOCK_STREAM(面向连接的)、SOCK_DGRAM(非连接的)。
- protocol：一般不填，默认为 0。

11.7.2 UDP 通信编程

1. 服务器端编程

示例代码如程序段 P11.20 所示。

```
P11.20  UDP 服务器端程序
from socket import *
s = socket(AF_INET, SOCK_DGRAM)              # 创建 UDP 类型的套接字
s.bind(("127.0.0.1", 8888))                  # 绑定端口，IP 可以不写
print("等待接收数据！")
while True:
    recv_data = s.recvfrom(1024)             # 1024 表示本次接收的最大字节数
    recv_content = recv_data[0].decode('gbk')
    print(f"收到远程信息:{recv_content},from {recv_data[1]}")
    if recv_content == "exit":
        print("结束聊天！")
        break
s.close()
```

打开一个 idle，运行代码，输出结果如下。

```
等待接收数据!
```

2. 客户端编程

示例代码如程序段 P11.21 所示。

```
P11.21  UDP 客户端程序
from socket import *
s = socket(AF_INET, SOCK_DGRAM)              # 创建 UDP 类型的套接字
addr = ("127.0.0.1", 8888)
while True:
    data = input("请输入：")
    s.sendto(data.encode("gbk"), addr)
    if data == "exit":
        print("结束聊天！")
        break
s.close()
```

打开另一个 idle，运行代码，输出结果如下。

请输入：

在客户端提示符处输入数据，即可发送数据到服务器。

客户端输入数据如下。

```
请输入：UDP客户端单工通信
请输入：你好
请输入：
```

服务器端接收数据如下。

```
等待接收数据！
收到远程信息:UDP客户端单工通信,from ('127.0.0.1', 55206)
收到远程信息:你好,from ('127.0.0.1', 55206)
```

11.7.3　TCP 通信编程

1. 服务器端编程

示例代码如程序段 P11.22 所示。

```
P11.22  TCP 服务器端程序
from socket import *
server_socket = socket(AF_INET,SOCK_STREAM)    # 建立 TCP 套接字
server_socket.bind(("127.0.0.1",8899))         # 本机监听 8899 端口
server_socket.listen(5)
print("等待接收连接！")
client_socket,client_info = server_socket.accept()
print("一个客户端建立连接成功！")
while True:
    recv_data = client_socket.recv(1024)       # 最大接收 1024 字节
    recv_content = recv_data.decode('gbk')
    print(f"客户端说:{recv_content},来自:{client_info}")
    if recv_content == "end":
        break
    msg = input(">")
    client_socket.send(msg.encode("gbk"))
client_socket.close()
server_socket.close()
```

打开一个 idle，运行代码，输出结果如下。

等待接收连接！

2. 客户端编程

示例代码如程序段 P11.23 所示。

```
P11.23  TCP 客户端程序
from socket import *
client_socket = socket(AF_INET,SOCK_STREAM)
client_socket.connect(("127.0.0.1",8899))
while True:
    msg = input("请输入>")
```

```
        client_socket.send(msg.encode("gbk"))
        if msg =="end":
            break
        recv_data = client_socket.recv(1024)              # 最大接收 1024 字节
        print(f"服务器端说:{recv_data.decode('gbk')}")
client_socket.close()
```

打开另一个 idle，运行代码，输出结果如下。

请输入>

在客户端和服务器端提示符处输入数据，即可实现数据通信。

客户端发送接收数据如下。

```
请输入>你好
服务器端说:TCP服务器
请输入>TCP客户端
```

服务器端接收发送数据如下。

```
等待接收连接！
一个客户端建立连接成功！
客户端说:你好,来自:('127.0.0.1', 53480)
>TCP服务器
客户端说:TCP客户端,来自:('127.0.0.1', 53480)
>
```

实训与习题

实训

完成本章 P11.1～P11.23 程序上机练习。

习题

1. 填空题

(1) 使用 os 模块的_____函数可以获取当前目录。

(2) 使用_____模块的 copy()函数可以复制文件。

(3) random 是 Python 的_____库模块。

(4) HTTP 是_____的缩写。

(5) TCP 是_____的缩写。

2. 选择题

(1) 在 Python 程序中，可以通过 os 模块的( )函数执行 CMD 命令。

    A. run()　　　　B. system()　　　　C. exec()　　　　D. command()

(2) 在 Python 中，可以用 subprocess. ( )函数创建进程执行系统命令。

    A. run()　　　　B. system()　　　　C. popen()　　　　D. shutdown

(3) 方法( )的主要功能是终止程序运行。

    A. sys.quit　　　　B. sys.exit()　　　　C. os.exit()　　　　D. os.quit()

(4) 下列方法中，返回结果为时间戳的是( )。

    A. time.sleep()　　　B. time.localtime()　　　C. time.strftime()　　　D. time.ctime

(5) 下面返回随机整数的函数是(　　　)。

  A. abs()   B. ceil()   C. modf()   D. randint()

3. 判断题

(1) 函数 max()的功能是返回指定参数的最大值，参数可以是序列。   (　　)

(2) 函数 floor(x)返回参数 x 的下舍整数，返回值小于或等于 x。   (　　)

(3) 时间差的计算没有意义。   (　　)

(4) 生成随机数首先需要导入 random 模块。   (　　)

(5) socket 是 Python 的标准模块。   (　　)

4. 简答题

(1) 简述 os 模块的功能。

(2) 简述 sys 模块的功能。

(3) 简述 Python 多任务编程的实现方法。

(4) 简述 Python 通信模块 socket 的作用。

(5) 简述 Python 内置数据库 sqlite 的操作方法。

5. 编程题

(1) 编写程序，从 1~1000 中随机取 20 个偶数。

(2) 使用多线程快速复制目录树。

(3) 基于 UDP 开发聊天程序。

(4) 基于 TCP 开发聊天程序。

(5) 基于 socket 开发 Web 服务器程序。

第 12 章

第三方库应用编程

学习目标:

1. 了解各个应用领域的第三方库
2. 掌握第三方库之数据分析库 NumPy 和 Pandas 的应用编程
3. 掌握第三方库之数据可视化库 Matplotlib 的应用编程
4. 掌握第三方库之文本分析库 jieba 和词云库 wordcloud 的应用编程

思政内涵:

利用第三方库解决实际问题是 Python 开放生态的巨大优势。广大学子要善于兼容并蓄,树立海纳百川的开放精神。

12.1 概述

随着开源运动的兴起,一批开源项目诞生,降低了编写程序的难度,实现了专业级别的代码复用。开源运动的深入发展,使得许多专业人士开始贡献各领域优秀的研究和开发成果,并通过开源库的形式发布出来,形成了庞大的编程计算生态。Python 语言能够将不同语言、不同特点、不同使用方式的代码统一起来。

Python 语言从诞生之初就致力于开源开放,建立起了全球最大的编程计算生态。Python 语言拥有十几万个第三方库,它们的基本信息都可以通过 Python 官方网站或 GitHub 网站搜索到。这些库几乎覆盖了信息技术的所有领域。第三方库常用的应用领域有网络爬虫、数据分析、数据可视化、自然语言处理、办公自动化、音视频处理、图像处理、图形艺术等。当然,一个人不可能熟悉所有的库,只需要记住其名称即可。在解决某一领域的问题时,再进行深入研究。

1. 网络爬虫

用于爬取网络数据的常用库如表 12-1 所示。

表 12-1 网络爬虫常用库

库名	功能描述
requests	网络请求库,提供多种网络请求方法并可定义复杂的发送信息
BeautifulSoup	网页数据解析和格式化处理工具,通常配合 Python 的 urllib、urllib2 等库一起使用
Scapy	分布式爬虫框架,可用于模拟用户发送、侦听和解析网络报文,常用于大型网络数据爬取

(续表)

库名	功能描述
Pyspider	爬虫系统
python-goose	HTML 内容/文章提取器

2. 数据分析

用于进行数据计算和分析的常用库如表 12-2 所示。

表 12-2　数据分析常用库

库名	功能描述
NumPy	使用 Python 进行科学计算的基础包
SciPy	用于进行数学、科学和工程计算的 Python 开源库生态系统
Pandas	提供高性能、易用的数据结构和数据分析工具

3. 统计分析

用于进行数据统计分析的常用库如表 12-3 所示。

表 12-3　统计分析常用库

库名	功能描述
statsmodels	是一个 Python 库，用于拟合多种统计模型、执行统计测试，以及进行数据探索和可视化，包含更多的"经典"频率学派统计方法，而贝叶斯方法和机器学习模型可在其他库中找到

4. 数据可视化

用于将数据进行图形化展示的绘图库如表 12-4 所示。

表 12-4　常用绘图库

库名	功能描述
Matplotlib	是 Python 的 2D 绘图库，它以各种硬拷贝格式和跨平台的交互式环境生成出版质量级别的图形，开发者只需要输入几行代码，便可以生成多种高质量图形
Seaborn	是在 Matplotlib 的基础上进行了更高级的 API 封装，它可以作为 Matplotlib 的补充
Bokeh	一种交互式可视化库，可以在 Web 浏览器中实现美观的视觉效果
Plotly	提供的图形库可以进行在线 Web 交互，并提供具有出版品质的图形，支持线图、散点图、区域图、条形图、误差条、框图、直方图、热图、子图、多轴、极坐标图、气泡图、玫瑰图、热力图、漏斗图等众多图形

5. 自然语言处理

用于进行自然语言处理与分析的库如表 12-5 所示。

表 12-5　自然语言分析库

库名	功能描述
NLTK	一个先进的平台，用以构建处理人类语言数据的 Python 程序
jieba	中文分词工具
SnowNLP	一个用来处理中文文本的库
Gensim	是一个专业的主题模型(发掘文字中隐含主题的一种统计建模方法)Python 工具包，用来提供可扩展统计语义、分析纯文本语义结构、检索语义上相似的文档

6. 办公自动化

用于实现办公文件自动化处理的库如表 12-6 所示。

表 12-6　办公自动化库

库名	功能描述
python-docx	用于读取、查询和修改 Word 文件的库
Pyexcel	用来读写、操作 Excel 文件的库
PDFMiner	一个用于从 PDF 文档中提取信息的工具
python-pptx	用于创建和修改 PowerPoint 文件的 Python 库

7. 图像处理

用于进行图像处理的库如表 12-7 所示。

表 12-7　图像处理库

库名	功能描述
pillow	最常用的图像处理库
OpenCV	开源计算机视觉库
scikit-image	一个图像处理库，支持颜色模式转换、滤镜、绘图、图像处理、特征检测等多种功能
python-qrcode	用于生成二维码的 Python 库

8. 图形艺术

用于进行图形绘制的图形库如表 12-8 所示。

表 12-8　图形库

库名	功能描述
Quads	基于四叉树的计算机艺术库
ascii_art	ASCII 艺术库，将普通图片转为 ASCII 艺术风格，可以输出纯文本或彩色文本，支持采用图片格式输出

9. 音视频处理

用于进行音频视频处理的库如表 12-9 所示。

表 12-9　音视频处理库

库名	功能描述
audiolazy	用于实时声音数据流处理的库，支持实时数据应用处理、无限数据序列表示、数据流表示等
pydub	支持多种格式的音频文件，可进行多种信号处理(如压缩、均衡、归一化)、信号生成(如正弦、方波、锯齿等)、音效注册、静音处理等
Dejavu	用来进行音频指纹提取和识别
TimeSide	能够进行音频分析、成像、转码、流媒体和标签处理的 Python 框架，可以对任何音频或视频内容非常大的数据集进行复杂的处理
Moviepy	用来进行基于脚本的视频编辑模块，适用于多种格式
scikit-video	SciPy 视频处理常用程序

10. 机器学习

用于实现机器学习的库如表 12-10 所示。

表 12-10　机器学习库

库名	功能描述
scikit-learn	基于 SciPy 构建的机器学习 Python 模块
PyBrain	一个 Python 机器学习库
gym	用于开发和比较强化学习算法的工具包
H2O	开源、快速、可扩展的机器学习平台

11. 深度学习

用于实现神经网络训练的深度学习库如表 12-11 所示。

表 12-11　深度学习库

库名	功能描述
PyTorch	一个具有张量和动态神经网络的深度学习框架，具备强大的 GPU 加速能力
TensorFlow 2.0	谷歌开源的深度学习框架
keras	以 TensorFlow/Theano/CNTK 为后端的深度学习封装库，可帮助用户快速上手神经网络
Cafffe	一个深度学习框架，主要用于计算机视觉，它对图像识别的分类具有很好的应用效果

12. 医学图像处理

用于进行医学图像处理的库如表 12-12 所示。

表 12-12　医学图像处理库

库名	功能描述
ITK	用来进行医学图像处理和分析的库
TORCHIO	用于处理 3D 医学图像的库
MONAI	多维医学影像分析，基于 PyTorch
DLTK	医学影像分析，基于 TensorFlow

13. 图形用户界面

用于实现图形用户界面开发的库如表 12-13 所示。

表 12-13　图形用户界面库

库名	功能描述
PyQt5	跨平台用户界面框架
wxPython	是 wxWidgets C++ 类库和 Python 语言混合的产物
Pyglet	一个 Python 的跨平台窗口及多媒体库
kivy	一个用来创建自然用户交互(NUI)应用程序的库,可以在 Windows、Linux、Mac OS X、Android 和 iOS 平台上运行

14. 数据库

用于连接数据库编程的库如表 12-14 所示。

表 12-14　数据库操作库

库名	功能描述
mysql-python	Python 的 MySQL 数据库连接器
pymssql	一个简单的 Microsoft SQL Server 数据库接口
kafka-python	Apache Kafka Python 客户端
py2neo	Neo4j restful 接口的 Python 封装客户端

15. Web 框架

用于实现 Web 程序开发的库如表 12-15 所示。

表 12-15　Web 开发库

库名	功能描述
Django	Python 界最流行的 Web 框架
Tornado	一个 Web 框架和异步网络库
Flask	一个 Python 微型框架

16. 网络应用

用于实现网络应用程序开发的库如表 12-16 所示。

表 12-16　网络应用库

库名	功能描述
werobot	微信公众号开发框架
aip	百度人工智能
gevent	协程开发

17. 游戏开发

用于实现游戏程序开发的库如表 12-17 所示。

表 12-17　游戏开发库

库名	功能描述
Pygame	是一组 Python 模块，用来编写游戏
Panda3D	由迪士尼开发的 3D 游戏引擎，并由卡内基梅隆娱乐技术中心负责维护。使用 C++编写，针对 Python 进行了完全的封装
RenPy	一个视觉小说(visual novel)引擎
Harfang3D	支持 3D、VR 和游戏开发的 Python 框架

18. 硬件开发

用于实现硬件程序开发的库如表 12-18 所示。

表 12-18　硬件开发库

库名	功能描述
rospy	ROS (robot operating system) 库
ino	操作 Arduino 的命令行工具
wifi	一个 Python 库和命令行工具，用来在 Linux 平台上操作 Wi-Fi。
Pingo	为 Raspberry Pi、pcDuino、Intel Galileo 等设备提供统一的 API 用以编程

19. 经济金融

用于进行经济金融数据分析的库如表 12-19 所示。

表 12-19　经济金融分析库

库名	功能描述
TA-Lib	专业的金融市场技术指标库，用于技术分析
PyAlgoTrade	用于自动化金融策略开发的库，可以支持交易记录和回测
Quantopian	用于构建量化交易系统的 Python 库
PyFinance	用于分析金融数据的 Python 库

20. 金融数据

用于实现金融数据获取的库如表 12-20 所示。

表 12-20　金融数据获取库

库名	功能描述
pandas-datareader	从各种财经网络获取数据到 Pandas 数据结构
pandas-finance	用于访问和分析金融数据的高级 API
wallstreet	实时的股票和期权数据
chinesestockapi	获取中国股票价格的 Python API

21. 社会网络分析

用于进行复杂网络分析的库如表 12-21 所示。

表 12-21　网络分析库

库名	功能描述
NetworkX	是一个用 Python 语言开发的图论与复杂网络建模工具，内置了常用的图与复杂网络分析算法，可以方便地进行复杂网络数据分析、仿真建模等工作

22. 三维可视化

用于实现数据三维图形显示的库如表 12-22 所示。

表 12-22　三维可视化库

库名	功能描述
TVTK	科学计算三维可视化库
Mayavi	三维表达和可视化
TraitUI	交互式三维可视化

23. 虚拟现实

用于实现虚拟现实技术开发的库如表 12-23 所示。

表 12-23　虚拟现实开发库

库名	功能描述
VR Zero	针对树莓派的 VR 开发库，支持设备小型化，配置简单化，非常适合初学者实践 VR 开发及应用
pyovr	针对 Oculus VR 设备的开发库，基于成熟的 VR 设备，提供全套文档，工业级应用设备
Vizard	通用 VR 开发引擎，专业的企业级虚拟现实开发引擎，提供详细的官方文档，支持多种主流的 VR 硬件设备

24. 区块链应用

用于实现区块链应用程序开发的库如表 12-24 所示。

表 12-24　区块链应用开发库

库名	功能描述
Web3	Web3 是一组库，用于与以太坊区块链交互

Python 语言提供了超过 15 万个第三方库，可以使用 pip 安装。Python 包的官网地址是 https://pypi.org/。国内常见的镜像源站点如下。

- 清华大学：https://pypi.tuna.tsinghua.edu.cn/simple/。
- 阿里云：http://mirrors.aliyun.com/pypi/simple/。
- 中国科学技术大学：http://mirrors.ustc.edu.cn/simple/。
- 豆瓣(douban)：http://pypi.douban.com/simple/。

12.2　数据分析与可视化

在一个日益以数据为主导的世界中，用户正在以多种方式收集数据，每一个人都想从数据中了解更多具有价值的信息。数据分析与可视化就是能够帮助用户更好地了解或提取数据信息的途径。

数据分析是指用适当的统计分析方法对收集来的大量数据进行分析研究和概括总结，提取有用信息并形成结论的过程。数据可视化是以可视化图表的形式来显示数据信息，直观地传达数据的含义，帮助解释趋势和统计数据，展现数据的分析结果，揭示数据模式和趋势。

本节主要介绍目前非常流行的数据分析和数据可视化工具，首先介绍数据分析"三剑客"，即 NumPy、Pandas 和 Matplotlib。NumPy 侧重于科学计算，Pandas 侧重于数据分析，Matplotlib 侧重于数据可视化。

12.2.1　NumPy 科学计算库

NumPy(Numerical Python)是 Python 的一种开源的数值计算扩展库，可用来存储和处理大型矩阵，比 Python 自身的嵌套列表结构要高效得多，支持大量的多维度数组与矩阵运算，此外，针对数组运算还提供了大量的数学函数库。

NumPy 中定义的最重要的对象是称为 ndarray 的 N 维数组类型对象，也称为 array 对象。它描述相同类型的元素集合，可以使用基于零的索引访问集合中的元素。ndarray 中的每个元素在内存中使用相同大小的块，每个元素都是数据类型对象(dtype)的对象。NumPy 支持的数据类型比 Python 内置的类型还要多很多。

1. NumPy 的属性和方法

ndarray 对象具有矢量算术能力、复杂的广播能力和高维数组处理能力，在进行复杂科学计算时还会自动并行计算，其运算效率远高于纯 Python 代码。NumPy 的常用属性和方法分别如表 12-25 和表 12-26 所示。

表 12-25　NumPy 的常用属性

属性名	功能描述
ndarray.ndim	秩，即轴的数量或维度的数量
ndarray.shape	数组的维度，对于矩阵，n 行 m 列
ndarray.size	数组元素的总个数，相当于.shape 中 n*m 的值
ndarray.dtype	ndarray 对象的元素类型
ndarray.itemsize	ndarray 对象中每个元素的大小，以字节为单位
ndarray.flags	ndarray 对象的内存信息
ndarray.real	ndarray 元素的实部
ndarray.imag	ndarray 元素的虚部
ndarray.data	包含实际数组元素的缓冲区
ndarray.T	简单转置矩阵 ndarray

表 12-26　NumPy 的常用方法(函数)

方法名	功能描述
生成函数	
np.array(x)	将输入数据转换为一个 ndarray
np.array(x, dtype)	将输入数据转换为一个类型为 dtype 的 ndarray
np.ones(N)	生成一个 N 长度的一维全 1 的 ndarray
np.ones_like(ndarray)	生成一个形状与参数相同的全 1 的 ndarray
np.zeros(N)	生成一个 N 长度的一维全 0 的 ndarray
np.empty(N)	生成一个 N 长度的未初始化一维 ndarray
np.eye(N)	创建一个 N * N 的单位矩阵(对角线为 1，其余为 0)
np.arange(begin, end, step)	生成一个从 begin 到 end，步长为 step 的一维 ndarray 数组
ndarray.reshape((N,M,...))	将 ndarray 转换为 N*M*...的多维 ndarray(非 copy)
ndarray.transpose((xIndex,yIndex,...))	根据维索引 xIndex,yIndex...进行矩阵转置，依赖于 shape，不能用于一维矩阵(非 copy)
ndarray.swapaxes(xIndex,yIndex)	交换维度(非 copy)
矩阵函数	
np.diag(ndarray)	以一维数组的形式返回方阵的对角线(或非对角线)元素
np.diag([x,y,...])	将一维数组转换为方阵(非对角线元素为 0)
np.dot(ndarray, ndarray)	矩阵乘法
np.trace(ndarray)	计算对角线元素的和
排序函数	
np.sort(ndarray)	排序，返回副本
np.unique(ndarray)	返回 ndarray 中的元素，排除重复元素之后进行排序
np.intersect1d(ndarray1, ndarray2)	返回两者的交集并排序
np.setdiff1d(ndarray1, ndarray2)	返回两者的差
一元计算函数	
np.abs(ndarray)	计算绝对值
np.mean(ndarray)	求平均值
np.sign(ndarray)	计算正负号：1(正)、0(0)、−1(负)
np.isnan(ndarray)	返回一个判断是否为 NaN 的 bool 型数组
cos、sin、tan	三角函数
多元计算函数	
np.add(ndarray, ndarray)	相加
np.maximum(ndarray, ndarray)	求最大值
np.fmin(ndarray, ndarray)	求最小值(忽略 NaN)
np.less_equal(ndarray, ndarray)	<=
logical_and(ndarray, ndarray)	&

(续表)

方法名	功能描述
计算函数	
ndarray.mean(axis=0)	求平均值
ndarray.sum(axis= 0)	求和
ndarray.std()	方差
ndarray.var()	标准差
ndarray.max()	最大值
ndarray.min()	最小值
随机数函数	
np.random.seed(ndarray)	确定随机数生成种子
np.random.rand(int)	产生 int 个均匀分布的样本值
np.random.randn(N, M, ...)	生成一个 N*M*...的正态分布(平均值为 0，标准差为 1)的 ndarray
np.random.uniform(low,high,size)	随机生成指定范围的浮点数。low: 采样下界，float 类型，默认值为 0。high: 采样上界，float 类型，默认值为 1。size: 输出样本数目，为 int 或 tuple 类型。例如，size=(m,n,k), 则输出 m*n*k 个样本，缺省时输出 1 个值
文件读写	
np.loadtxt(filename)	读取 csv 和 txt 文件
Np.savetxt(filename, data)	写入 csv 和 txt 文件
np.load(filename)	读取 npy 文件
np.save(filename, data)	写入 npy 文件

2. NumPy 的使用

在 Anaconda 的 Jupyter Notebook 开发环境中，数据分析示例代码和输出结果如程序段 P12.1 所示。

```
P12.1 NumPy 的使用
import numpy as np
data = np.random.uniform(-0.5,1,(4,4))   # 随机生成一个取值从-0.5 到 1 的 4×4 的二维数组
dmax=np.max(data,axis=0)                  # 求数组中的最大值。若不加 axis 则求所有元素中的最大值，
                                            若 axis=0 则求出每列最大值，若 axis=1 或-1 则求出每
                                            行最大值
dmin=np.min(data,axis=0)                  # 求数组中的最小值。若不加 axis 则求所有元素中的最小
                                            值，若 axis=0 则求出每列最小值，若 axis=1 或-1 则求
                                            出每行最小值
dmea=np.mean(data)                        # 求平均值
dmed=np.median(data)                      # 求中位数
dvar=np.var(data)                         # 求方差
dstd=np.std(data)                         # 求标准差
data.ndim                                 # 维度数
Out: 2
```

```
data.shape                          # 数组形状及维度
Out: (4, 4)
data.size                           # 数组总元素个数
Out: 16
Data                                # 数组 ndarray 对象
Out:    array([[-0.29251516, -0.26716819,  0.00611154, -0.42584762],
              [ 0.95526828, -0.4321059 , -0.3225236 ,  0.20251456],
              [ 0.66132838,  0.25467466,  0.56062761,  0.79140186],
              [ 0.45864462,  0.11906949,  0.28115356,  0.35725196]])
dmax                                # 每列最大值
Out:    array([0.95526828, 0.25467466, 0.56062761, 0.79140186])
dmin                                # 每列最小值
Out:    array([-0.29251516, -0.4321059 , -0.3225236 , -0.42584762])
dmea                                # 数组平均值
Out:    0.18174287835862635
dmed                                # 数组中位数
Out:    0.22859460782079477
dvar                                # 数组方差
Out:    0.18301061868968183
dsta                                # 数组标准差
Out:    0.5216140533997408
```

12.2.2 Pandas 数据分析库

Pandas 是 Python 的一个扩展程序库，它是一个强大的用于分析结构化数据的工具集，其使用基础是 NumPy(提供高性能的矩阵运算)。Pandas 纳入了大量的库和一些标准的数据模型，并提供了高效地操作大型数据集所需的工具。Pandas 可以从各种文件格式(如 CSV、JSON、SQL、Microsoft Excel)导入数据。Pandas 可以对数据进行各种运算操作，如归并、再成形、选择等，它还有数据清洗和数据特征加工等功能。Pandas 被广泛应用于学术、金融、统计学等各个数据分析领域。

Pandas 的主要数据结构是 Series (一维数据)与 DataFrame(二维数据)，这两种数据结构足以处理金融、统计、社会科学、工程等领域中的大多数典型用例。

- Series 对象：是一种类似于一维数组的对象，由一组数据(各种 NumPy 数据类型)及一组与之相关的数据标签(即索引)组成。仅有一组数据也可产生简单的 Series 对象。
- DataFrame 对象：是 Pandas 中的一个表格型的数据结构，包含一组有序的列，每列可以是不同的值类型(如数值、字符串、布尔型等)，DataFrame 既有行索引也有列索引，可以将其看作由 Series 组成的字典。

1. Pandas 的属性和方法

Pandas 对数据的处理主要是通过 Series 对象和 DataFrame 对象的操作来实现的，DataFrame 对象的每一列都可以看作一个 Series 对象。因此，除了针对矩阵或多维数组的特殊操作方法以外，这两种数据对象的操作方法基本上是一致的。Panda 的常用属性和方法如表 12-27 所示。

表 12-27　Pandas 的常用属性和方法

属性和方法名	功能描述
axes	返回一个仅以行轴标签和列轴标签为成员的列表
ndim	返回输入数据的维数
shape	返回数组维度
size	返回输入数据的元素数量
values	以 ndarray 的形式返回对象
index	返回一个 RangeIndex 对象，用来描述索引的取值范围
empty	返回一个空的对象
dtype	返回对象的数据类型
head(n)	返回前 n 行，默认 5 行
tail(n)	返回最后 n 行，默认 5 行
isnull()	如果值不存在或缺失，则返回 True
notnull()	如果值不存在或缺失，则返回 False
count()	统计某个非空值的数量
sum()	求和
mean()	求均值
median()	求中位数
mode()	求众数
var()	求方差
std()	求标准差
min()	求最小值
max()	求最大值
cumsum()	计算累计和。axis=0，按照行累加；axis=1，按照列累加
describe()	显示与数据列相关的统计信息摘要
read_csv()	表示从 CSV 文件中读取数据，并创建 DataFrame 对象
to_csv()	用于将 DataFrame 转换为 CSV 数据。若要把 CSV 数据写入文件，只需向函数传递一个文件对象即可
read_excel()	读取 Excel 表格中的数据
to_excel()	将 Dataframe 中的数据写入 Excel 文件

2. Pandas 的使用

在 Anaconda 的 Jupyter Notebook 开发环境中，使用 Series 对象和 DataFrame 对象处理数据的示例代码和输出结果如程序段 P12.2 所示。

```
P12.2  Pandas 的使用
import pandas as pd
import numpy as np
dser=pd.Series(np.random.uniform(-0.5,1,10))
```

```
ddat=pd.DataFrame(np.random.uniform(-0.5,1,(4,4)))
dser.axes
Out: [RangeIndex(start=0, stop=10, step=1)]
ddat.axes
Out: [RangeIndex(start=0, stop=4, step=1), RangeIndex(start=0, stop=4, step=1)]
dser.ndim
Out: 1
ddat.ndim
Out: 2
dser.shape
Out: (10,)
ddat.shape
Out: (4, 4)
dser
Out: 0      0.490902
1      0.710971
2      0.635130
3      0.138456
4     -0.317609
5      0.770918
6      0.247075
7     -0.343176
8      0.087003
9      0.701167
dtype: float64
ddat
Out: 0           1           2           3
0    0.894264    0.590067   -0.396607    0.421754
1    0.965242    0.004056   -0.229237    0.440448
2    0.675990   -0.302653    0.662338   -0.217534
3    0.086990    0.405456    0.249263    0.786460
dser.head(2)
Out: 0      0.490902
1      0.710971
dtype: float64
ddat.head(2)
Out: 0           1           2           3
0    0.894264    0.590067   -0.396607    0.421754
1    0.965242    0.004056   -0.229237    0.440448
dser.isnull()
Out: 0      False
1      False
2      False
3      False
4      False
5      False
6      False
7      False
8      False
9      False
```

```
dtype: bool
ddat.notnull()
Out: 0          1          2          3
0    True       True       True       True
1    True       True       True       True
2    True       True       True       True
3    True       True       True       True
dser.sum()
Out: 3.1208372380415312
ddat.sum()
Out: 0     2.622486
1     0.696926
2     0.285756
3     1.431127
dtype: float64
dser.mean()
Out: 0.3120837238041531
ddat.mean()
Out: 0     0.655621
1     0.174231
2     0.071439
3     0.357782
dtype: float64
dser.median()
Out: 0.36898865970337613
dser.std()
Out: 0.41743571186509304
dser.var()
Out: 0.17425257354031698
dser.describe()
Out: count     10.000000
mean      0.312084
std       0.417436
min      -0.343176
25%       0.099866
50%       0.368989
75%       0.684658
max       0.770918
dtype: float64
```

12.2.3   Matplotlib 数据可视化库

Matplotlib 是 Python 中比较受欢迎的数据可视化软件包之一，它是一个非常强大的 Python 画图工具，我们可以使用该工具将很多数据通过图表的形式进行直观呈现。Matplotlib 提供多样化的输出格式，以各种硬拷贝格式和跨平台的交互式环境生成出版质量级别的图形，不仅可以用来绘制各种静态、动态、交互式的图表，还可以绘制线图、散点图、等高线图、条形图、柱状图、3D 图形，以及图形动画等。Matplotlib 通常与 NumPy、Pandas 一起使用，是数据分析中不可或缺的重要工具之一。

Matplotlib 库由各种可视化类构成，内部结构复杂。Matplotlib 绘图主要有两种方式：使用程序性的 pyplot 接口(即 matplotlib.pyplot)和面向对象原生的 matplotlib API。matplotlib.pyplot 是一个用于绘制各类可视化图形的命令子库，相当于快捷方式，主要用于进行交互式绘图和较为简单的绘图。对于复杂的绘图任务，使用面向对象 API 更合适。例如，pyplot 的大部分绘图函数，axes 对象也有，通过调用 axes 对象的绘图函数完全可以达到 pyplot 的绘图功能。

Matplotlib 绘图的核心是理解 figure(画布)对象、axes(坐标系)对象和 axis(坐标轴)对象三者之间的关系，如图 12.1 所示。

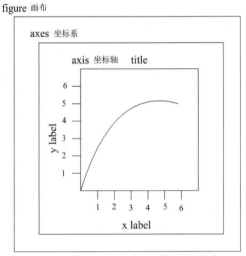

图 12.1　画布、坐标系与坐标轴的关系

从图中可知，axis 对象处于 axes 对象中，而 axes 对象又处于 figure 对象中。用户可以在一个画布中建立多个坐标系(子图)，也可以在一个坐标系中建立多个坐标轴。Matplotlib 绘图流程如图 12.2 所示。

用户可以在整个画布(figure 对象)上直接绘图，也可以在画布上建立多个坐标系(子图，axes 对象)后绘图。

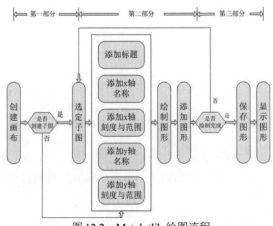

图 12.2　Matplotlib 绘图流程

1. Matplotlib 的属性和方法

Matplotlib 提供了以下 3 种绘图接口。

- pyplot: 面向画布对象的绘图接口。
- axes: 面向坐标系对象的绘图接口。
- Pylab: 与 Matplotlib 一起安装的独立模块,用 import pylab 导入,沿用了 Matlab 的风格。

本节学习 pyplot 和 axes 两种接口的绘图方法。Matplotlib 的常用属性和方法如表 12-28 所示。

表 12-28　Matplotlib 的常用属性和方法

属性和方法名	功能描述
figure 对象	
fig = plt.figure()	创建画布对象
ax=fig.add_subplot()	创建、选择子图对象
ax=plt.subplot()	创建、选择子图对象
fig,axes=plt.subplots()	创建多个子图对象
pyplot 对象	
plt.plot()	绘制线条或标记图
plt.axis()	指定坐标轴范围
plt.xscale()	设置对数轴和其他非线性轴
plt.xlim()	设置 x 轴的数值显示范围
plt.xlabel()	设置 x 轴的标签文本
plt.grid()	绘制刻度线的网格线
plt.axhline()	绘制平行于 x 轴的水平参考线
plt.axvspan()	绘制垂直于 x 轴的参考区域
plt.xticks()	获取或设置当前 x 轴刻度位置和标签
plt.annotate()	添加图形内容细节的指向型注释文本
plt.text()	添加图形内容细节的无指向型注释文本(水印)
plt.title()	添加图形内容的标题
plt.legeng()	标示不同图形的文本标签图例
plt.table()	向子图中添加表格
plt.rcParams["font.family"]="SimHei"	全局设置字体
plt.pie()	绘制饼图
plt.hist()	绘制直方图
plt.scatter()	绘制散点图
plt.Rectangle()	绘制长方形
plt.Circle()	绘制圆形
plt.show()	显示绘制的图形
plt.savefig()	存储图形

(续表)

属性和方法名	功能描述
axes 对象	
ax.plot(x,y)	将 y 对 x 绘制为线条或标记图
ax.scatter(x,y)	y 与 x 的散点图
ax.step()	绘制一个阶梯图
ax.plot_date()	将浮点数转换为日期，绘制日期轴
ax.loglog()	在 x 轴和 y 轴上使用对数缩放绘制图
ax.bar()	绘制条形图
ax.barh()	绘制水平条形图
ax.pie()	绘制饼图
ax.csd()	绘制交叉光谱密度
ax.axis()	获取或设置某些轴属性的便捷方法
ax.grid()	增加网格线
ax.set_xlim()	设置 x 轴范围
ax.get_ylim()	返回 y 轴范围
ax.set_xbound()	设置 x 轴的上下边界
ax.set_xlabel()	设置 x 轴的标签
ax.set_xticks()	设置 x 轴的刻度
ax.annotate()	在图形上给数据添加文本注解
ax.add_patch()	添加到图中

2. Matplotlib 的使用

使用 Matplotlib 绘图，首先要创建画布对象，其语法格式如下。

```
plt.figure(num=None,figsize=None,dpi=None,facecolor=None,edgecolor=None, frameon=True)
```

参数说明如下。

- num：图像编号或名称，数字为编号，字符串为名称。
- figsize：指定 figure 的宽和高，单位为英寸。
- dpi：指定绘图对象的分辨率，即每英寸多少像素，缺省值为 80。
- facecolor：背景颜色。
- edgecolor：边框颜色。
- frameon：是否显示边框。

1) pyplot 和 axes 绘制简单图形

在 Anaconda 的 Jupyter Notebook 开发环境中，使用 pyplot 绘制简单图形的示例代码如程序段 P12.3 所示。

```
P12.3   pyplot 绘制简单图形
import matplotlib.pyplot as plt
import numpy as np
```

```
fig=plt.figure(num=1,figsize=(4,4))
plt.plot([1,2,3,4],[1,2,3,4])
plt.show()
```

运行代码，输出结果如图 12.3 所示。

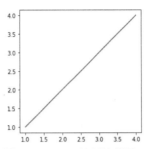

图 12.3　pyplot 绘制简单图形

使用 axes 绘制简单图形的示例代码如程序段 P12.4 所示。

```
P12.4　axes 绘制简单图形
fig=plt.figure(num=1,figsize=(4,4))
ax=fig.add_subplot(1,1,1)
ax.plot([1,2,3,4],[1,2,3,4])
plt.show()
```

运行代码，输出结果如图 12.4 所示。

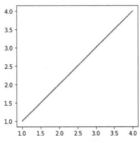

图 12.4　axes 绘制简单图形

从结果可知，两种画图方式可视化结果并无不同。第一种方式用 pyplot 对象先生成了一个画布，然后在这个画布上隐式地生成一个画图区域来进行画图；第二种方式在画布上生成一个 axes 对象，然后通过 axes 对象在此画布上画了一个子图。

2) 创建子图

使用 pyplot 创建简单子图的示例代码如程序段 P12.5 所示。

```
P12.5 pyplot 创建简单子图
import matplotlib.pyplot as plt
import numpy as np
fig=plt.figure(num=1,figsize=(4,4))
plt.subplot(2,2,1)                        # 创建 4 个子图，选择第一个子图
plt.plot([1,2,3,4],[1,2,3,4])
plt.subplot(2,2,4)                        # 选择第四个子图
plt.plot([1,2,3,4],[1,3,2,4])
plt.show()
```

运行代码，输出结果如图 12.5 所示。

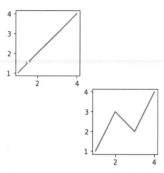

图 12.5　pyplot 创建简单子图

使用 pyplot 创建复杂子图的示例代码如程序段 P12.6 所示。

```
P12.6  pyplot 创建复杂子图
import matplotlib.pyplot as plt
import matplotlib.gridspec as gridspec          # 调用网格
fig=plt.figure(num=1,figsize=(4,6))             # 创建画布
gs=gridspec.GridSpec(3,3)                        # 设定网格，是 3×3 的大小
ax1=fig.add_subplot(gs[0,:])                     # 选定网格，第一行，所有列
ax1.plot([1,2,3,4],[1,3,4,2])
ax2=fig.add_subplot(gs[1,:-1])                   # 选定网格，第二行，前两列
ax2.plot([1,2,3,4],[1,2,2,4])
ax3=fig.add_subplot(gs[1:,-1])                   # 选定网格，后两行，最后一列
ax3.plot([1,2,3,4],[1,2,4,3])
ax4=fig.add_subplot(gs[2,0])                     # 选定网格，最后一行，第一列
ax4.plot([1,2,3,4],[1,2,2,4])
ax5=fig.add_subplot(gs[2,1])                     # 选定网格，最后一行，第二列
ax5.plot([1,2,3,4],[1,3,3,4])
plt.show()
```

运行代码，输出结果如图 12.6 所示。

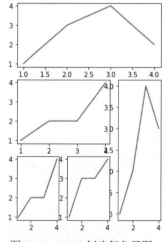

图 12.6　pyplot 创建复杂子图

12.2.4　花园超市水果销售统计图绘制过程

在 Jupyter Notebook 中演示花园超市水果销售统计图绘制过程。

1. 绘制简单曲线示意图

绘制简单曲线图，示例代码如程序段 P12.7 所示。

```
P12.7  绘制曲线图程序
import matplotlib.pyplot as plt
import numpy as np
watermelon=[78,80,79,81,91,95,96]                    # 西瓜销售量数据
x=np.arange(1,8)
fig=plt.figure(num=1,figsize=(6,4))
ax=fig.add_subplot(1,1,1)
ax.plot(x,watermelon)
plt.show()
```

运行代码，输出结果如图 12.7 所示。

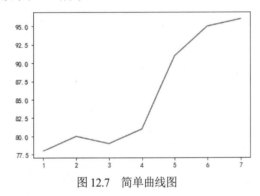

图 12.7　简单曲线图

2. 绘制加上坐标后的曲线示意图

绘制加上坐标后的曲线图，示例代码如程序段 P12.8 所示。

```
P12.8  加上绘图坐标的程序
watermelon=[78,80,79,81,91,95,96]
x=np.arange(1,8)
fig=plt.figure(num=1,figsize=(6,4))
ax=fig.add_subplot(111)
ax.plot(x,watermelon)
ax.set_xlim([1,7.1])
ax.set_ylim([40,100])
ax.set_xticks(np.linspace(1,7,7))
ax.set_yticks(np.linspace(50,100,6))
ax.set_xticklabels(["星期一","星期二","星期三","星期四","星期五","星期六","星期日"],fontproperties="SimHei",
fontsize=12,rotation=10)
ax.set_yticklabels(["50kg","60kg","70kg","80kg","90kg","100kg"])
plt.show()
```

运行代码，输出结果如图 12.8 所示。

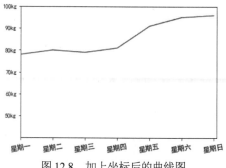

图 12.8　加上坐标后的曲线图

3. 绘制完整曲线图

绘制完整曲线图，示例代码如程序段 P12.9 所示。

```
P12.9 完整曲线图程序
plt.rcParams["font.family"]="SimHei"   # 设置字体为中文黑体
watermelon = [78,80,79,81,91,95,96]
durian = [70,80,81,82,75,90,89]
x = np.arange(1,8)
fig = plt.figure(num=1,figsize=(6,4))
ax = fig.add_subplot(1,1,1)
# 'r'红色，'-.'点划线，'d'细菱形标记
ax.plot(x,watermelon,"r-.d",label="西瓜")
# 'c'青绿色，'-'实线，'d'细菱形标记
ax.plot(x,durian,"c-d",label="榴莲")
# 设置 x 轴的区间范围，x 轴从 1 到 7.1
ax.set_xlim([1,7.1])
# 设置 y 轴的区间范围，y 轴从 40 到 100
ax.set_ylim([40,100])
# 设置显示刻度，np.linspace()函数为等差数列，1 至 7 的 7 个数
ax.set_xticks(np.linspace(1,7,7))
ax.set_yticks(np.linspace(50,100,6))
# 设置刻度标签，属性 fontproperties 设置 x 轴标签的字体为中文黑体
# fontsize 可以设置字体大小，color 可以设置字的颜色
ax.set_xticklabels(["星期一","星期二","星期三","星期四","星期五","星期六","星期日"],
     fontproperties="SimHei",fontsize=12)
ax.set_yticklabels(["50kg",'60kg','70kg','80kg','90kg','100kg'])
# 装饰轴上的刻度线
ax.tick_params(left=False,pad=8,direction="in",length=2,width=3,color="b",labelsize=12)
ax.tick_params("x",labelrotation=10)
# 设置 y 轴标签，设置字体大小为 16，这里也可以设字体样式与颜色
ax.set_ylabel("销售量",fontsize=16)
# 设置标题(表头)
ax.set_title("花园超市水果销售量统计图",fontsize=18,
                backgroundcolor='#3c7f90',fontweight='bold',
                color='white',verticalalignment="baseline")
ax.spines["top"].set_visible(False)              # 上轴不显示
ax.spines["right"].set_visible(False)            # 右轴不显示
ax.spines["left"].set_visible(False)             # 左轴不显示
```

```
# 设置文本、注释
ax.text(7,97,"max:96",fontsize=14,color="g",alpha=1)
ax.text(6,86,"max:90",fontsize=12,alpha=1)
# 曲线最小值处的注释　（min:70 和箭头）
ax.annotate(text="min:70",xy=(1,70),xytext=(1.3,66),
                arrowprops=dict(facecolor="y", shrink=0.05,
                headwidth=12,headlength=6,width=4),fontsize=12)
# 添加图例
ax.legend(loc=3,labelspacing=1,handlelength=3,fontsize=14,shadow=True)
plt.show()
```

运行代码，输出结果如图 12.9 所示。

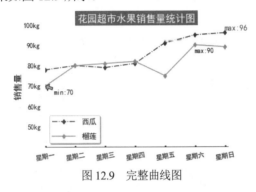

图 12.9　完整曲线图

12.2.5　学生成绩统计分析案例

智能终端程序开发课程共有学生 80 余人，他们的总评成绩由作业成绩、课程项目成绩和期末测试成绩构成，各项成绩存储在"智能终端程序开发课程成绩表.xlsx" Excel 文件中。本案例通过对数据进行统计分析和可视化图形展示为课程分析报告提供支撑。在 Jupyter Notebook 中运行智能终端程序开发课程，学生成绩统计分析示例代码如程序段 P12.10 所示。

```
P12.10(a) 学生成绩统计分析
import numpy as np
import pandas as pd
import matplotlib.pyplot as plt
plt.rcParams['font.sans-serif']=['SimHei']
data=pd.read_excel(r'智能终端程序开发课程成绩表.xlsx')
data.describe()
```

运行代码，输出结果如图 12.10 所示。

	学号	作业成绩 （30％）	项目成绩 （30％）	期末成绩 （40％）	总评成绩
count	5.900000e+01	59.000000	59.000000	59.000000	59.000000
mean	1.190293e+10	27.847458	18.203390	37.813559	83.864407
std	2.891653e+07	2.156094	1.095125	2.556092	4.500795
min	1.170798e+10	20.000000	15.000000	27.000000	65.000000
25%	1.190798e+10	28.000000	18.000000	37.000000	83.000000
50%	1.190798e+10	29.000000	18.000000	39.000000	85.000000
75%	1.190798e+10	29.000000	18.000000	39.000000	86.000000
max	1.190901e+10	30.000000	21.000000	40.000000	89.000000

图 12.10　学生成绩

```
P12.10(b)  用柱形图展示学生成绩
data_sum=data.sum()
data_sum=data_sum.values
data_sum=np.array([data_sum[1],data_sum[2],data_sum[3],data_sum[4]])
x = np.arange(4)
width = 0.5                               # 条形的宽度
ax = plt.subplot(1, 1, 1)                 # 创建一个子图
ax.bar(x, data_sum, color='r')
ax.set_xticks(x)                          # 设置 x 轴的刻度
# 设置 x 轴的刻度标签
ax.set_xticklabels(['作业成绩', '项目成绩', '课堂测试成绩', '总成绩'])
plt.title('课程教学目标考核成绩对比柱形图')
plt.show()
```

运行代码，输出结果如图 12.11 所示。

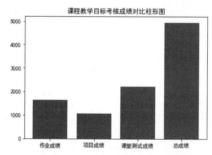

图 12.11   用柱形图展示学生成绩

```
P12.10(c)  用饼图展示学生成绩
dsum=[data_sum[0],data_sum[1],data_sum[2]]
# 计算课程教学目标考核成绩所占百分比，保留两位小数
percentage = (dsum/data_sum[3])*100
np.set_printoptions(precision=2)
labels= ['作业成绩', '项目成绩','测试成绩']
plt.axes(aspect=1)
plt.pie(x= percentage, labels=labels, autopct='%3.2f %%',shadow=True, labeldistance=1.2, startangle =
     90,pctdistance = 0.7)
plt.legend(loc='upper left')
plt.title('课程教学目标考核成绩占比饼图')
plt.show()
```

运行代码，输出结果如图 12.12 所示。

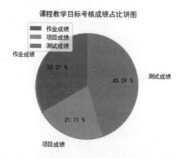

图 12.12   用饼图展示学生成绩

12.3 文本分析与可视化

文本指的是由一定的符号或编码组成的信息结构体，这种结构体可采用不同的表现形态，如语言、文字、影像等。文本分析是指对文本数据进行表示、处理和建模来获得有用的信息的过程。文本可视化是把文本以图形化的方式进行直观展示。在大数据时代，通过互联网超文本链接，个人、团体、公司、政府等不同组织形态的主体均深深嵌入互联网世界，在网络世界中留下了大量的文本。社会、管理、经济、营销、金融等不同学科均可以研究网络上海量的文本，以拓宽研究对象和研究领域。

常见的文本分析技术有：主题分析(thematic analysis)；内容分析(content analysis)；基于词典的方法(dictionary analysis)；文本向量化(词袋法，bag-of-words)；监督学习，如 SVM、Bayes 和 Regression；无监督学习，如 LDA 话题模型；自然语言处理(natural language processing)。

文本分析的一般步骤如下。

- 收集原始文本数据：可以使用公开的 API 或网页爬虫在许多网站上对用户生成的内容进行收集，如新闻文章、文学作品、商务文本、政治文本和社交文本等。
- 表示文本：大部分文本都是非结构化或半结构化数据。必须使用文本规范化的技术对原始文本进行转换，如分词、语料库、停用词库、词袋法、词根法和词干法等。
- 特征提取：在文本分析中，常常需要从文本中提取特征以支持后续的分析任务。常用的特征提取方法是词频-逆文档频率，它通过综合考虑词的词频与逆文档频率来计算特征词项的权重，用于判断词条项对于一个文档集合的重要性。
- 主题建模：是一种统计模型，用于研究一组文档中的单词，确定文档主题，并发现主题之间的相关性以及随时间的变化情况。它提供了自动组织、搜索、理解和汇总大量信息的工具。
- 结果应用：可以生成文本分析报告、统计图、词云图等。

本节主要学习中文分词、关键词提取、词性标注、可视化词云等方面的 Python 库。

12.3.1 jieba 库

jieba 是优秀的中文分词第三方库，由于中文文本之间每个汉字都是连续书写的，我们需要通过特定的手段来获得其中的每个词组，这种手段叫作分词。例如，语句"我是一个学生"，经过分词系统处理后，该语句被分成"我""是""一个"和"学生"4 个汉语词汇。以上分词处理过程可以通过 jieba 库来完成。jieba 库支持以下 3 种分词模式。

- 精确模式：试图将句子进行精确切分，适合文本分析。
- 全模式：把句子中所有可以成词的词语都扫描出来，速度非常快，但是不能解决歧义。
- 搜索引擎模式：在精确模式的基础上，对长词再次切分，提高召回率，适用于搜索引擎分词。

jieba 分词依靠中文词库，它利用中文词库确定汉字之间的关联概率，将汉字间概率大的组成词组，形成分词结果。jieba 库具有中文文本分词、关键词抽取、词性标注等功能，并且支持自定义词典。jieba 的常用方法如表 12-29 所示。

表 12-29 jieba 的常用方法

方法名	功能描述
jieba.cut(s)	默认精确模式：将文本进行精确切分，返回一个可迭代数据类型
jieba.cut(s,cut_all=True)	全模式：把文本中所有可能的词语都扫描出来，有冗余
jieba.cut_for_search(s)	搜索引擎模式：在精确模式基础上，对长词进行再次切分
jieba.lcut(s)	默认精确模式：将文本进行精确切分，返回一个列表类型
jieba.lcut(s,cut_all=True)	全模式：把文本中所有可能的词语都扫描出来，返回列表类型
jieba.lcut_for_search(s)	搜索引擎模式：在精确模式基础上，返回列表类型
jieba.add_word(w)	向分词词典中加入新词
jieba.load_userdict (file)	加载自定义词典，file 是自定义词典的路径

1. jieba 分词

采用 3 种模式对中文文本进行分词，示例代码如程序段 P12.11 所示。

```
P12.11 jieba 3 种模式分词
import jieba
seg_list = jieba.cut("小红打算到中国科学院研究生院图书馆学习", cut_all=False)
print("精准模式: " + ", ".join(seg_list))          # 精确模式
seg_list = jieba.cut("小红打算到中国科学院研究生院图书馆学习", cut_all=True)
print("全模式: " + "/ ".join(seg_list))             # 全模式
seg_list = jieba.cut_for_search("小红打算到中国科学院研究生院图书馆学习")
print("搜索引擎模式:" + ", ".join(seg_list))         # 搜索引擎模式
```

运行代码，输出结果如下。

```
精准模式: 小红, 打算, 到, 中国科学院, 研究生院, 图书馆, 学习
全模式: 小/ 红/ 打算/ 算到/ 中国/ 中国科学院/ 科学/ 科学院/ 学院/ 研究/ 研究生/ 研究生院/ 图书/ 图书馆/ 图书馆学/ 书馆/ 学习
搜索引擎模式: 小红, 打算, 到, 中国, 科学, 学院, 科学院, 中国科学院, 研究, 研究生, 研究生院, 图书, 书馆, 图书馆, 学习
```

jieba 词库可以添加新词，添加新词后，在分词时就不会对该词进行划分。示例代码如程序段 P12.12 所示。

```
P12.12 词典添加新词
import jieba
seg_list = jieba.cut("今天真是个好天气！")
print("精确模式: " + "/ ".join(seg_list))               # 默认精确模式
jieba.add_word('好天气')
seg_list = jieba.cut("今天真是个好天气！")
print("精确模式: " + "/ ".join(seg_list))
```

运行代码，输出结果如下。

```
精确模式: 今天/ 真是/ 个/ 好/ 天气/ ！
精确模式: 今天/ 真是/ 个/ 好天气/ ！
```

2. jieba 关键词提取

jieba 提取关键词需要先导入 jieba.analyse 模块，然后用 jieba.analyse.extract_tags (sentence, topK) 方法提取关键词。sentence 为待提取的文本；topK 为按词频或逆文档频率权重大小返回的关键词数量，默认值为 20。示例代码如程序段 P12.13 所示。

```
P12.13 jieba 提取关键词
import jieba
import jieba.analyse
content = open("D:/NLP/文本分析总结.txt", 'r',encoding="UTF-8").read()
tags = jieba.analyse.extract_tags(content, topK=10)
print("关键词："+",".join(tags))
```

运行代码，输出结果如下。

```
关键词：文本,分析,数据,主题,编码,词袋,text,词典,我们,过程
```

3. jieba 词性标注

jieba 可以将句子分词并标注每个词的词性，示例代码如程序段 P12.14 所示。

```
P12.14 jieba 标注词性
import jieba
import jieba.posseg as pseg
words = pseg.cut("我爱北京天安门")
for w in words:
    print(w.word,w.flag)
```

运行代码，输出结果如下。

```
我  r
爱  v
北京  ns
天安门  ns
```

12.3.2　wordcloud 库

词云(wordcloud)又称为文字云，是文本数据的视觉表示，即文本可视化。由词汇组成类似于云的彩色图形，用于展示大量文本数据，每个词的重要性以字体大小或颜色显示。词云主要用来分析文本内容中关键词出现的频率，适合文本内容挖掘的可视化。词云中出现频率较高的词会以较大的形式呈现，出现频率较低的词会以较小的形式呈现。词云的本质是点图，是在相应坐标点绘制具有特定样式的文字的结果。目前已有多种数据分析工具支持这种图形，如 Matlab、SPSS、SAS、R 和 Python 等，也有很多在线网页能生成 wordcloud，如 wordclouds.com。

wordcloud 库是优秀的词云展示第三方库，wordcloud 库把词云当作一个 wordcloud 对象，根据文本中词语出现的频率等参数绘制词云。词云的形状、尺寸和颜色都可以自行设定。wordcloud 库的常用属性和方法如表 12-30 所示。

表 12-30　wordcloud 库的常用属性和方法

属性和方法名	功能描述
width	指定生成词云图片的宽度，如果该参数不指定，则默认为400像素
height	指定生成词云图片的高度，如果该参数不指定，则默认为200像素
min_font_size	指定词云字体中的最小字号，如果该参数不指定，则默认为4号
max_font_size	指定词云字体中的最大字号，如果该参数不指定，则会根据词云图片的高度自动调节
font_step	指定词云字体字号之间的间隔，如果该参数不指定，则默认为1
font_path	指定字体文件的路径
max_words	指定词云显示的最大单词数量，默认为200
stop_words	指定词云的排除词列表，列入排除词列表中的单词不会被词云显示
mask	指定生成词云图片的形状，如果需要非默认形状，则需要使用 imread()函数引用图片
background_color	指定词云图片的背景颜色，默认为黑色
wordcloud()	生成了一个 wordcloud 对象
generate(txt)	指定词云的文本文件
to_file(file)	将生成的词云文件输入到一个文件中

1. 简单词云

生成简单词云代码如程序段 P12.15 所示。

```
P12.15 简单词云
import wordcloud
# 字体文件路径
font = r"D:/NLP/AdobeHeitiStd-Regular.otf"
with open(r'D:/NLP/文本分析总结.txt','r',encoding='utf-8') as fp:
      text=fp.read()
string = str(text)
# 创建词云对象
mywc = wordcloud.WordCloud(background_color="white",max_words=30,font_path=font)
# 加载文本
mywc.generate(text)
mywc.to_file(r'D:\NLP\example.png')
```

运行代码，生成的词云图片会保存到硬盘中，打开图片，词云效果如图 12.13 所示。

图 12.13　简单词云图

2. 复杂词云

wordcloud 库可以生成各种形状的词云。只要在生成词云对象时，以指定的图片作为 mask 参数的值，就可以生成相应图片形状的词云。示例代码如程序段 P12.16 所示。

```
P12.16 复杂词云
import wordcloud
import matplotlib.image as img
# 字体文件路径
font=r"D:/NLP/AdobeHeitiStd-Regular.otf"
mk = img.imread("D:/NLP/feidie.jpg",1)          # 读入图片作为词云模板
with open(r'D:/NLP/文本分析总结.txt','r',encoding='utf-8') as fp:
    tex t= fp.read()
string = str(text)
# 创建词云对象
mywc = wordcloud.WordCloud(background_color="white",
max_words=50, font_path=font,mask=mk)
# 加载文本
mywc.generate(string)
mywc.to_file(r'D:\NLP\example1.png')
```

运行代码，生成的词云图片会保存到硬盘中，打开图片，词云效果如图 12.14 所示。

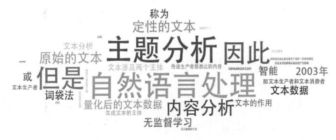

图 12.14　复杂词云图

实训与习题

实训

(1) 完成本章 P12.1～P12.6 和 P12.11～P12.14 程序上机练习。

(2) 利用数据分析三剑客进行销售数据分析。参考程序 P12.7～P12.9。

(3) 利用文本分析与可视化库绘制词云。参考程序 P12.15 和 P12.16。

习题

1. 填空题

(1) 第三方库中，_____库为数据分析提供支持。

(2) Pygame 属于_____库。

(3) requests 模块的功能是_____。

(4) 常用的机器学习的模块是_____。

(5) 常用的深度学习的模块是_____。

2. 选择题

(1) 在 Matplotlib 中，绘制散点图的函数是(　　)。

 A. show()   B. scatter()   C. boxplot()

(2) Matplotlib 可以绘制的图形是(　　)。

 A. 柱形图   B. 折线图   C. 饼形图   D. 以上皆可

(3) 创建图像的色彩模式不包括(　　)。

 A. 灰阶模式   B. 全真模式   C. RGB 色彩模式 D. CMYK 色彩模式

(4) 下列能够将图像转换为黑白图像的函数是(　　)。

 A. Change()   B. convert()   C. blackwhite()   D. mode()

(5) 下列关于图形与模块的说法不正确的是(　　)。

 A. Matplotlib 是一个强大的 2D 绘图链接库

 B. 在使用 Matplotlib 绘制图表的过程中，linewidth 属性用来设定线条宽度

 C. Matplotlib 的所有属性都被定义在 matplotlibc 文件中

 D. 绘制折线图使用的是 Matplotlib 的 imageEnhance 模块

3. 判断题

(1) 库 Seaborn 与 Matplotlib 无关。   (　　)

(2) 自定义库只能自己在本地使用。   (　　)

(3) jieba 库是中文分词库，但也可以用于英文分词。   (　　)

(4) 开发人员可以使用标准库，也可以使用第三方库。   (　　)

(5) Flask 是用于图形界面开发的框架。   (　　)

4. 简答题

(1) 简述 Python 编程计算生态。

(2) 简述 NumPy 库及数据结构。

(3) 简述 pyplot 模块绘制基本图形的步骤与语法。

(4) 简述软件开发框架。

(5) 简述 Pandas 库及数据结构。

5. 编程题

(1) 编写程序，使用 Matplotlib 绘制一个正负柱状图。

(2) 编写程序，实现根据指定文本文件和图片文件生成不同形状的词云的功能。

(3) 编写程序，使用 python-docx 模块读写 Word 文件。

(4) 编写程序，使用 Pyexcel 模块读写 Excel 文件。

(5) 编写程序，使用 python-pptx 模块读写 PowerPoint 文件。

(6) 利用 Flask 库搭建网站。

(7) 利用 Web3 库进行区块链开发。

第 13 章

虚拟环境与程序打包发布

学习目标：

1. 掌握使用标准库 venv 创建虚拟环境的方法
2. 掌握模块、包与库的构建与发布方法
3. 掌握将 Python 文件打包成 exe 文件的方法

思政内涵：

通过对程序打包发布的学习，体会软件资源分享的快乐，广大学子要树立乐于奉献的精神。

13.1 Python 虚拟环境

使用 Python 开发项目免不了要安装各种包。我们安装的所有包都会被安装到同一个目录中供 Python 调用。当两个 Python 项目用到同一个包的不同版本或一个新项目需要用到的包会影响以前已经完成调试的项目的开发环境时，Python 开发环境就会出问题。虚拟环境可以解决以上问题，它会为每一个 Python 项目创建一个隔离的开发环境，每个开发环境所安装的包和依赖相互独立，可以确保项目的开发环境互不干扰。每个项目都有一个独立的虚拟环境(virtual environment)。

虚拟环境并不是什么新技术，主要是利用了操作系统中环境变量以及进程间环境隔离的特性，从计算机中独立开辟出来的一个虚拟化环境，可以将这部分独立环境视为一个容器，在这个容器中可以只安装需要的依赖包，各个容器之间互相隔离、互不影响。在激活虚拟环境时，激活脚本程序会将当前命令行程序的 PATH 修改为虚拟环境的路径，这样执行命令就会在被修改的 PATH 中查找，避免了原本 PATH 可以找到的命令，从而实现了 Python 环境的隔离。

Python 3.3 之后的版本自带标准库 venv，可以利用其创建虚拟环境。第三方工具也可以创建虚拟环境，如 virtualenv、pipenv、anaconda 等。本节将学习如何使用标准库 venv 创建虚拟环境。

13.1.1 虚拟环境的创建

在 Windows 的命令行模式下，标准库 venv 创建虚拟环境的命令格式如下。

```
python -m venv /path/env_name
```

运行此命令将创建目标目录(父目录若不存在也将创建)，并放置一个 pyvenv.cfg 文件在其中，该文件中有一个 home 键，它的值指向运行此命令的 Python 安装(目标目录的常用名称是.venv)。它还会创建一个 Scripts 子目录，其中包含 Python 二进制文件的副本或符号链接(视创建环境时使用的平台或参数而定)。它还会创建一个初始为空的 lib\site-packages 子目录。创建虚拟环境的步骤如下。

(1) 在 D 盘根目录创建 myenvs 目录，用于保存虚拟环境。

(2) 在 Windows 的命令行模式下，执行命令：python -m venv d:/myenvs/myenv1。

执行以上命令后，D 盘 myenvs 目录下创建的虚拟环境 myenv1 如图 13.1 所示。

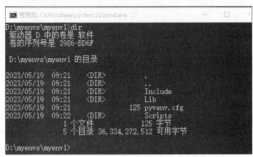

图 13.1　虚拟环境 myenv1 内容

如果要创建指定 Python 版本的虚拟环境，首先要安装相应版本的 Python，然后找到其安装目录，在安装目录下执行虚拟环境创建命令，这样就完成了指定版本 Python 虚拟环境的创建，步骤如下。

(1) 安装指定版本 Python 环境。本书安装的是 Python 3.11 版本。

(2) 在 Windows 的命令行模式下，执行 py -0p 或 where python 命令，输出各个版本的 Python 安装路径列表。

(3) 在指定版本安装路径下，执行命令：python -m venv d:/myenvs/myenv311。

执行以上命令后，D 盘 myenvs 目录下创建的虚拟环境 myenv311 如图 13.2 所示。

图 13.2　虚拟环境 myenv311 内容

13.1.2　虚拟环境的使用

1. 虚拟环境的激活

首先在 Windows 下运行 cmd.exe(或 powershell)程序进入命令行模式，然后在虚拟环境的指定文件夹 Scripts 下运行命令 activate.bat(或 activate.ps1)，当命令提示符内的指针前方增加了虚拟环境名称时，说明成功激活进入了虚拟环境，如图 13.3 所示。

图 13.3　激活并进入虚拟环境 myenv311

2. 在虚拟坏境下安装包

例如，当要进行 Web 应用程序的开发时，首先要安装 Web 框架(Flask 等)，在激活的虚拟环境下执行命令：pip install flask。执行命令后，site-packages 目录下就增加了 Flask 框架的相关文件。

3. 查看虚拟环境下安装的包

在虚拟环境下，执行命令：pip list。执行命令后会显示虚拟环境下已经安装的包信息，如图 13.4 所示。

图 13.4　虚拟环境下已经安装的包信息

4. 保存和复制虚拟环境

在虚拟环境下，执行命令：pip freeze。执行命令后会以 requirements 文件格式显示虚拟环境下已经安装的包信息，如图 13.5 所示。

图 13.5　requirements 文件格式显示包信息

在虚拟环境下，执行命令：pip freeze > requirements.txt。执行命令后将已安装的包信息存入 requirements.txt 文件中，这样就保存了虚拟环境。

把 requirements.txt 文件复制到其他虚拟环境下，然后在激活虚拟环境下执行命令：pip install-r requirements.txt。执行命令后就复制了与原来一样的虚拟环境。

5. 退出虚拟环境

在虚拟环境下，执行命令：deactivate。执行命令后即可退出虚拟环境。

6. 改变虚拟环境所指向的实际 Python 环境

用记事本打开虚拟环境下的配置文件 pyvenv.cfg，将 home 后面的路径改为实际 Python 环境的 python.exe 文件路径即可，如图 13.6 所示。

图 13.6　改变虚拟环境的指向

7. 删除虚拟环境

通过 Windows 命令直接删除虚拟环境目录即可删除虚拟环境。

13.1.3　虚拟环境的结构

1. 实际环境

实际环境结构如图 13.7 所示。lib 目录下有第三方库的安装目录 site-packages 和标准库，python.exe 解释器文件与 pip.exe 等其他文件不在一个目录下。

图 13.7　实际环境结构

2. 虚拟环境

虚拟环境结构如图 13.8 所示。虚拟环境中没有标准库的内容，应用中与实际环境共用标准库。虚拟环境的 python.exe 解释器文件与 pip.exe 等其他文件均在 scripts 目录下。

图 13.8　虚拟环境结构

13.2　程序打包与发布

Python 的软件包一开始没有官方的标准分发格式，后来不同的工具开始引入一些比较通用的归档格式，但是这些格式都不是官方支持的，存在元数据和包结构彼此不兼容的问题。为解决这个问题，PEP427 定义了新的分发包标准，名为 Wheel 标准。pip 等打包工具都支持这个标准。

Python 程序打包一方面是构建成 Python 库；另一方面是打包成 exe 可执行文件。虽然库是 Python 中常常提及的概念，但事实上 Python 中的库只是一种对特定功能集合的统一说法，而非严格定义。Python 库的具体表现形式为模块(module)和包(package)，Python 库的构建工具有很多，如 distutils、setuptools 等。将 Python 文件打包成 exe 文件也有多种工具可以选择，如 PyInstaller、py2exe 等。下面先介绍模块和包的构建，然后介绍 distutils 和 PyInstaller 打包工具的使用，并介绍如何发布第三方库。

13.2.1　模块的构建与使用

Python 模块本质上是一个包含 Python 代码的.py 文件，模块名就是文件名。假设现有文件 demo.py，该文件中包含程序段 P13.1。

```
P13.1 demo.py
def add(x,y):
    return x+y
```

那么 demo.py 就是一个 Python 模块。

利用 import 语句或 form-import 语句在当前程序中导入模块，便可在当前程序中使用模块内包含的代码。例如，在当前程序中使用 demo 模块中定义的 add()函数，示例代码如程序段 P13.2 所示。

```
P13.2　导入 demo 模块示例
import demo
res=test.add(11,22)
print(res)
```

运行代码，输出结果如下。

```
33
```

模块既能被导入其他程序中使用，也可以作为脚本直接使用。实际开发中，为了保证模块实现的功能与预期相符，开发人员通常会在模块文件中添加一些测试代码，对模块中的功能代码进行测试。以 demo.py 文件为例，示例如程序段 P13.3 所示。

```
P13.3　模块测试
def add(x,y):
    return x+y
if __name__ == '__main__':
    res = add(11,22)
    print("函数 add(x,y)测试：x+y=%d"%res)
```

当解释器直接执行以上文件时，便可执行文件中 if 语句后面的测试代码，测试 add()函数的功能。如果在其他文件中把以上文件作为模块导入，则不会执行测试代码。这个测试设计利用了模块的__name__属性，当模块作为主模块运行时，__name__取值为"__main__"，当模块不作为主模块运行时，__name__取值为"模块名"。所以，代码中的条件语句只有在模块是主模块运行时才执行测试代码。这样既达到了测试模块功能的目的，又不影响模块的使用。

13.2.2　包的构建与使用

当一个项目中有很多个模块时，就需要再进行组织。将功能类似的模块放到一起就形成了包。本质上，包就是一个包含__init__.py文件的文件夹，如图13.9所示。

图 13.9　package 包结构

包下面可以包含模块，也可以再包含子包(subpackage)，就像文件夹中可以有文件，也可以有子文件夹一样，如图13.10所示。

(a) package 包结构　　　　　　(b) package_a 子包结构

图 13.10　包结构图

在图13.10中，package是上层的包，下面有一个子包package_a，每个包中都有__init__.py文件。

假设导入模块demo_a1.py，3种导入语句格式和使用语句格式分别如下。

格式一：import package.package_a.demo_a1。在使用时，必须加完整名称来引用：package.package_a.demo_a1.fun_a1()。

格式二：from package.package_a import demo_a1。在使用时，可以直接使用模块名引用：demo_a1.fun_a1()。

格式三：from package.package_a.demo_a1 import fun_a1。在使用时，可以直接使用函数名或类名引用：fun_a1()。

当使用 from package import item 这种语法格式时，item 可以是包、模块，也可以是函数、类、变量。当使用 import item1, item2 这种语法格式时，item 必须是包或模块。

导入包的本质其实是"导入了包的__init__.py"文件。也就是说，"import package"意味着执行了包 package 下面的__init__.py 文件。__init__.py 有以下3个核心作用。

(1) 作为包的标识，不能删除。

(2) 用来实现模糊导入。

(3) 导入包实质是执行__init__.py 文件，可以在__init__.py 文件中进行包的初始化、统一执行代码、批量导入等操作。

在 package 包下的__init__.py 文件中写入代码如程序段 P13.4 所示。

```
P13.4 __init__.py 文件
import math
print("已导入 package 包")
```

在 package 包同级目录的 demo.py 文件中写入代码如程序段 P13.5 所示。

P13.5 测试__init__.py 文件执行
import package
print(package.math.pi)

运行代码，输出结果如下。

已导入 package 包
3.141592653589793

通过以上测试可以看出，Python 非常巧妙地通过__init__.py 文件将包转换成了模块的操作，因此，可以说"包的本质是模块"。

13.2.3　库的构建

Python 中的第三方库是由 Python 用户自行编写和发布的模块或包。同样地，用户也可以将自己编写的模块和包作为库发布。库的构建与发布步骤如下。

(1) 在与待发布的包同级的目录中创建 setup.py 文件。以图 13.9 所示的包 package 为例，此时的目录结构如图 13.9 所示。

(2) 编辑 setup.py 文件，在该文件中设置包中包含的模块，示例代码如程序段 P13.6 所示。

P13.6 构建库
```
from distutils.core import setup
setup(
    name='a',
    version='0.1.0',
    description = 'package a',
    author = 'wzh',
    py_modules = ['a.a1','a.a2']
)
```

(3) 在 setup.py 文件所在目录下打开命令行，使用 Python 命令构建 Python 库，具体如下。

python setup.py build

命令行执行以上命令，输出信息如图 13.11 所示。

```
D:\test>python setup.py build
running build
running build_py
creating build
creating build\lib
creating build\lib\a
copying a\__init__.py -> build\lib\a
copying a\a1.py -> build\lib\a
copying a\a2.py -> build\lib\a

D:\test>
```

图 13.11　构建库的输出信息

输出显示构建成功。构架完成后，目录结构如图 13.12 所示。

(a) 目录结构　　　　　(b) 构建的库

图 13.12　构建的目录结构

在图 13.12 中，build 目录下的 lib 文件夹就是通过 Python 命令构建的库。

(3) 在 setup.py 文件所在目录下打开命令行，使用 Python 命令创建库的安装包，具体如下。

```
python setup.py sdist
```

创建完成后，目录结构如图 13.13 所示。

(a) 目录结构　　　　　(b) 安装包

图 13.13　创建的安装包

在图 13.13 中，dist 目录下的.tar 格式的文件就是通过 Python 命令生成的库的安装包。

安装包可以自己安装使用，也可以分享给他人或发布到网络平台。如果自己或他人希望在本地机安装此包，则需要复制压缩文件包 package-0.1.0.tar，然后解压，进入 package-0.1.0 目录，运行以下本地安装命令。

```
python setup.py install
```

该命令最终会将 demo_1.py、demo_2.py 复制到 Python 环境存放第三方模块的目录。安装成功后，直接使用 import 导入即可使用该模块。

还可以在 dist 目录下，执行以下命令。

```
pip install .\package-0.1.0.tar
```

此命令也会将 demo_1.py、demo_2.py 复制到 Python 环境存放第三方模块的目录。

13.2.4　库的发布

将自己开发好的模块上传到 PyPI 网站上，使其成为公开的资源，可以让全球用户自由使用。在 PyPI 官网中发布库的步骤如下。

(1) PyPI 官网注册。PyPI 网站：http://pypi.python.org。

(2) 远程上传发布。进入 setup.py 文件所在目录，使用命令 "python setup.py sdist upload"，即可将模块代码上传并发布。

(3) 管理发布的模块。登录 PyPI 官网，如果模块已经上传成功，当登录 PyPI 网站后便可在右侧导航栏看到管理入口。单击包名进入后可以对模块进行管理，当然也可以从这里删除模块。

(4) 分享第三方库。模块发布完成后，其他人只需要使用 pip 就可以安装模块文件。如果你更新了模块，其他人则可以通过 pip install--upgrade <模块名> 命令来更新。

当然，也可以将自己开发好的模块上传到 GitHub 网站上，使其成为公开的资源，供全球用户下载使用。

13.3 PyInstaller 库打包 Python 文件为 exe 文件

13.3.1 程序打包为 exe 文件

事实上，大部分用户编写的软件很少需要发布到 PyPI 上供众人下载，通常情况下软件的使用者都是 Windows 用户，所以将 Python 文件打包成一个可执行的 exe 文件，直接在 Windows 系统中运行才是主要的打包方式。将 Python 文件打包成 exe 文件有多种工具可以选择，如 PyInstaller、py2exe 等，下面介绍 PyInstaller 打包工具的使用方法。

PyInstaller 是一个第三方库，它能够在 Windows、Linux、Mac OS X 等操作系统中将 Python 源文件打包，通过对源文件打包，Python 程序可以在没有安装 Python 的环境中运行，也可以作为一个独立文件，方便传递和管理。PyInstaller 可以在 Windows、Mac OS X 和 Linux 系统中使用，但并不是跨平台的。如果希望打包成 exe 文件，则需要在 Windows 系统中使用 PyInstaller 进行打包工作；如果希望打包成 mac app，则需要在 Mac OS 系统中使用 PyInstaller 进行打包工作。本节学习使用 PyInstaller 将 Python 文件打包成 exe 文件的方法。PyInstaller 库的常用参数及其功能如表 13-1 所示。

表 13-1　PyInstaller 库的常用参数及其功能

参数名	功能描述
-h，-help	查看该模块的帮助信息
-F，-onefile	产生单个的可执行文件
-D，-onedir	产生一个目录(包含多个文件)作为可执行程序
-d，-debug	产生 debug 版本的可执行文件
-a，-ascii	不包含 unicode 字符集支持
-w，-windowed，-noconsol	指定程序运行时不显示命令行窗口(仅对 Windows 有效)
-c，-nowindowed，-console	指定使用命令行窗口运行程序(仅对 Windows 有效)
-o DIR，-out=DIR	指定 spec 文件的生成目录。如果没有指定，则默认使用当前目录来生成 spec 文件
-p DIR，-path=DIR	设置 Python 导入模块的路径(与设置 PYTHONPATH 环境变量的作用相似)。也可使用路径分隔符(Windows 使用分号，Linux 使用冒号)来分隔多个路径
-n NAME，-name=NAME	指定项目(产生的 spec)名字。如果省略该选项，那么第一个脚本的主文件名将作为 spec 的名字

表中列出的只是 PyInstaller 模块所支持的常用选项，如果需要了解 PyInstaller 选项的详细信息，则可通过 pyinstaller -h 来查看。

13.3.2　PyInstaller 工具打包 Python 文件为 exe 文件

PyInstaller 工具的命令语法如下。

```
pyinstaller 选项参数   xxx.py
```

无论项目源程序是单文件的应用，还是多文件的应用，只要在使用 PyInstaller 命令时编译作为程序入口的 Python 源程序即可。

下面先创建一个 app 目录，在该目录下创建一个 app.py 文件，文件中包含的代码如程序段 P13.7 所示。

```
P13.7　app.py
def main():
    print('程序开始执行')
    print('你好，欢迎来到 Python 课堂！')
if __name__ == '__main__':
        main()
```

然后，使用命令行工具进入 app 目录，执行如下命令。

```
pyinstaller -F app.py
```

执行上面的命令，将看到详细的生成过程。当生成完成后，app 目录下将会多一个 dist 目录，并在该目录下将会有一个 app.exe 文件，这就是使用 PyInstaller 工具生成的 exe 可执行程序。

在命令行窗口中进入 dist 目录，在该目录下执行 app.exe，将会看到该程序生成如下输出结果。

```
程序开始执行
你好，欢迎来到 Python 课堂！
```

该程序没有图形用户界面，如果读者试图通过双击来运行该程序，则只能看到程序窗口一闪就消失了，这样将无法看到该程序的输出结果。

上面的命令中使用了-F 选项，该选项指定生成单独的 exe 文件，因此，在 dist 目录下生成了一个单独的大约为 6MB 的 app.exe 文件(在 Mac OS X 平台上生成的文件就叫 app，没有后缀)；与-F 选项对应的是-D 选项(默认选项)，该选项指定生成一个目录(包含多个文件)作为程序。

下面先将 PyInstaller 工具在 app 目录下生成的 build 和 dist 目录删除，并将 app.spec 文件也删除，然后使用如下命令来生成 exe 文件。

```
pyinstaller -D app.py
```

执行上面的命令，将看到详细的生成过程。当生成完成后，app 目录下将会多一个 dist 目录，并在该目录下将会有一个 app 子目录，在该子目录下包含了大量的.dll 文件和.pyz 文件，它们都是 app.exe 程序的支撑文件。在命令行窗口中运行该 app.exe 程序，可以看到与前一个 app.exe 程序相同的输出结果。

下面再创建一个带图形用户界面并可以访问 MySQL 数据库的应用程序。

在 app 当前所在目录再创建一个 dbapp 目录，并在该目录下创建 main.py 程序，负责创建图形用户界面并通过按钮操作弹出信息。

main.py 文件包含的代码如程序段 P13.8 所示。

P13.8 main.py

```python
from tkinter import *
from tkinter import messagebox
def main():
    root = Tk()
    root.title('图形界面')
    label=Label(root,text='欢迎来到 Python 课堂！')
    label.pack()
    def hello():
        messagebox.showinfo(title="Say Hello",message="Hello World")
    button = Button(root,text="你好！",command=hello)
    button.pack()
    root.mainloop()
if   name   =='  main  ':
    main()
```

通过命令行工具进入 dbapp 目录，在该目录下执行如下命令。

```
pyinstaller -F -w main.py
```

上面命令中的-F 选项指定生成单个的可执行程序，-w 选项指定生成图形用户界面程序(不需要命令行界面)。运行上面的命令，该工具同样在 dbapp 目录下生成了一个 dist 子目录，并在该子目录下生成了一个 main.exe 文件。

直接双击运行 main.exe 程序(该程序有图形用户界面，因此可以双击运行)，就可以看到图形界面的运行结果，如图 13.14 所示。

图 13.14　main.exe 运行后的界面

实训与习题

实训

完成本章 P13.1～P13.8 程序上机练习。

习题

1. 填空题

(1) Python 创建虚拟环境的标准库模块是_____。

(2) 激活虚拟环境的命令是_____。

(3) 保存虚拟环境的命令是_____。

(4) 复制虚拟环境的命令是_____。

(5) 程序打包上传的官网网址是_____。

2. 选择题

(1) 以下不是 Python 语言第三方库的安装方法的是(   )。

    A. pip 工具安装   B. 自定义安装   C. 网页安装   D. 文件安装

(2) 利用 pip 工具更新第三方库的子命令是(   )。

    A. pip install   B. pip install -U pip   C. pip update   D. pip uninstall

(3) 使用 PyInstaller 库对 Python 源文件打包的基本使用方法是(   )。

    A. pip -h   B. pyinstaller<源文件名称>

    C. pip install<拟安装的文件名>   D. 必须指定图标文件才能打包

(4) 安装一个第三方库的命令是(   )。

    A. pip -h   B. pyinstaller <拟安装库名>

    C. pip install <拟安装库名>   D. pip download <拟安装库名>

(5) 关于 PyInstaller 库的描述正确的是(   )。

    A. 添加 Python 文件使用的第三方路径   B. 指定代码所在文件目录

    C. 指定生成可执行文件的目录   D. 指定 PyInstaller 库所在的目录

3. 判断题

(1) PyInstaller 能够在多种操作系统中将 Python 源文件打包成可执行文件。 (   )

(2) PyInstaller 库支持源文件中存在英文句号(.)等标点符号。 (   )

(3) 当使用 pip 命令安装第三方库时会发生在下载文件后无法在 Windows 系统安装，导致第三方库安装失败的问题。 (   )

(4) 自定义安装一般适合于 pip 中尚无登记或安装失败的第三方库。 (   )

(5) 使用 pip install 的-u 标签可以更新已经安装某个第三方库的版本。 (   )

4. 简答题

(1) 简述虚拟环境与实际环境的区别。

(2) 简述将程序打包上传的过程。

(3) 简述将程序打包成 exe 文件的过程。

(4) 简述 PyPI 网站的用途及特点。

(5) 简述 GitHub 网站的用途及特点。

5. 编程题

(1) 用标准库 venv 搭建自己的虚拟环境 myenvs。

(2) 用 py2exe 把开发的人机大战猜拳游戏程序打包成 exe 程序。

(3) 用 setuptools 工具打包程序 P13.6 示例的包。

☙ 第 14 章 ❧

项目开发实战——茶叶数据爬虫开发

学习目标：
1. 理解软件工程思维
2. 掌握软件工程开发流程
3. 掌握网络爬虫开发技术

思政内涵：

设计网络数据爬虫，爬取党的报告、政府工作报告，并用可视化词云展示，从而学习党和政府的方针政策。

14.1 软件工程

14.1.1 学习软件工程的意义

软件工程是一门研究用工程化方法构建和维护有效、实用和高质量的软件的学科，它涉及程序设计语言、数据库、软件开发工具、系统平台、协议、标准等。利用软件系统所设计的产品有电子邮件、嵌入式系统、人机界面、办公套件、操作系统、编译器、数据库、游戏等。同时，各个行业几乎都有计算机软件的应用，如工业、农业、银行、航空、政府部门等。这些应用促进了经济和社会的发展，也提高了工作效率和生活效率。信息化、数字化、智能化时代软件产品无处不在，以软件工程化的思维认识编程问题、设计软件产品是很有必要的。

遗憾的是，很多领域的专家在虽然工作中常常应用编程，但并不是所有的专家都具有计算机等相关专业背景，他们对软件工程化方法并不熟悉。同时，他们也认为自己并非软件工程师，没必要学习软件工程知识。这导致其所开发的软件产品在面对生产环境时存在着诸多的问题。例如，当今增长较快的领域之一的数据科学领域，大量的数据工程师、数据科学家都只是熟悉数学、统计学等领域知识，以至于软件工程师常常批评数据科学家对工程化编程概念知之甚少。作为一名数据科学家，所编写的代码很可能会进入生产环境。因此，为保证软件质量，学习软件工程基本知识是十分必要的。

类似的情况也适用于其他领域。如果我们的工作需要编写代码，那么我们至少应该熟悉软件工程的基本知识，理解软件工程思维，熟悉软件工程的设计流程，并掌握保证软件质量所需的基本技术。

14.1.2　软件工程概述

1. 软件工程的定义

软件工程至今没有一个统一的定义，很多学者、组织机构都分别给出了自己认可的定义。下面列出几个软件工程的定义。

(1) IEEE 在软件工程术语汇编中的定义：①将系统化的、严格约束的、可量化的方法应用于软件的开发、运行和维护，即将工程化应用于软件；②对①中所述方法的研究。

(2)《计算机科学技术百科全书》中的定义：软件工程是应用计算机科学、数学、逻辑学及管理科学等原理来开发软件的工程。软件工程借鉴传统工程的原则、方法，以提高质量、降低成本和改进算法。其中，计算机科学、数学用于构建模型与算法，工程科学用于制定规范、设计范型、评估成本及确定权衡，管理科学用于计划、资源、质量、成本等的管理。

(3) ISO 9000 对软件工程过程的定义：软件工程过程是把输入转化为输出的一组彼此相关的资源和活动。

(4) 其他定义：①在运行时，能够提供所要求功能和性能的指令或计算机程序集合。②程序能够满意地处理信息的数据结构。③描述程序功能需求及程序如何操作和使用所要求的文档。以开发语言作为描述语言，可以认为：软件=程序+数据+文档。

比较认可的一种定义认为：软件工程是研究和应用如何以系统性的、规范化的、可定量的过程化方法去开发和维护软件，以及如何把经过时间考验而证明正确的管理技术和当前能够得到的最好的技术方法结合起来。

2. 软件工程的发展

软件是由计算机程序和程序设计的概念发展演化而来的，是在程序和程序设计发展到一定规模并且逐步商品化的过程中形成的。软件的发展大致分为以下 4 个阶段。

(1) 无软件概念阶段(1946—1955 年)。

此阶段的特点：尚无软件的概念，程序设计主要围绕硬件进行开发，规模很小，工具简单，无明确分工(开发者和用户)，程序设计追求节省空间和编程技巧，无文档资料(除程序清单外)，主要用于科学计算。

(2) 意大利面阶段(1956—1970 年)。

此阶段的特点：硬件环境相对稳定，出现了"软件作坊"的开发组织形式，开始广泛使用产品软件(可购买)，从而建立了软件的概念。但程序员编码随意，整个软件看起来像一碗意大利面一样杂乱无章，随着软件系统规模的壮大，软件产品的质量不高，生产效率低下，从而导致了"软件危机"的产生。

(3) 软件工程阶段(1970 年至今)。

"软件危机"的产生迫使人们不得不研究、改变软件开发的技术手段和管理方法，从此软件生产进入了软件工程时代。此阶段的特点：硬件已向巨型化、微型化、网络化和智能化 4 个方向发展，数据库技术已成熟并得到了广泛应用，第三代、第四代语言出现。第一代软件技术：结构化程序设计在数值计算领域取得优异成绩；第二代软件技术：软件测试技术、方法、原理用于软件生产过程；第三代软件技术：处理需求定义技术用于软件需求分析和描述。

(4) 面向对象阶段(1990 年至今)。

这一阶段提出了面向对象的概念和方法。面向对象的思想包括面向对象的分析(object oriented analysis，OOA)，面向对象的设计(object oriented design，OOD)，以及面向对象的编程实现(object oriented programming，OOP)等。

软件工程领域的主要研究热点是软件复用和软件构件技术，它们被视为解决"软件危机"的一条现实可行的途径，是软件工业化生产的必由之路。

3. 软件工程的原则

著名软件工程专家巴利·玻姆(Barry W. Boehm)综合有关专家和学者的意见总结了多年来开发软件的经验，并提出了软件工程的 7 条基本原理。

(1) 用分阶段的生存周期计划进行严格的管理。

(2) 坚持进行阶段评审。

(3) 实行严格的产品控制。

(4) 采用现代程序设计技术。

(5) 软件工程结果应能清楚地审查。

(6) 开发小组的人员应该少而精。

(7) 承认不断改进软件工程实践的必要性。

在进行程序设计时要遵循 8 条原则：抽象；信息隐蔽；模块化；局部化；确定性；一致性；完备性；可验证性。

4. 软件工程的内容

软件工程是指为获得软件产品，在软件工具的支持下由软件工程师完成的一系列软件工程活动，包括以下 4 个方面。

(1) P(plan)——软件规格说明。规定软件的功能及其运行时的限制。

(2) D(do)——软件开发。开发出满足规格说明的软件。

(3) C(check)——软件确认。确认开发的软件能够满足用户的需求。

(4) A(action)——软件演进。软件在运行过程中不断改进以满足客户新的需求。

可以把软件工程活动分为以下 3 个阶段。

(1) 定义阶段：可行性研究初步项目计划、需求分析。

(2) 开发阶段：概要设计、详细设计、实现、测试。

(3) 运行和维护阶段：运行、维护、废弃。

14.1.3 软件项目开发流程

在工程项目开发实践中，软件项目开发流程可分为需求分析、方案制定、设计描述、制造编程、检验部署 5 个阶段，下面分别介绍。

1. 需求分析阶段

需求分析阶段包括项目可行性分析和功能需求分析两部分，明确项目可行性和项目需求，包括项目的功能、性能、安全等方面。这需要与客户或用户进行充分的沟通，了解他们的需求和期望，以及项目的预算和时间限制等。阶段成果是可行性分析报告和需求规格说明书等。

2. 方案制定阶段

方案制定阶段可以分为项目技术选型和架构设计两部分。

1) 技术选型

技术选型是指考虑项目的需求、开发成本、维护成本等因素，选择有关技术、软件版本、框架、数据库技术、前端技术等。

2) 架构设计

架构设计是指考虑项目的业务逻辑、数据流程等，决定项目的可扩展性、可维护性等方面。阶段成果是方案文档。

3. 设计描述阶段

设计描述阶段可以分为项目概要设计和详细设计两部分。本阶段主要应用第 4 章介绍的计算思维方法进行问题分析和设计。

1) 概要设计

概要设计不仅决定了项目的模块划分、模块间的依赖关系、模块功能等方面，还决定了项目的数据存储方式、数据结构、访问方式、数据安全等方面。阶段成果是概要设计文档。

2) 详细设计

详细设计也称为过程设计，决定了函数、类，以及接口设计等方面，主要是编码的细节描述。在实际项目中，详细设计这个过程可以省略，可以直接根据概要设计编程。阶段成果是详细设计文档。

4. 制造编程阶段

制造编程阶段包括编程和调试两部分。此阶段需要根据设计文档进行编码实现并进行模块调试。编码实现需要遵循一定的编码规范，包括变量命名、代码注释、代码风格等。阶段成果是程序代码。

5. 检验部署阶段

检验部署阶段包括检验测试和部署运行两部分。测试包括单元测试、集成测试、系统测试，以发现代码中的问题，保证项目的质量和稳定性。部署运行需考虑项目的运行环境、服务器配置等方面，从而进行部署和维护，以保证项目的正常运行。

实际开发中，遵循项目开发流程可以更好地进行项目开发，提高开发效率和项目质量。这一项目开发思维是针对所有工程项目的一种思维，在任何实践活动中采用这一信息物理系统工程思维都是很有益的。

14.2 Python 网络爬虫开发

Python 被称为全能编程语言，建立了全球最大的软件编程计算生态，其用途覆盖了从硬件开发到元宇宙软件开发，从日常生活软件开发到经济金融、社会政治软件开发的信息技术应用的全领域，贯穿了信息物理系统的全流程。通过 Python 项目实战，可以深入理解软件工程思维，提高 Python 编程技能，并实践工程化开发 Python 软件项目。

网络爬虫(又称为网页蜘蛛、网络机器人)，是一种按照一定的规则，自动地抓取万维网信息的程序或脚本。我们所熟悉的一系列搜索引擎都是大型的网络爬虫，如百度、搜狗、谷歌搜索等。每个搜索引擎都拥有自己的爬虫程序,如百度的爬虫 Baiduspider、搜狗的爬虫 Sogouspider 等。网络爬虫技术的流行基于网络技术的发展和各行各业对数据价值的重视。很多重要决策的背后都以数据为支撑。网络爬虫可以实现数据的收集。网络爬虫按照系统结构和功能分为通用爬虫、聚焦爬虫、增量爬虫、深层爬虫。本项目以开发一个收集茶叶知识的聚焦爬虫为例，介绍 Python 软件工程项目开发技术。

14.2.1　需求分析

中国是茶的故乡，也是茶叶生产大国。茶作为一种天然的健康饮品，具有悠久的消费历史和广大的消费群体。近年来，随着人们生活水平的不断提高，对健康的重视程度日益上升。饮茶作为一种健康的生活习惯，符合现阶段消费者对健康和高品质生活的追求。本项目主要对茶叶知识相关数据进行爬取，并对数据进行分析处理、归类和格式化存储，便于大众对茶叶知识的整理学习。

项目需求特点如下。

(1) 本项目是针对特定茶叶知识主题的爬虫，其目的是爬取茶叶知识。

(2) 针对静态和动态网页爬取数据。

(3) 对茶叶分类、知名品种、茶叶功效进行整理，分析数据。

(4) 对数据进行格式化数据库存储，方便大众查询学习。

14.2.2　方案规划

本项目是一个有关茶叶知识的轻量级爬虫，根据项目需求，整体架构分为三部分：控制器、解析器和资源库。控制器负责抓取网络页面，解析器负责解析和提取网页数据，资源库负责存储茶叶知识。程序采用控制台命令行字符界面方式运行。

在技术方面选择 argparse 解析命令行选项和参数，用 Selenium 爬取网页数据，运用 BeautifulSoup4 解析网页数据，通过轻量级数据库 SQLite 存储整理后的茶叶知识数据。

argparse 是 Python 内置的一个用于进行命令行选项与参数解析的模块。argparse 模块使编写用户友好的命令行界面变得容易。在程序中定义好需要的参数，argparse 将找出并解析这些参数。argparse 模块还会自动生成帮助和使用消息，并在用户为程序提供无效参数时发出错误。

Selenium 是一个 Web 的自动化测试工具，最初是为网站自动化测试而开发的，Selenium 可以直接运行在浏览器上，它支持所有主流的浏览器。Selenium 可以控制浏览器发送请求，让浏览器自动加载页面，获取需要的数据，甚至页面截屏。因此，Selenium 常常应用于爬虫领域。

BeautifulSoup4 库也称为 bs4 库或 BeautifulSoup 库，是 Python 中用于进行网页分析的第三方库。它可以快速地将抓取到的网页转换为一棵 DOM 树，并提供类 Python 语法来查找、定位、修改一棵转换后的 DOM 树。

SQLite 是一款轻型的数据库，是遵守 ACID 的关系型数据库管理系统。Python 内置了 SQLite，只要安装了 Python，就可以直接使用 SQLite。SQLite 是一个进程内的库，实现了自给自足的、无服务器的、零配置的、事务性的 SQL 数据库引擎。它是一个零配置的数据库，不需要在系统中配置，就可以按应用程序需求进行静态或动态连接，直接访问其存储文件。

14.2.3 设计描述

本项目程序规模不大，主要利用已有的 Python 标准库和第三方库的功能模块，通过网页抓取、解析和存储流程控制，完成爬虫系统功能。通过面向过程的结构化函数编程即可实现，不需要设计描述问题域的新类型，因此，系统设计省略了详细设计部分，只需要根据项目开发方案进行概要设计。

本项目爬虫程序运行逻辑如图 14.1 所示，包括主程序、读取 URL、抓取页面、解析网页、创建数据库、写入数据库和下载图片。按照耦合的紧密程度，分为主程序模块、网页操作模块和数据库操作模块。

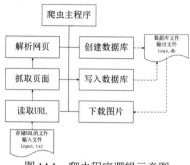

图 14.1　爬虫程序逻辑示意图

输入文件 input.txt 中是爬取网页的 URL 地址列表，输出文件 teas.db 是一个 SQLite 数据库，用于存储爬取的茶叶知识数据。同时，下载的图片将被存储到 images 目录中。

1. 主程序模块概要设计

在工程项目 project 目录下新建 chapter16 目录，新建主程序 spider_page.py 文件，完成程序主控逻辑设计，如程序段 P14.1 所示。

```
P14.1 命令行界面交互，调用主函数
# 主函数
def main(database:str,input_urls:str):
    # 命令行界面交互输出
    pass
if __name__ == '__main__':
    # 命令行界面参数解析
    pass
    # 调用主函数
    main(database = database_file,input_urls = input_file)
```

2. 网页操作模块概要设计

在 chapter16 目录下新建 Python 包 utility(包含 __inity__.py 文件的文件夹)，在 utility 中新建用于网页操作的 url_handle.py 文件，完成网页相关操作功能逻辑设计，如程序段 P14.2 所示。

```
P14.2 读取 url 列表，抓取和解析网页
# 从输入文本文件中读取 url 列表
```

```
def read_url(file_path:str):
    pass
# 从 Web 下载网页
def get_page(url:str):
    pass
# 解析网页
def extract_page(page_contents:str):
    pass
```

3. 数据库操作模块概要设计

在 utility 包下面新建用于数据库操作的 db_handle.py 文件，完成数据库和图片下载相关操作功能逻辑设计，如程序段 P14.3 所示。

```
P14.3 创建数据库、写入数据库和下载图片
# 创建数据库
def create_database(db_path:str):
    pass
# 写入数据库
def save_to_database(db_path:str,records:list):
    pass
# 根据数据库中图片 url 下载图片
def download_image(db_path:str,img_path:str):
    pass
```

14.2.4　编程实现

1. 抓取网页程序

在 chapter16 目录下，新建文本文件 input.txt，将茶叶分类与功效的网页 url 地址存放其中。修改、完善设计描述中的 read_url()函数和 get_page()函数。读取 input.txt 文件的 url 列表并抓取网页的程序如程序段 P14.4 所示。

```
P14.4 读取 url 列表，抓取网页
from selenium import webdriver
from bs4 import BeautifulSoup
import time
# 读取 url 列表
def read_url(file_path:str):
    try:
        with open(file_path) as f:
            url_list = f.readlines()
            return url_list
    except FileNotFoundError:
        print(f'找不到文件：{file_path}')
        exit(2)
# 抓取页面，从 Web 下载页面
def get_page(url:str):
    driver = webdriver.Chrome()          # 以谷歌浏览器驱动
    driver.get(url)                       # 按网址获取网页
```

```
js = "window.scrollTo(0, document.body.scrollHeight)"   # JavaScript 代码
driver.execute_script(js)                    # 执行以上代码，模仿鼠标滚轮到达网页底部
time.sleep(5)
html = driver.page_source                    # 提取网页源码
driver.quit()                                # 关闭浏览器
return html
```

2. 解析网页程序

在解析网页之前，需要查看和理解网页的 html 结构，明确网页数据的结构特点和需要提取的数据的标签安排。根据 html 标签的组织和排列，灵活运用 BeautifulSoup 库提供的网页解析函数，实现数据的提取。

茶叶的种类与功效网页中包含六类茶的分类名称、图片、知名种类和功效作用等数据，其中一个数据片段如下。

```
<p>
<br/>
<span style="color:#008000;"><strong>2、黄茶</strong></span></p>，
<p style="text-align: center;">
<img alt="茶叶的种类与功效，茶叶的功效与作用大全"
src="/uploads/allimg/201118/1-20111R33507.jpg"/></p>，
<p>
<strong>知名种类：</strong>君山银针、北港毛尖、霍山黄芽、蒙顶黄芽等等，湖南岳阳为中国黄茶之乡。
</p>，
<p>
<strong>功效作用：</strong>黄茶属于微发酵茶，其加工工艺与绿茶十分相似，只多了一道闷黄的工艺，
口感相对于绿茶会更加柔和，有提神醒脑、消除疲劳、消食化滞等功效，对脾胃很有好处，消化不良、食欲不
振、懒动肥胖皆可饮而化之。</p>
```

从上述片段可知，茶叶的名称在<p><span><strong>标签中，图片在<p><img>标签中，知名种类在<p><strong>标签中，功效作用在<p><strong>标签中，<p>节点是所有数据的父节点，是并列关系。每一种分类的茶叶知识都是需要提取的数据。

修改、完成设计描述中的 extract_page()函数，如程序段 P14.5 所示。

```
P14.5 网页解析，提取需要的数据
# 解析页面，提取需要的内容
def extract_page(page_contents:str):
    soup=BeautifulSoup(page_contents,'lxml')
    p_tags = soup.find_all('p')                  # 所有<p>节点
    i = 1                                        # 数据条目
    records = []                                 # 存放所有的数据条目
    for tag in p_tags:                           # 遍历
        if tag.children is not None:             # 有子节点
            for child in tag.children:           # 遍历子节点
                if f'{i}' in str(child.string):  # 知名茶叶种类名称
                    tea_name = str(child.string)
                    next_tag = tag.find_next_sibling()
                    img_url = next_tag.img.get('src')
                    while True:
                        next_tag = next_tag.find_next_sibling()
```

```
                    if next_tag.strong:
                        break
            famous_species = ''
            if '知名种类' in next_tag.strong.string:
                famous_species += str(next_tag.text)
                while True:
                    next_tag = next_tag.find_next_sibling()
                    if '功效作用：' in str(next_tag.strong.string):
                        break
            functional_effects = ''
            if '功效作用：' in next_tag.strong.string:
                functional_effects += str(next_tag.text)
                while True:
                    next_tag = next_tag.find_next_sibling()
                    try:
                        if next_tag.children is not None:
                            if next_tag.strong:
                                break
                    except:
                        break
            if 'https:' not in img_url:
                img_url='https://www.yinchar.com'+img_url
            record = {'name':tea_name,'famous_species':
famous_species,'function':
functional_effects,'img_url':img_url}
            records.append(record)
            i += 1
    return records
```

3. 创建数据库程序

本项目采用 Python 内置的数据库 SQLite。首先下载安装 SQLite 数据库管理系统 DB Browser for SQLite，并运行该系统，界面如图 14.2 所示。

图 14.2　DB Browser for SQLite 界面

可以在 DB Browser for SQLite 图形化界面中创建数据库和数据表，也可以借助数据库的生成 DDL 语句功能，生成创建数据库和数据表的 SQL 语句。当然，熟悉数据库编程语言的学习者可以在程序中自己写 SQL 命令，完成数据库和数据表的创建。

修改、完善设计描述中的 create_database()函数，如程序段 P14.6 所示。

```
P14.6 创建数据库和数据表
import sqlite3 as lite
from selenium import webdriver
import time
# 创建数据库
def create_datebase(db_path:str):
    conn = lite.connect(db_path)                    # 创建或打开数据库
    with conn:
        cur = conn.cursor()                         # 数据库游标
        cur.execute('drop table if exists teas')    # 删除已存在的数据表
        # 创建新的数据表 apples
        ddl = 'CREATE TABLE teas (id INTEGER NOT NULL UNIQUE, \
        name TEXT NOT NULL,famous_speciesTEXT,function TEXT,\
        img_url TEXT,PRIMARY KEY(id AUTOINCREMENT));'
        cur.execute(ddl)
        # 创建索引
        ddl = 'create unique index teas_id_uindex on teas(id);'
        cur.execute(ddl)
```

4. 写入数据库程序

修改、完善设计描述中的 save_to_database()函数，将网页解析后的数据列表写入数据库中，如程序段 P14.7 所示。

```
P14.7 网页解析数据写入数据库
# 写入数据库
def save_to_database(db_path:str,records:list):
    conn = lite.connect(db_path)                         # 打开数据库
    with conn:
        cur = conn.cursor()
        for record in records:                           # 遍历列表
            print(record)
            # 查询数据表
            name = record['name']
            sql = f"select count(name) from teas where name='{name}'"
            cur.execute(sql)
            count = cur.fetchone()[0]
            if count <=0:                                # 数据条目是不存在的
                famous_species = record['famous_species']   # 知名茶叶种类名称
                function = record['function']               # 茶叶功效作用
                img_url = record['img_url']                 # 图片的 url
                # 定义 SQL 语句，插入数据
                sql = f"insert into teas(name,famous_species,
                    function,img_url)values('{name}','
                    {famous_species}','{function}','{img_url}')"
                cur.execute(sql)
    print('数据存储工作已经完成！')
```

5. 下载图片程序

数据库 teas.db 中已经存储了所有图片的 url，据此可以逐个下载对应的图片，为了让图片与数据库中的数据条目——对应，应将图片文件用数据 id.jpg 命名，如 1.jpg、2.jpg 等。

下载图片数据有多种方法，如利用 urllib 模块和 requests 模块。由于本案例所用的网页图片加载是经过相关处理的，所以本案例还是采用 Selenium 下载图片。

修改、完善设计描述中的 download_image()函数，如程序段 P14.8 所示。

```python
P14.8 下载图片
# 根据数据库中的图片字段的 url 下载图片
def download_image(db_path:str,img_path:str):
    records = []
    conn = lite.connect(db_path)
    with conn:
        cur = conn.cursor()
        sql = "select id,img_url from teas"          # 所有记录
        cur.execute(sql)
        records = cur.fetchall()                      # 返回所有的列表数据
    print('\n 开始下载图片...')
    driver = webdriver.Chrome()
    url = 'https://www.yinchar.com/yincha/gxzy/2453.html'
    driver.get(url)                                   # 按网址获取网页
    js = "window.scrollTo(0, document.body.scrollHeight)"
    driver.execute_script(js)
    time.sleep(5)
    for record in records:                            # 遍历所有的图片
        file = img_path +"\\" + str(record[0]) + ".jpg"  # id 命名图片文件
        driver.maximize_window()
        driver.implicitly_wait(6)
        driver.get(record[1])
        time.sleep(1)
        driver.get_screenshot_as_file(file)
    driver.quit()
    print("\n 已经完成所有图片的下载！')
```

6. 主模块程序

utility 包中两个模块中的 6 个函数已经全部编程实现。主模块需要调用包中的函数实现爬虫功能。因此，主模块中首先要导入 utility 包。

修改、完善设计描述中的 spider_page.py 文件，如程序段 P14.9 所示。

```python
P14.9 爬虫主程序
import os
import argparse
import threading
from utility import url_handle,db_handle
# 主逻辑函数
def main(database:str,input_url:str):
    print(f'存储数据的数据库是：{database}')
    print(f'网页地址列表文件是：{input_url}')
```

```
        all_records = []                                              # 所有数据
        urls = url_handle.read_url(input_url)                         # 读取 url 列表
        for url in urls:                                              # 遍历列表
            print('读取 url：'+url)
            html = url_handle.get_page(url)                           # 抓取页面
            records = url_handle.extract_page(html)                   # 解析页面
            all_records.extend(records)                               # 扩展数据集
        db_path = os.path.join(os.getcwd(),database)                 # 数据库路径
        db_handle.create_datebase(db_path=db_path)                   # 创建数据库
        db_handle.save_to_database(db_path=db_path,records=all_records)  # 写数据
        # 下载图片
        directory = 'images'
        if not os.path.exists(directory):
            os.makedirs(directory)
        img_path = os.path.join(os.getcwd(),directory)              # 图片存放路径
        download_image = threading.Thread(target = db_handle.download_image, args=(db_path,img_path))
        download_image.start()
if __name__ == '__main__':
    # 定义命令参数行
    parse = argparse.ArgumentParser()
    parse.add_argument('-db','--database',help='SQLite 数据库名称')
    parse.add_argument('-i','--input',help='包含 url 的文件名称')
    # 读取命令参数
    args = parse.parse_args()
    database_file = args.database
    input_file = args.input
    # 调用主函数
    main(database=database_file,input_url=input_file)
```

项目结构如图 14.3 所示。

图 14.3　项目结构

至此，各个模块已全部编程实现。实际开发中，每个模块、函数编程实现后，均要进行调试，调试通过以后才算编程实现完成。接下来进入集成测试、系统测试和运行维护阶段。

14.2.5　测试运行

本项目程序不复杂，规模不大，因此不需要用专门的测试工具进行测试，直接进行集成测试运行就可以检验系统功能。

在控制台命令行字符界面输入命令，如图 14.4 所示。

```
D:\project\chapter16>python spider_page.py -db teas.db -i input.txt
```

图 14.4　运行爬虫程序

程序执行完后，控制台输出提示信息，如图 14.5 所示。

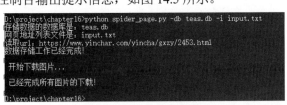

图 14.5　爬虫运行结果信息

通过 DB Browser for SQLite 打开数据库 teas.db，查看数据库中存储的数据，如图 14.6 所示。

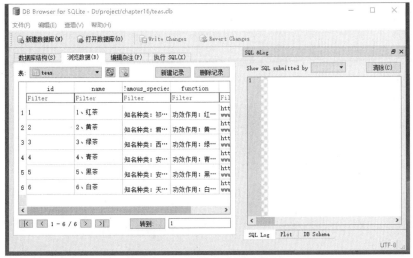

图 14.6　数据库中存储的数据

下载的图片被存储到 images 文件夹下，如图 14.7 所示。

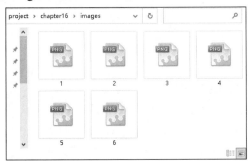

图 14.7　下载的茶叶图片

茶叶分类与功效的爬虫程序通过测试运行，达到项目开发要求。

实训与习题

实训

完成本章 P14.4～P14.9 程序上机练习。

习题

1. 填空题

(1) 软件工程活动分为_____、_____和_____3 个阶段。

(2) 软件工程的内容包括_____、_____、_____和_____4 个方面。

(3) 软件项目开发流程分为_____、_____、_____、_____ 和_____5 个阶段。

(4) 软件工程的发展经历了_____、_____、_____和_____4 个阶段。

(5) 程序设计要遵循的八条原则是_____、_____、_____、 _____、_____、_____、_____和_____。

2. 选择题

(1) SA(结构化分析)方法是软件开发过程中常用的方法，这个方法采用的基本手段是( )。

    A. 分解与抽象   B. 分解与综合   C. 归纳与推导   D. 试探与回溯

(2) 软件工程与计算机科学性质不同，软件工程着重于( )。

    A. 理论研究   B. 原理探讨   C. 建造软件系统   D. 原理的理论

(3) 可行性研究的目的是决定( )。

    A. 开发项目   B. 项目是否值得开发

    C. 规划项目   D. 维护项目

(4) 可行性研究要进行的需求分析和设计应是( )。

    A. 详细的   B. 全面的   C. 简化、压缩的   D. 彻底的

(5) 项目开发计划文档是一种( )。

    A. 技术性文档   B. 管理性文档   C. 需求分析文档   D. 设计文档

3. 判断题

(1) 软件就是程序，软件工程的关键是编写程序。( )

(2) 软件模块之间的耦合性越弱越好。( )

(3) 划分模块可以降低软件的复杂度和工作量，所以模块划分得越小越好。( )

(4) 软件开发要从客户的需求出发，在满足用户需求的前提下，功能开发得越多越好。( )

(5) 概要设计和详细设计之间的关系是全局和局部的关系。( )

(6) 模型一定是在某种特定意图下，从某种特定的角度对物理环境的抽象。( )

(7) 详细设计也称为模块设计。( )

4. 简答题

(1) 简述系统流程图及其作用。

(2) 简述软件危机产生的原因。

(3) 软件的发展经历了哪几个阶段？

(4) 简述可行性研究具体的工作步骤。

(5) 简述软件的经济可行性。

(6) 简述软件的社会可行性。

(7) 简述软件的技术可行性。

5. 编程题

(1) 编写程序，使用 requests 模块抓取网页 http://pythonjobs.github.io/。

(2) 编写程序，使用 BeautifulSoup 4 对抓取的网页进行解析，将目标网页中包含 Python 的招聘信息进行输出。

(3) 编写程序，创建一个 SQLite 数据库，把招聘信息存入数据库表中。

(4) 编写爬虫，爬取电影数据。以豆瓣 Top250 电影榜单为例。

(5) 编写爬虫，爬取 Python 相关工作岗位数据。以 51job 为例。

参考文献

[1] 黑马程序员. Python 快速编程入门[M]. 2 版. 北京：人民邮电出版社，2021.

[2] 文杰书院. Python 程序设计基础入门与实战[M]. 北京：清华大学出版社，2021.

[3] 江红，余青松. Python 编程从入门到实战[M]. 北京：清华大学出版社，2021.

[4] 吴萍. 算法与程序设计基础(Python 版)[M]. 北京：清华大学出版社，2015.

[5] STEVEN F L. Python 面向对象编程指南[M]. 张心韬，兰亮，译. 北京：人民邮电出版社，2016.

[6] LUKE S. Python 高级编程[M]. 宋沄剑，刘磊，译. 北京：清华大学出版社，2016.

[7] 聚慕课教育研发中心. 零基础学 Python 项目开发[M]. 北京：清华大学出版社，2021.

全国计算机等级考试二级

Python语言程序设计考试大纲(2022年版)

【基本要求】

1. 掌握 Python 语言的基本语法规则。

2. 掌握不少于 3 个基本的 Python 标准库。

3. 掌握不少于 3 个 Python 第三方库，掌握获取与安装第三方库的方法。

4. 能够阅读和分析 Python 程序。

5. 熟练使用 IDLE 开发环境，能够将脚本程序转换为可执行程序。

6. 了解 Python 计算生态在以下方面(不限于)的主要第三方库名称：网络爬虫、数据分析、数据可视化、机器学习、Web 开发等。

【考试内容】

一、Python 语言基本语法元素

1. 程序的基本语法元素：程序的格式框架、缩进、注释、变量、命名、保留字、连接符、数据类型、赋值语句、引用。

2. 基本输入输出函数：input()、eval()、print()。

3. 源程序的书写风格。

4. Python 语言的特点。

二、基本数据类型

1. 数字类型：整数类型、浮点数类型和复数类型。

2. 数字类型的运算：数值运算操作符、数值运算函数。

3. 真假无：True、False、None。

4. 字符串类型及格式化：索引、切片、基本的 format()格式化方法。

5. 字符串类型的操作：字符串操作符、操作函数和操作方法。

6. 类型判断和类型间的转换。

7. 逻辑运算和比较运算。

三、程序的控制结构

1. 程序的 3 种控制结构。
2. 程序的分支结构：单分支结构、双分支结构、多分支结构。
3. 程序的循环结构：遍历循环、条件循环。
4. 程序的循环控制：break 和 continue。
5. 程序的异常处理：try-except 及异常处理类型。

四、函数和代码复用

1. 函数的定义和使用。
2. 函数的参数传递：可选参数传递、参数名称传递、函数的返回值。
3. 变量的作用域：局部变量和全局变量。
4. 函数递归的定义和使用。

五、组合数据类型

1. 组合数据类型的基本概念。
2. 列表类型：创建、索引、切片。
3. 列表类型的操作：操作符、操作函数和操作方法。
4. 集合类型：创建。
5. 集合类型的操作：操作符、操作函数和操作方法。
6. 字典类型：创建、索引。
7. 字典类型的操作：操作符、操作函数和操作方法。

六、文件和数据格式化

1. 文件的使用：文件打开、读写和关闭。
2. 数据组织的维度：一维数据和二维数据。
3. 一维数据的处理：表示、存储和处理。
4. 二维数据的处理：表示、存储和处理。
5. 采用 CSV 格式对一维数据文件和二维数据文件的读写。

七、Python 程序设计方法

1. 过程式编程方法。
2. 函数式编程方法。
3. 生态式编程方法。
4. 递归计算方法。

八、Python 计算生态

1. 标准库的使用：turtle 库、random 库、time 库。
2. 基本的 Python 内置函数。
3. 利用 pip 工具的第三方库安装方法。
4. 第三方库的使用：jieba 库、PyInstaller 库、基本 NumPy 库。

5. 更广泛的 Python 计算生态，只要求了解第三方库的名称，不限于以下领域：网络爬虫、数据分析、文本处理、数据可视化、用户图形界面、机器学习、Web 开发、游戏开发等。

【考试方式】

上机考试，考试时长 120 分钟，满分 100 分。

一、 题型及分值

单项选择题 40 分(含公共基础知识部分 10 分)。

操作题 60 分(包括基本编程题和综合编程题)。

二、 考试环境

Windows7 操作系统，建议 Python 3.5.3 至 Python 3.9.10 版本，IDLE 开发环境。

全国计算机等级考试二级
Python语言程序设计模拟试卷(附答案)

一、单项选择题(共 40 分)

1. 关于数据的存储结构，以下选项中描述正确的是(　　)。

    A. 存储在外存中的数据　　　　　　B. 数据所占的存储空间量

    C. 数据在计算机中的顺序存储方式　　D. 数据的逻辑结构在计算机中的表示

2. 关于函数的描述，以下选项中正确的是(　　)。

    A. 可以使用保留字 def 定义函数，函数名由用户自行定义

    B. 局部定义的某个函数，不能被其他函数调用并使用

    C. 在调用函数时，按可选参数传递数据，可选参数传递位置没有明确要求

    D. 在调用函数时，按名称传递数据，各参数传递顺序有明确要求

3. 以下说法正确的是(　　)。

    A. Python 语言注释语句不被执行

    B. Python 语言只有单行注释

    C. Python 语言有单行和多行注释，它们只能以"#"开头

    D. Python 语言的注释被 CPU 执行后不占内存

4. 关于结构化程序设计所要求的基本结构，以下选项中描述错误的是(　　)。

    A. 顺序结构　　　　　　　　　　　B. 重复(循环)结构

    C. 选择(分支)结构　　　　　　　　D. goto 跳转

5. 关于面向对象的继承，以下选项中描述正确的是(　　)。

    A. 继承是指一个对象具有另外一个对象的性质

    B. 继承是指一组对象所具有的相似性质

    C. 继承是指类之间共享属性和操作的机制

    D. 继承是指各对象之间的共同性质

6. 以下说法描述正确的是(　　)。

    A. Python 是网络通用语言　　　　　B. Python 既面向过程也面向对象

    C. Python 是专用语言　　　　　　　D. Python 是静态语言

7. 关于软件测试，以下选项中描述正确的是(　　)。

　　A. 软件测试的主要目的是发现程序中的错误

　　B. 软件测试的主要目的是确定程序中错误的位置

　　C. 为了提高软件测试的效率，最好由程序编制者自己来完成软件的测试工作

　　D. 软件测试是证明软件没有错误

8. 以下选项中，(　　)是 Python 语言标准的时间库。

　　A. time　　　　　　B. datetime　　　　　　C. datatime　　　　　　D. calender

9. 设有学生选课的三张表，学生 S(学号,姓名,性别,年龄,身份证号)，课程(课程号,课程名)，选课 SC(学号,课程号,成绩)，那么表 SC 的关键字(键或码)是(　　)。

　　A. 课程号,成绩　　　B. 学号,成绩　　　C. 学号,课程号　　　D. 学号,姓名,成绩

10. 关于异常的描述，以下选项中正确的是(　　)。

　　A. 异常与错误的含义及处理方法相同

　　B. 异常发生后经过妥善处理依然能正确执行

　　C. 异常不可以预见，只能见招拆招

　　D. 在进行异常处理时，能用的保留字只有 try 和 except

11. 关于 Python 程序格式框架的描述，以下选项中错误的是(　　)。

　　A. Python 语言不采用严格的缩进来表明程序的格式框架

　　B. Python 语言的缩进可以采用 Tab 键来实现

　　C. Python 单层缩进代码属于之前最邻近的一行非缩进代码

　　D. 判断、循环、函数等语法形式能够通过缩进包含一组 Python 代码

12. 以下选项中，不符合 Python 语言变量命名规则的是(　　)。

　　A. TempStr　　　　B. I　　　　　　C. 3_1　　　　　　D. _AI

13. 关于 Python 字符串的描述，以下选项中错误的是(　　)。

　　A. 字符串是用双引号" "或单引号' '括起来的零个或多个字符

　　B. 字符串是字符的序列，可以按照单个字符或字符片段进行索引

　　C. 字符串包括两种序号体系：正向递增和反向递减

　　D. Python 字符串提供区间访问方式，采用[N:M]格式，表示字符串中从 N 到 M 的索引子字符串(包含 N 和 M)

14. 关于 Python 语言的注释，以下选项中描述错误的是(　　)。

　　A. Python 语言有两种注释方式：单行注释和多行注释

　　B. Python 语言的单行注释以#开头

　　C. Python 语言的单行注释以'开头

　　D. Python 语言的多行注释以'''开头

15. 关于 import 引用，以下选项中描述错误的是(　　)。

　　A. import 保留字用于导入模块或模块中的对象

　　B. 可以使用 import turtle 引入 turtle 库

　　C. 可以使用 from turtle 引入 turtle 库

　　D. 可以使用 import turtle as t 引入 turtle 库，取别名为 t

16. 下面代码的输出结果是(　　)。

```
X=12.34
print(type(X))
```

  A. <class 'complex'>   B. <class 'int'>

  C. <class 'float'>   D. <class 'bool'>

17. 关于 Python 的复数类型，以下选项中描述错误的是(　　)。

  A. 复数类型表示数学中的复数

  B. 复数的虚数部分通过后缀"J"或"j"来表示

  C. 对于复数 z，可以用 z.real 来获得它的实数部分

  D. 对于复数 z，可以用 z.imag 来获得它的实数部分

18. 关于 Python 字符串，以下选项中描述错误的是(　　)。

  A. 字符串可以保存在变量中，也可以单独存在

  B. 可以使用 datatype()测试字符串的类型

  C. 输出带有引号的字符串，可以使用转义字符\

  D. 字符串是一个字符序列，字符串中的编号叫"索引"

19. 关于 Python 的分支结构，以下选项中描述错误的是(　　)。

  A. 分支结构可以向已经执行过的语句部分跳转

  B. 分支结构使用 if 保留字

  C. Python 中的 if-else 语句用来形容双分支结构

  D. Python 中的 if-else-if 语句用来形容多分支结构

20. 关于程序的异常处理，以下选项中描述错误的是(　　)。

  A. Python 通过 try、except 等保留字提供异常处理功能

  B. 程序发生异常经过妥善处理可以继续执行

  C. 异常语句可以与 else 和 finally 保留字配合使用

  D. 编程语言中的异常和错误是完全相同的概念

21. 关于函数，以下选项中描述错误的是(　　)。

  A. 函数是一段具有特定功能的、可重用的语句组

  B. 函数能完成特定的功能，对函数的使用不需要了解函数内部实现原理，只要了解函数的输入输出方式即可

  C. 使用函数的主要目的是降低程序难度和代码重用

  D. Python 使用 del 保留字定义一个函数

22. 关于 Python 组合数据类型，以下选项中描述错误的是(　　)。

  A. Python 组合数据类型能够将多个同类型或不同类型的数据组织起来，通过单一的表示使数据操作更有序、更容易

  B. 组合数据类型可以分成 3 类：序列类型、集合类型和映射类型

  C. 序列类型是二维元素向量，元素之间存在先后关系，通过序号访问

  D. Python 的 str、tuple 和 list 类型都属于序列类型

23. 关于 Python 序列类型的通用操作符和函数，以下选项中描述错误的是(　　)。

　　A. 如果 x 是 s 的元素，则 x in s 返回 True

　　B. 如果 x 不是 s 的元素，则 x not in s 返回 True

　　C. 如果 s 是一个序列，s=[1, " kate ", True]，则 s[3]返回 True

　　D. 如果 s 是一个序列，s=[1, " kate ", True]，则 s[-1]返回 True

24. 关于 Python 对文件的处理，以下选项中描述错误的是(　　)。

　　A. Python 能够以文本和二进制两种方式处理文件

　　B. Python 通过解释器内置的 open()函数打开一个文件

　　C. 当文件以文本方式打开时，读写按照字节流方式

　　D. 文件使用结束后要用 close()函数关闭，释放文件的使用授权

25. 以下选项中不能完成对文件写操作的是(　　)。

　　A. write　　　　　　B. writelines　　　　C. write 和 seek　　　D. writetext

26. 关于数据组织的维度，以下选项中描述错误的是(　　)。

　　A. 数据组织存在维度，字典类型用于表示一维和二维数据

　　B. 一维数据采用线性方式组织，对应数学中的数组和集合等概念

　　C. 二维数据采用表格方式组织，对应数学中的矩阵

　　D. 高维数据由键值对类型的数据构成，采用对象方式组织

27. 以下选项中不是 Python 语言的保留字的是(　　)。

　　A. while　　　　　　B. except　　　　　　C. do　　　　　　　D. pass

28. 以下选项中属于 Python 中文分词的第三方库的是(　　)。

　　A. turtle　　　　　　B. jieba　　　　　　　C. itchat　　　　　　D. time

29. 以下选项中使 Python 脚本程序转变为可执行程序的第三方库的是(　　)。

　　A. random　　　　　B. Pygame　　　　　　C. PyQt5　　　　　　D. PyInstaller

30. 以下选项中不是 Python 数据分析的第三方库的是(　　)。

　　A. requests　　　　　B. NumPy　　　　　　C. SciPy　　　　　　D. Pandas

31. 下面代码的输出结果是(　　)。

```
x=0o1010
print(x)
```

　　A. 10　　　　　　　　B. 520　　　　　　　　C. 1024　　　　　　D. 32768

32. 下面代码的输出结果是(　　)。

```
x=10
y=3
print(divmod(x,y))
```

　　A. (3,1)　　　　　　　B. (1,3)　　　　　　　C. 3,1　　　　　　　D. 1,3

33. 下面代码的输出结果是(　　)。

```
for s in "HelloWorld":
    if s=="W"
        continue
    print(s,end="")
```

A. Helloorld   B. Hello   C . World   D. Hello World

34. 给出以下代码:

```
DictColor={"seashell":"海贝色","gold":"金色","pink":"粉红色","brown":"棕色",\
"purple":"紫色","tomato":"西红柿色"}
```

以下选项中能输出"海贝色"的是(   )。

    A. print(DictColor["seashell"])   B. print(DictColor.keys())

    C. print(DictColor["海贝色"])   D. print(DictColo.values())

35. 下面代码的输出结果是(   )。

```
s=["shashell","gold","pink","brown","purple","tomato"]
print(s[1:4:2])
```

    A. ['gold','brown']

    B. [' gold','pink','brown']

    C. ['gold','brown','tomato']

    D. ['gold','pink','brown','purple','tomato']

36. 下面代码的输出结果是(   )。

```
d={"大海":"蓝色","天空":"灰色","大地":"黑色"}
print(d["大地"]), d.get("大地", "黄色")
```

    A. 黑色 黄色   B. 黑色 灰色   C. 黑色 黑色   D. 黑色 蓝色

37. 当用户输入 abc 时,下面代码的输出结果是(   )。

```
try:
    n=0
    n=input("输入一个整数: ")
    def   pow10(n):
        return n**10
except
    print("程序执行错误")
```

    A. 输出: 程序执行错误   B. 输出: abc

    C. 程序没有任何输出   D. 输出: 0

38. 下面代码的输出结果是(   )。

```
a=[ [1,2,3] , [4,5,6] , [7,8,9] ]
s=0
for c in a:
    for j in range(3):
        s+=c [j]
print(s)
```

    A. 24   B. 0   C. 45   D. 以上答案都不对

39. 文件 book.txt 在当前程序所在目录内,其内容是一段文本:book。下面代码的输出结果是( )。

```
txt = open("book.txt" , "r")
print(txt)
txt.close()
```

    A. book   B. book.txt   C. txt   D. 以上答案都不对

40. 如果当前时间是 2018 年 5 月 1 日 10 点 10 分 9 秒,则下面代码的输出结果是( )。

```
import time
print(time.strftime("%Y=%m-%d@%H>%M>%S",time.gmtime()))
```

    A. 2018=5-1@10>10>9   B. 2018=05-01@10>10>9

    C. 2018=5 1   10>10>9   D. True@True

二、基本编程题(共 15 分)

1. 仅使用 Python 基本语法,即不使用任何模块,编写 Python 程序计算下列数学表达式的结果并输出,小数点后保留 3 位。

$$X=\sqrt{\frac{(3^4+5\times 6^7)}{8}}$$

2. 利用 random 随机库里的函数,生成一个由 5 个大小写字母组成的验证码,显示在屏幕上。

3. 有一个名为"测试.txt"的原始数据文档,要求利用中文分词库 jieba,对"测试.txt"进行分词统计,将分词后的结果去重,并将字符长度大于 5 的词写到"结果.txt"文件中。

三、简单应用题(共 25 分)

1. 使用 turtle 库中的 turtle.fd()函数和 turtle.seth()函数绘制一个边长为 200 的正方形,效果如下图所示。请结合格式框架,补充横线处代码。

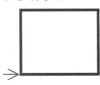

```
import turtle
d=0
for i in range( ① )
    turtle.fd( ② )
    d= ③
    turtle.seth(d)
```

2. 列表 1s 中存储了我国 39 所 985 高校对应的学校类型,请以这个列表为数据变量,完善 Python 代码,统计输出各类型的数量。

```
1s=["综合","理工","综合","综合","综合","综合","综合","综合",\
"综合","综合","师范","理工","综合","理工","综合","综合",\
"综合","综合","综合","理工","理工","理工","理工","师范",\
```

"综合", "农林", "理工", "综合", "理工", "理工", "理工", "综合", \
"理工", "综合", "综合", "理工", "农林", "民族", " 军事"]

输出参考格式如下(其中冒号为英文冒号)。

军事·1
民族:1
(略)

注：本试卷省略了综合应用题，共20分。

【参考答案】

一、单项选择题

1	D	2	B	3	A	4	D	5	C	6	B	7	A	8	A	9	C	10	B
11	A	12	C	13	D	14	C	15	C	16	C	17	D	18	B	19	A	20	D
21	D	22	C	23	C	24	C	25	D	26	A	27	C	28	B	29	D	30	A
31	B	32	A	33	A	34	A	35	A	36	C	37	C	38	C	39	D	40	B

二、基本编程题

1.

```
x=pow(( 3**4+5*(6**7))/8,0.5)
print("{:.3f}".format(x))
```

2.

```
import random as m
bm = 'AaBbCcDdEeFfGgHhIiJjKkLlMmNnOoPpQqRrSsTtUuVvWwXxYyZz'
m.seed(1)
code = ''
for i in range(5):
    code += m.choice(bm)
print(code)
```

3.

```
import jieba
f = open('结果.txt','w')
fi = open('原始.txt','r',encoding = 'utf-8')
list = jieba.lcut(fi.read())
jh = set(list)
ls = list(jh)
for item in ls:
    if len(item)>=5:
        f.write(item+'\n')
fi.close
f.close
```

三、简单应用题

1.

```
import turtle
d=0
for i in range(4):
    turtle.fd(200)
    d=d+90
    turtle.seth(d)
```

2.

```
1s=["综合","理工","综合","综合","综合","综合","综合","综合",\
"综合","综合","师范","理工","综合","理工","综合","综合",\
"综合","综合","综合","理工","理工","理工","理工","师范",\
"综合","农林","理工","综合","理工","理工","理工","综合",\
"理工","综合","综合","理工","农林","民族","军事"]
d={}
for word in 1s
    d[word]=d.get(word,0)+1
for k in d
    print("{}:{}".format(k,d[k]))
```

附录 C

Python编程实验指导

(实验内容以 pdf 格式提供，获取方式见文前导读。)